AutoCAD 2014 建筑制图

主编：张玫玫

·南京·

内容简介

本书紧密结合建筑行业的实际特点，由经验丰富的建筑绘图老师精心编著，渗透了作者在长期的实践工作中积累的丰富经验和技巧。本书共10章。第一章～第七章讲解了AutoCAD 2014软件的基础知识，包括AutoCAD基础知识和基本操作、入门图形的绘制、提升图形的绘制、命令及功能的深入理解、注释性文字与标注、快速绘制图形的方法；第八章～第十章讲解了建筑设计的相关专业知识与实用案例，包括建筑平面图的绘制、建筑立面图的绘制、建筑剖面图的绘制等。

本书可作为高等学校土木工程、环境艺术设计、园林设计、装饰装修等专业学生的教学用书，也可供初、中级AutoCAD用户和设计人员参考使用。

图书在版编目(CIP)数据

AutoCAD 2014建筑制图 / 张玫玫主编. —南京：东南大学出版社，2016.4（2022.2重印）

ISBN 978-7-5641-6451-5

Ⅰ. ①A… Ⅱ. ①张… Ⅲ. ①建筑制图—计算机辅助设计—AutoCAD软件 Ⅳ. ①TU204

中国版本图书馆CIP数据核字(2016)第075761号

AutoCAD 2014建筑制图

主　　编：张玫玫
出版发行：东南大学出版社
社　　址：南京四牌楼2号　邮编：210096
网　　址：http//www.seupress.com
经　　销：全国各地新华书店
印　　刷：南京玉河印刷厂
开　　本：787mm×1092mm　1/16
印　　张：16.25
字　　数：380千字
版　　次：2016年4月第1版
印　　次：2022年2月第2次印刷
印　　数：3001—6000册
书　　号：ISBN 978-7-5641-6451-5
定　　价：33.00元

本社图书若有印装质量问题，请直接与营销中心联系。电话：025—83791830

前言

近年来，计算机辅助设计(CAD)技术在各行各业的应用日益普遍，应用水平也得到了突飞猛进的发展。这主要是由于传统的设计方式已经不能适应现代科技和生产的发展，为了提高设计能力和质量，计算机技术被应用到了各行各业的设计工作中。CAD技术作为一种高效和先进的设计手段在各行各业的设计工作中体现出了巨大的优势并取得了良好的效果。

AutoCAD是美国Autodesk公司推出的计算机辅助设计绘图软件，它以其强大的二维、三维矢量图形的绘制和编辑功能及精确、高效的绘图特点成为CAD技术的主要应用软件之一。设计人员可以利用该软件更方便、准确地表现出设计意图，也可以很容易地对设计图纸进行所需要的修改。由于该软件与其他绘图软件间便捷的交互，AutoCAD也成为了效果图绘制的基础软件。

本书作为土木工程、建筑装饰、环境艺术设计、园林设计等专业的CAD教材，不仅详细介绍了AutoCAD二维绘图和编辑命令，而且结合这些命令列举了一些专业图纸绘制中的具体应用，其目的是为了提示大家在AutoCAD软件的学习中不仅要掌握好命令的基本操作，更重要的是要了解这些命令如何运用到专业图纸的绘制中。本书以大量的实例讲述了AutoCAD建筑平面图纸的绘制过程，通过学习，大家可以了解建筑图纸的一般绘图顺序和绘图技巧，以帮助大家迅速、有效地掌握这类图纸的基本绘图方法。

本书的亮点是注释性的讲解，建筑制图的注释性标注是建筑图纸的重要组成部分，包括建筑的尺寸以及必要的文字说明、符号说明等。这些注释内容与建筑物本身没有直接关系，而与图纸的输出比例有着密切的关系，如果想学好建筑的注释，那么必须充分理解比例的问题，在本书中，将对此进行细致讲解。

大家在本书的学习过程中应注意下面两个问题。

AutoCAD的绘图命令和编辑命令是绘图的基础，大家在掌握这些命令的同时，一定要结合专业的需要思考一下这些命令在专业图纸的绘制中能有哪些具体应用，对于书中所列举的命令应用，大家也要举一反三多加练习。

书中的实例教学中介绍了专业图纸的绘制过程，大家应从中体会出这类图纸的绘制顺序和各要素的绘图技巧。计算机图纸的绘制是一个对绘图方法和绘图技巧的熟练过程，对这些实例进行若干次的反复临摹，会对大家迅速提高绘图水平有极大的帮助。

在本书的编写过程中，得到了山东农业大学土木(装饰)专业的迟兴凯、徐文馨、成象捷、王尧等同学的大力协助，特此感谢。由于时间和编者能力有限，书中难免存在疏漏和不足，敬请读者给予指正。

编者

2015年11月

第一章 AutoCAD 基础知识和基本操作 ······ 1
1.1 AutoCAD 2014 的用户界面 ······ 1
1.1.1 快速访问工具栏 ······ 2
1.1.2 应用菜单 ······ 2
1.1.3 信息中心 ······ 3
1.1.4 状态栏 ······ 4
1.1.5 工具提示 ······ 4
1.1.6 隐藏消息设置 ······ 5
1.1.7 控制面板 ······ 5
1.1.8 命令提示窗口 ······ 6
1.1.9 十字光标与拾取框 ······ 7
1.2 AutoCAD 2014 的基本操作 ······ 8
1.2.1 鼠标操作 ······ 8
1.2.2 Ribbon 功能区操作 ······ 10
1.2.3 键盘操作 ······ 10
1.3 AutoCAD 文件管理 ······ 11
1.3.1 New 新建图形文件 ······ 11
1.3.2 Open 打开已有文件 ······ 12
1.3.3 Qsave 文件存盘与快速保存 ······ 12
1.3.4 Save/Saveas 文件另存 ······ 13
1.4 视图的缩放与平移 ······ 13
1.4.1 Z(Zoom 视图缩放) ······ 13
1.4.2 P(Pan 视图平移) ······ 14
第二章 AutoCAD 2014 入门图形的绘制(一) ······ 16
2.1 AutoCAD 坐标体系 ······ 16
2.1.1 绝对坐标 ······ 16
2.1.2 相对坐标 ······ 17

2.1.3 相对极坐标 …… 18
2.1.4 方向距离输入 …… 19
2.2 四人餐桌图案的绘制 …… 20
2.3 拼花图案的绘制 …… 23
2.4 绘制五角星 …… 26
2.5 八人圆桌图案的绘制 …… 31
第三章 AutoCAD 2014 入门图形的绘制(二) …… 33
3.1 POL 正多边形的绘制 …… 33
3.2 利用 POL 正多边形绘制八人圆桌 …… 35
3.3 ML 多线的定义与绘制 …… 36
3.3.1 Mlstyle 多线样式设置 …… 36
3.3.2 ML 绘制多线 …… 38
3.4 雅间平面的绘制 …… 41
3.5 雅间室内立面图绘制 …… 45
3.5.1 绘制窗户立面图 …… 45
3.5.2 绘制立面图 …… 48
第四章 AutoCAD 2014 提升图形的绘制 …… 54
4.1 图层的定义和设置 …… 54
4.1.1 图层的设置 …… 54
4.1.2 图层面板 …… 57
4.2 利用极轴阵列绘制圆桌 …… 58
4.3 图块 …… 60
4.3.1 图块的意义 …… 60
4.3.2 图块制作实例分析 …… 61
4.4 酒店雅间的绘制 …… 63
4.4.1 卫生洁具的制作 …… 63
4.4.2 酒店雅间平面图的绘制 …… 69
4.5 BE(Blockedit)图块编辑 …… 78
第五章 AutoCAD 2014 命令及功能的深入理解 …… 81
5.1 命令术语 …… 81
5.1.1 键入命令 …… 81
5.1.2 指定点 …… 81

5.1.3 指定距离 …… 82
5.1.4 插入命令 …… 83
5.1.5 “[ ]” …… 83
5.1.6 “＜ ＞” …… 85
5.2 部分命令深入讲解 …… 86
5.2.1 矩形 REC (Rectang) …… 86
5.2.2 多段线 PL (Pline) …… 87
5.2.3 正多边形 POL (Polygon) …… 88
5.2.4 多段线编辑 PE (Pedit) …… 90
5.2.5 圆 C (Circle) …… 93
5.2.6 修剪 TR (Trim)与延伸 EX (Extend) …… 94
5.2.7 填充 H (Hatch) …… 95
5.2.8 阵列 AR (Array) …… 101
5.2.9 查询 Di (Dist) …… 103
5.2.10 倒角 CHA (Chamfer) …… 104
5.2.11 圆角 F (Fillet) …… 105
5.3 部分功能深入讲解 …… 105
5.3.1 选择对象的方式 …… 105
5.3.2 对象捕捉 F3 …… 107
5.3.3 对象快捷捕捉 …… 112
5.3.4 对象捕捉追踪 F11 …… 112
5.3.5 正交模式 F8 …… 113
5.3.6 动态输入 F12 …… 113
5.4 快捷键附录表 …… 114
第六章 注释性文字与标注 …… 119
6.1 Text 文字 …… 119
6.1.1 文字样式的创建 …… 119
6.1.2 DT (Dtext)单行文字 …… 122
6.1.3 MT (Mtext)多行文字 …… 123
6.2 Dimension 尺寸标注 …… 124
6.2.1 对尺寸标注的认识 …… 124
6.2.2 标注样式的创建 …… 125

6.2.3 标注样式的使用 …… 131
6.2.4 尺寸标注的编辑修改 …… 135
6.2.5 尺寸标注在实例中的具体使用 …… 136
6.3 Attribute Definition Block 属性块 …… 142
6.3.1 制作轴号 …… 142
6.3.2 制作标高符号 …… 147
6.3.3 制作标题栏 …… 148
6.4 Table Technique 表格技术 …… 152
6.4.1 表格样式的创建 …… 152
6.4.2 表格的创建 …… 153
6.4.3 门窗表的创建 …… 155
第七章 AutoCAD 2014 快速绘制图形的方法 …… 163
7.1 对象特性工具 …… 163
7.1.1 快捷特性 …… 163
7.1.2 Ribbon 功能区中的特性面板 …… 165
7.1.3 特性选项板 …… 167
7.2 调用图块 …… 169
7.2.1 设计中心 DC(Design Center　Ctrl＋2) …… 169
7.2.2 工具选项板 TP(Tool Paltettes　Ctrl＋3) …… 172
7.2.3 写块 W(Wblock)和插入外部块 I(Insert) …… 175
7.2.4 动态块的使用 …… 177
7.3 图形样板的制作(.DWT) …… 178
7.3.1 新建文件,设置单位 …… 178
7.3.2 设置图形界限 …… 179
7.3.3 建立图层 …… 180
7.3.4 调整线型比例和线宽显示 …… 180
7.3.5 设置文字样式 …… 180
7.3.6 设置标注样式 …… 181
7.3.7 设置多线样式 …… 181
7.3.8 插入图块 …… 183
7.3.9 删除并保存 …… 184
7.4 修改快捷键 …… 185

第八章　AutoCAD 2014 建筑平面图的绘制 …… 188
8.1　建筑平面图的绘制步骤 …… 188
8.2　建筑平面图的绘制 …… 190
8.2.1　设置绘图环境 …… 190
8.2.2　绘制轴线的辅助线 …… 190
8.2.3　绘制柱子 …… 191
8.2.4　绘制墙线的辅助线 …… 192
8.2.5　绘制墙体 …… 194
8.2.6　绘制门窗辅助线、开门窗洞口 …… 197
8.2.7　绘制门窗 …… 197
8.2.8　绘制楼梯 …… 200
8.2.9　绘制台阶散水 …… 201
8.2.10　标注尺寸线 …… 203
8.2.11　标注定位轴号及室内标高 …… 207
8.2.12　绘制剖切符号 …… 208
8.2.13　内部填充及文字标注 …… 209
8.2.14　标注图名 …… 210
8.2.15　插入图框 …… 210
8.2.16　图形清理 …… 211
第九章　AutoCAD 2014 建筑立面图的绘制 …… 213
9.1　建筑立面图的绘制步骤 …… 213
9.2　建筑立面图的绘制 …… 215
9.2.1　新建文件 …… 215
9.2.2　插入标准层平面图 …… 215
9.2.3　绘制辅助线 …… 215
9.2.4　绘制窗户 …… 217
9.2.5　绘制窗套 …… 218
9.2.6　绘制对侧立面图 …… 219
9.2.7　绘制入口 …… 219
9.2.8　绘制坡屋顶 …… 222
9.2.9　绘制轮廓线和室外地坪 …… 223
9.2.10　绘制墙面装饰 …… 224

9.2.11 绘制侧面雨棚 …… 224
9.2.12 标注柱子定位轴号 …… 225
9.2.13 标注尺寸线 …… 225
9.2.14 标高标注 …… 226
9.2.15 文字标注 …… 227
9.2.16 图名标注 …… 228
9.2.17 插入图框 …… 228
9.2.18 图形清理并保存 …… 228
第十章 AutoCAD 2014 建筑剖面图的绘制 …… 229
10.1 建筑剖面图的绘图步骤 …… 229
10.2 建筑剖面图的绘制 …… 231
10.2.1 建立绘图环境 …… 231
10.2.2 插入标准层平面图 …… 231
10.2.3 绘制辅助线 …… 232
10.2.4 绘制楼板、休息平台及梁 …… 234
10.2.5 绘制室内外地坪、散水 …… 236
10.2.6 绘制屋顶 …… 237
10.2.7 绘制楼梯 …… 238
10.2.8 绘制墙体、柱子 …… 241
10.2.9 绘制窗户 …… 241
10.2.10 绘制台阶及入口 …… 243
10.2.11 进行尺寸、轴号、标高的标注 …… 244
10.2.12 标注图名 …… 244
10.2.13 插入图框 …… 245
10.2.14 图形清理 …… 245
参考文献 …… 247

第一章　AutoCAD 基础知识和基本操作

【学习提示】本章主要介绍 AutoCAD 2014 的用户界面、软件基本操作和入门绘图必备知识，以便读者对 AutoCAD 软件有基本的认识和了解，从而更好地把握和学习 AutoCAD 的精髓知识。

1.1　AutoCAD 2014 的用户界面

启动 AutoCAD 2014 程序，完成初始设置后的用户界面如图 1-1 所示。下面对用户界面作详细介绍。

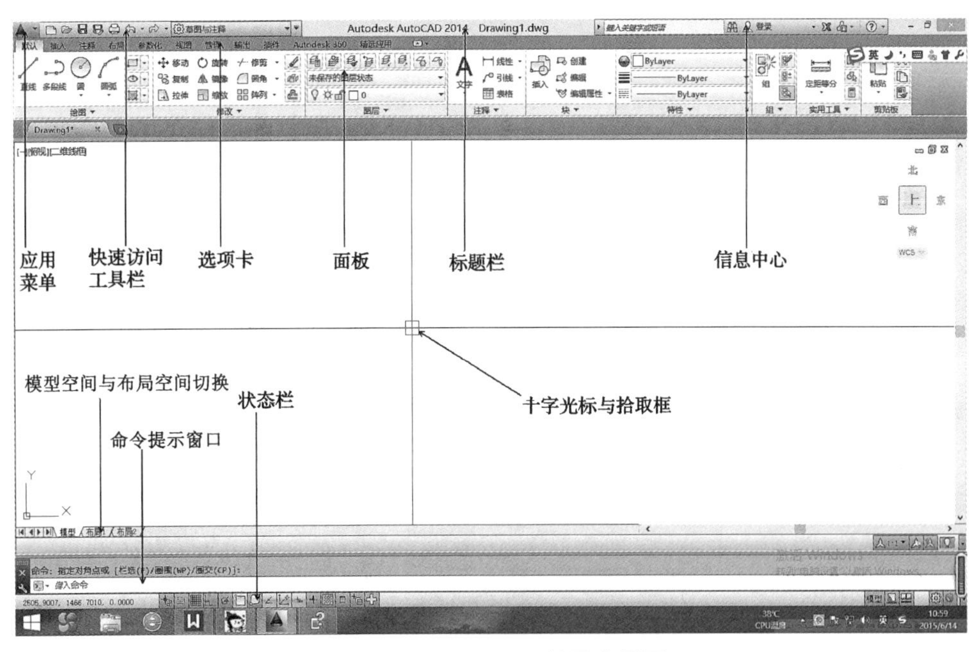

图 1-1　AutoCAD 2014 的用户界面

1.1.1 快速访问工具栏

位于屏幕左上角的便是功能强大的“快速访问工具栏”。常用的“新建”“打开”“保存”“放弃”“重做”和“打印”命令在这里都有。通过选择右侧向下的箭头用户能够快速将常用功能加入自定义工具栏，如图 1-2 所示。这里还有用于调整用户界面的功能，默认的用户界面是“草图与注释”，如果想修改可在“草图与注释”处选择其他的用户界面。

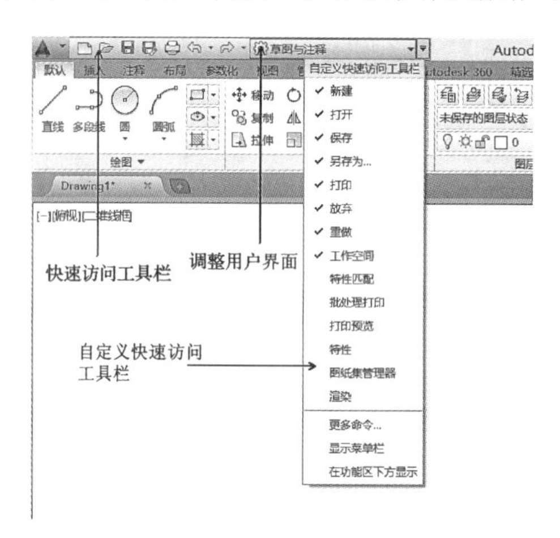

图 1-2　自定义快速访问工具栏

1.1.2 应用菜单

在较新的 AutoCAD 版本中，应用菜单以一个带有箭头的图标来代替。

应用菜单里有常用的“文件”工具和最近查看过的文件。用户可以在这里进行文件的“新建”“打开”“保存”“另存为”“输出”“打印”等操作，用户也可以根据图片或图标的形式显示最近查看过的文件，或根据访问日期、大小或文件类型对其进行分组。

用户还可以通过快速查询搜索任意 AutoCAD 命令。例如，如果需要查询“圆”命令，只需要在搜索框内输入“圆”即可，单击任意列表项便可启动相关的命令，如图 1-3 所示。

用户还可以在文件菜单中打开“选项”对话框以及退出 AutoCAD。

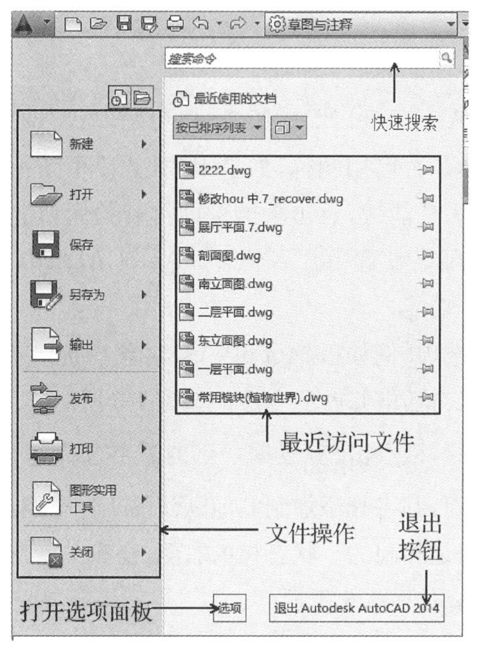

图 1-3 快速搜索

1.1.3 信息中心

信息中心是 Autodesk 公司为用户提供的一个联机服务，当用户的电脑处在网络环境下时，可以通过信息中心获取帮助。

它包括在线信息，不用再单独打开帮助页面、网页或是到其他地方查询，这个功能也是相当人性化的。点击信息中心的 ，弹出“在线帮助”，如图 1-4 所示。用户还可以注册 Autodesk 账号，可以联机进行文件的储存、应用，以方便移动用户对信息的实时更新要求。

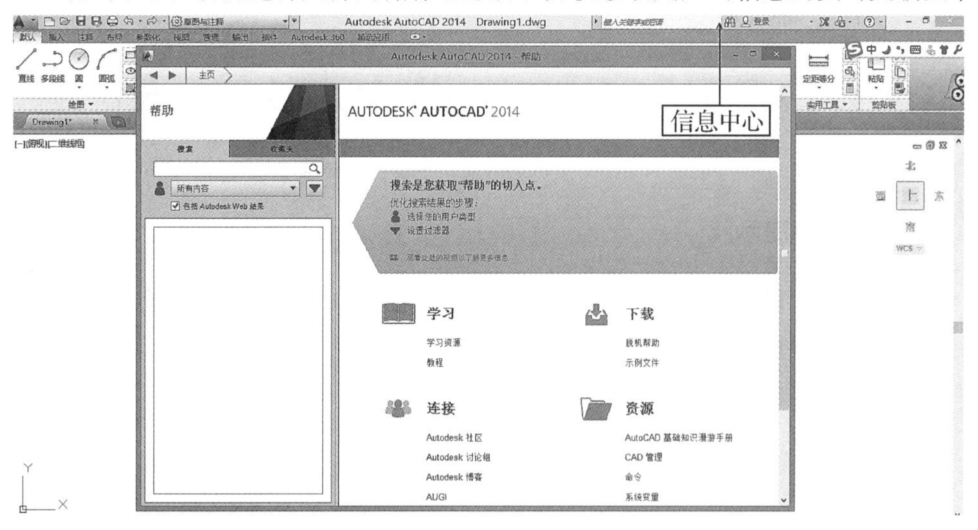

图 1-4 “在线帮助”对话框

1.1.4 状态栏

若用户使用过 AutoCAD 2008 以前的版本，将会发现状态栏拥有多处的改进。右键单击任意工具，用户便可选择是否启用图标，如果不勾选“使用图标”，功能开关将以文字的形式显示。状态栏左侧位置为功能键，点击功能键即可开关此功能，启用的功能显示为蓝色，从而能够一目了然地查看哪些设置为开启状态。AutoCAD 2014 新增了显示隐藏透明度、循环选择、注释监视器三个功能。

通过右键单击其中的选项[例如极轴(Polar)或对象捕捉(Osnap)]，还能够快速地改变设置，改变先前版本中弹出对话框修改的方法。如图 1-5 所示。

在状态栏的右侧，用户可以点击⚙根据自己的需要选择适合自己的工作空间，也可以选择创建一个新的工作空间，并将其添加到其他默认的工作空间中。这个功能与“快速访问工具栏”处的更改工作空间是相同的。状态栏的右侧，还有关于“模型与图纸空间”“注释性”“隔离与隐藏对象”等功能。如图 1-6 所示。

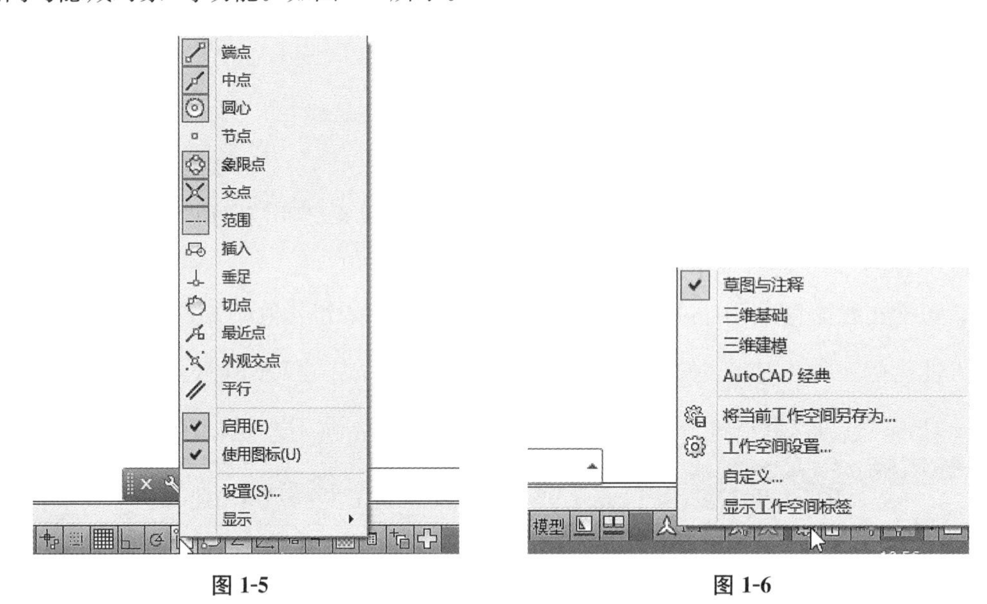

图 1-5　　　　图 1-6

1.1.5 工具提示

经过扩展的工具提示能够提供更多所需要的信息。如果想要获取更多的信息，只需把光标停留在某一工具上多一些时间，即可弹出如图 1-7 所示的提示内容。

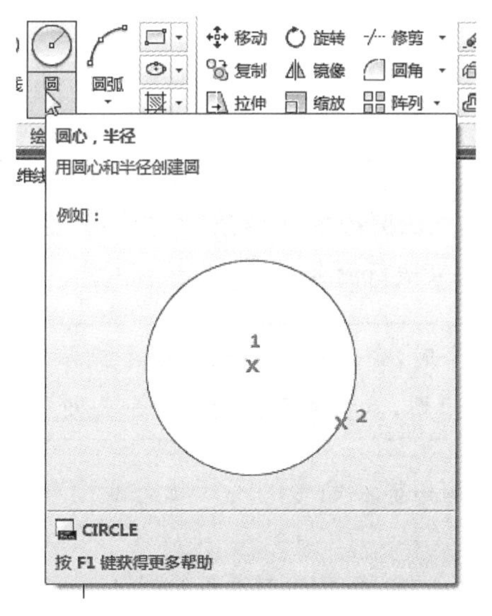

图 1-7　工具提示

1.1.6　隐藏消息设置

应用程序中的报警信息也有更新，它为用户们提供更多的帮助。如果关掉此特性，这些消息将变成隐藏消息。如果想再次使用，可以在“选项”对话框中的“系统”选项卡上重新开启此特性。

1.1.7　控制面板

每一个选项卡下都有若干面板，如常用选项卡中有：绘图、修改、图层、注释、块、特性、组、实用工具和剪贴板面板。

对于希望自定义控制面板的用户，现在可以通过单击选项卡右键，选择浮动，将选项卡带到 AutoCAD 2014 的工作环境中，如果希望将选项卡固定在屏幕左侧，只需要将其拖动到屏幕左侧，各个选项卡将被“吸附”到屏幕左侧，如图 1-8 所示。用户还可以拖动各个面板下方的标题，将面板拖动到绘图区域，使其浮动，再将其拖回到选项卡，即可恢复。

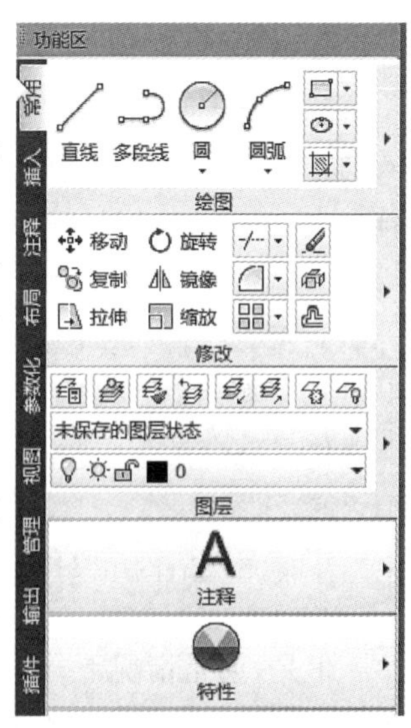

图 1-8　控制面板

1.1.8 命令提示窗口

命令提示窗口是用户与系统进行对话的窗口，通过命令行输入快捷键执行命令，这与菜单栏和工具条按钮作用相同。但通常情况下，我们使用 AutoCAD 提供的快捷命令，比如绘制线命令为“Line”，只需要输入快捷命令“L”，按“回车”或“空格”键就可以。因此在学习和使用过程中，建议运用此方法来执行命令。

很多初学者在输入命令时，会使用鼠标点击命令提示行后再在命令提示行中输入“L”，其实这是一种错误的习惯，直接使用键盘输入命令即可。

在新版本中的命令提示窗口显示命令的现行状态或设置项目，在窗口上方显示三行最近执行命令的内容。

还应注意，执行命令过程中，命令窗口内会有每一个步骤的提示，用户通过提示的内容进行下一步的操作，也可以通过给定的参数选项调整某些参数，如图 1-9 所示。

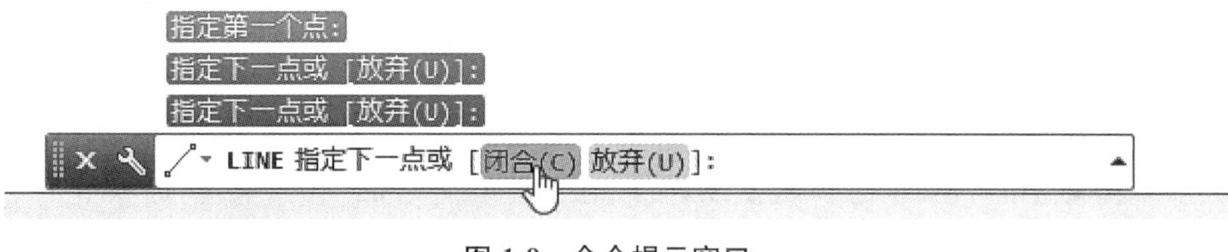

图 1-9 命令提示窗口

AutoCAD 2014 对命令提示行做了历史性的改变，以单独的浮动窗口的形式放置在绘图区域下方中间位置。并且新增了“按钮”功能，即对于一些命令的插入命令，除了以键盘输入的方式还可以以单击的方式来完成。如图 1-9 所示，在绘制直线的时候如果要闭合直线，只需要在“闭合”上单击即可。如果想恢复以前版本的命令提示行形式，只要拖动命令提示窗口左侧的拖动条，然后将其固定在 AutoCAD 的底端即可，“按钮”命令依然保留。

要想熟练快速地使用 AutoCAD，必须学会使用命令提示窗口，它能够引导我们正确使用各个命令，所以初学者在执行命令的时候务必密切关注命令提示窗口的提示内容。

使用“Ctrl+9”键可以关闭与打开命令提示窗口。

但是，通常情况下，命令窗口只是显示四行的内容，如果需要查看已执行过的命令过程，则需要按“F2”功能键，弹出更多的历史记录，如图 1-10 所示。单击滚动条就可以查看已经执行过的命令内容。

```
指定下一点或 [闭合(C)/放弃(U)]:
指定下一点或 [闭合(C)/放弃(U)]:
命令: L
LINE
指定第一个点:
指定下一点或 [放弃(U)]: *取消*
命令: *取消*
命令: L
LINE
指定第一个点:
指定下一点或 [放弃(U)]:
指定下一点或 [放弃(U)]:
>>输入 ORTHOMODE 的新值 <0>:
正在恢复执行 LINE 命令。
指定下一点或 [放弃(U)]: *取消*
命令: e
ERASE
选择对象: 指定对角点: 找到 4 个
选择对象:
```

图 1-10　命令提示

1.1.9　十字光标与拾取框

当移动鼠标到绘图区域时，显示为┼，在无命令执行的情况下，十字光标与拾取框是同时存在的，当进行拾取点的操作时，光标单独显示十字光标，当进行选择操作时，光标单独显示拾取框。默认情况下十字光标与拾取框尺寸较小，如果需要调整，需要执行命令“OP”(Option 选项)，如何进行命令的执行呢？可以在默认的情况下，直接输入“OP”，空格确认，即可打开如图 1-11 所示的对话框。单击“显示”选项卡，更改“十字光标大小”的数值，由 5 变为 100。单击“选择集”选项卡，更改“拾取框大小”，调整到适合大小。如图 1-12 所示。这样绘图就非常方便了。

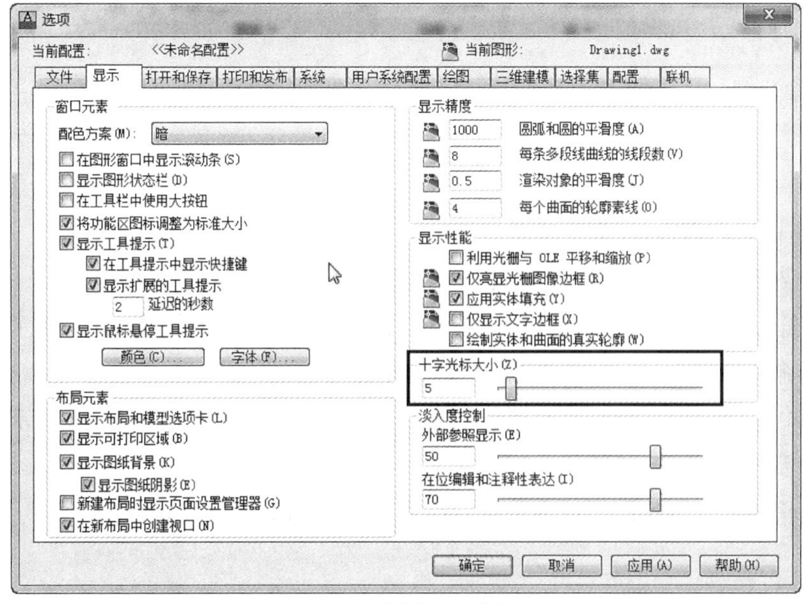

图 1-11　“选项”对话框

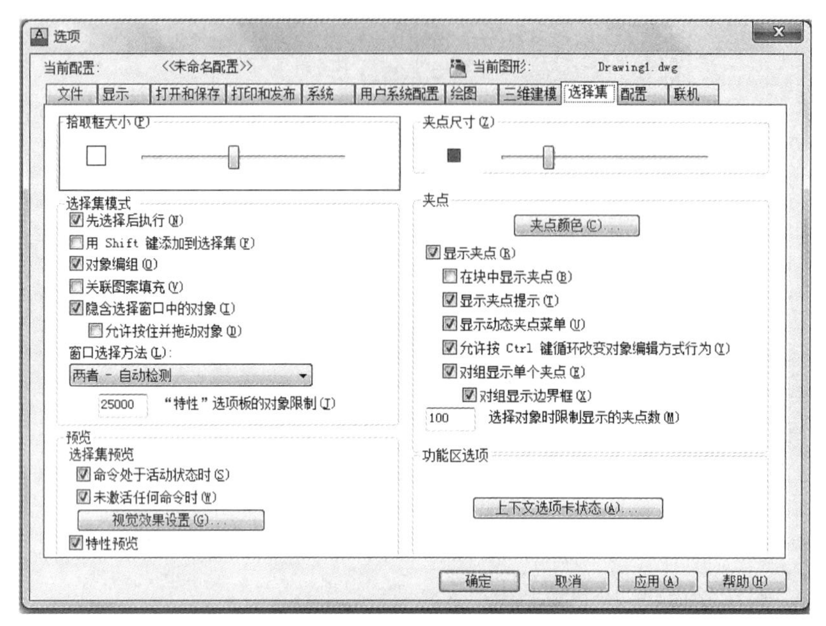

图 1-12 "选项"对话框

"Options"选项命令,是调整软件使用属性的命令,绝大多数常用的软件使用偏好都能在选项中修改。例如调整背景颜色、调整 CAD 默认保存的版本等。而这些修改与图形文件并无关联。

1.2 AutoCAD 2014 的基本操作

AutoCAD 最基本的操作有鼠标操作、Ribbon 功能区操作、键盘操作等。

1.2.1 鼠标操作

1. 单击鼠标右键

在用户界面上的不同位置处单击鼠标右键可以获得不同的选项。

(1) 在绘图区域单击鼠标右键可以得到如图 1-13(a)所示的快捷菜单,显示内容包括最后使用过的命令、常用的命令、撤销操作、视窗平移等。

(2) 在命令窗口单击鼠标右键可以得到如图 1-13(b)所示的快捷菜单,显示的是最近使用过的命令及选项等。

(3) 在状态栏空白处位置单击鼠标右键可以得到如图 1-13(c)的设置选项。

（4）在模型和布局处单击鼠标右键，可以得到图 1-13(d)所示的快捷菜单。

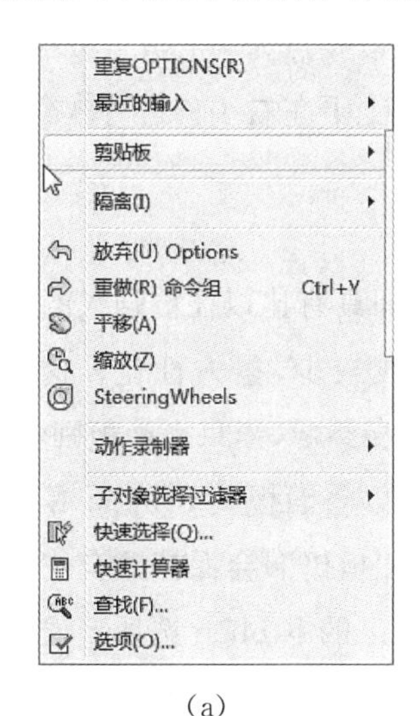

(a)

(b)

(c)

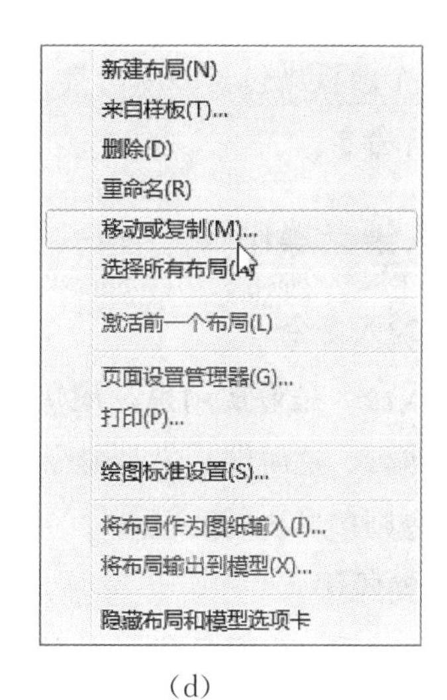

(d)

图 1-13　快捷菜单

2. 拖动鼠标

移动光标到面板或对话框的标题栏，按住鼠标左键并拖动，可以将工具栏或对话框移动到新的位置；将光标放在用户界面的滚动条上，拖动滑块可以滚动当前屏幕视窗。

1. 注意，拖动鼠标只有在弹出的对话框中可以使用，在绘图区域内，鼠标并不能按住鼠标左键不放，所有的左键操作都是单击。特别是在选择的时候，由于和其他的软件使用习惯不同，用户学习完选择对象之后，需多加练习，熟练 AutoCAD 的操作习惯。

2. 双击鼠标中间滚轮则将当前视图全部显示在屏幕当中。

3. 中间滚轮

将光标移动到绘图区域中，转动滚轮，图形显示将以该点为中心放大或缩小。

按住鼠标中间滚轮，则变为平移工具，可以将视图上下左右平移进行观察。

1.2.2 Ribbon 功能区操作

AutoCAD 2009 以后的版本中引入的 Ribbon 界面具有比以往更强大的上下文相关性，能帮助我们直接获取所需的工具使我们的单击次数较少，很人性化。这种基于任务的 Ribbon 界面由多个选项卡组成，每个选项卡由多个面板组成，而每个面板则包含多款工具。

Ribbon 不止有这些功能，还有更方便的应用。可以将面板从 Ribbon 界面中拖出，使其成为一种"吸附"面板。即使切换到其他选项卡，吸附面板仍旧会保持原有位置不变。而且，Ribbon 界面是完全可自定义的，甚至可以创建用户自己的 Ribbon 选项卡，当选定特定对象或执行特定命令时，其会自动变更。

AutoCAD 2014 新界面中新增的 Ribbon 界面由多个选项卡组成，每个选项卡由多个面板组成，而每个面板则包含多款工具。几乎包含了所有可执行的命令，用户可以通过鼠标左键单击来执行命令。

1.2.3 键盘操作

1. 键盘输入命令

键盘输入命令是最常用也是最快捷的方式。当命令行为空时，就表明 AutoCAD 可以接收命令并执行。这时输入简写命令，按空格键或回车键表示确定，就可以执行命令。如果需要取消命令则按"Esc"键。

2. 快捷键操作

通过 Windows 系统提供的功能键或者组合键，能够为用户提供方便快捷的操作。表 1-1 列出了常用的一些组合快捷键和一些功能键。其余字母快捷键将在日后的学习中逐渐掌握。

表 1-1 常用快捷键及其功能

快捷键	功能	快捷键	功能
F1	帮助	Ctrl+N	新建文件
F2	打开文本窗口	Ctrl+O	打开文件
F3	对象捕捉开关	Ctrl+S	文件存盘
F4	三维对象开关	Ctrl+P	文件打印
F5	等轴侧平面转换	Ctrl+Z	取消操作
F6	动态 UCS 开关	Ctrl+Y	重做取消操作
F7	栅格开关	Ctrl+C	复制

续表

快捷键	功能	快捷键	功能
F8	正交开关	Ctrl+V	粘贴
F9	捕捉开关	Ctrl+1	对象特性管理器
F10	极轴开关	Ctrl+2	AutoCAD 设计中心
F11	对象追踪开关	Ctrl+3	工具选项面板
F12	动态输入开关	Ctrl+9	命令提示行开关

1.3　AutoCAD 文件管理

AutoCAD 对于文件的管理，有新建、打开、存盘、另存等。下面讲解 AutoCAD 2014 软件对文件的基本操作。

1.3.1　New 新建图形文件

在开启 AutoCAD 之后，软件会自动新建一个文件。用户可以使用此文件进行绘制图形，也可以自行新建一个文件。

按“Ctrl+N”键，或输入“New”新建文件命令，确定，打开“选择样板”对话框，如图 1-14 所示。在最初学习阶段通常按照默认的“acadiso. dwt”文件，直接单击“打开”，完成新建文件进入图形绘制与编辑界面。

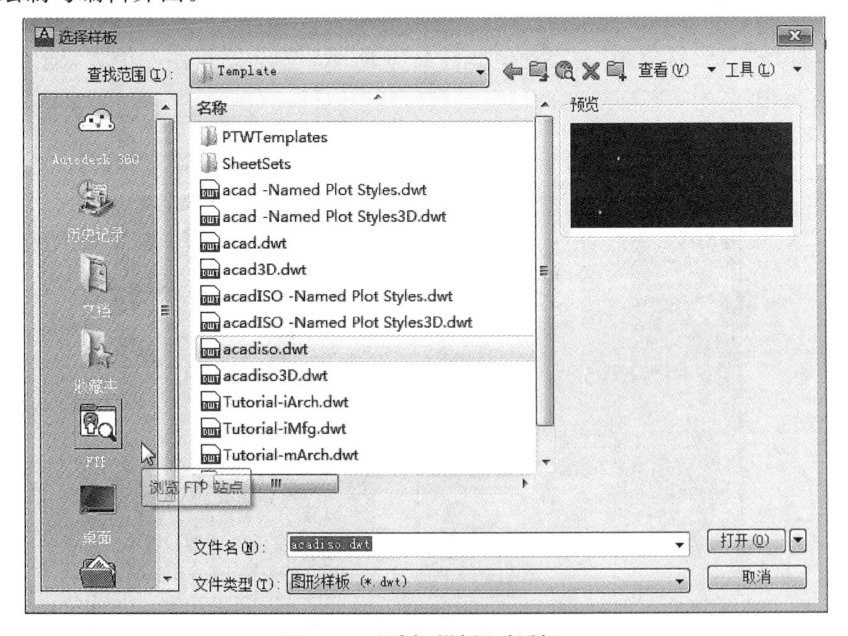

图 1-14　“选择样板”对话框

1.3.2 Open 打开已有文件

按“Ctrl+O”键，或在命令行输入 “Open”打开文件命令，确定，打开“选择文件”对话框，如图 1-15 所示。找到文件所在位置，选择文件，然后单击“打开”，即可进入绘图区域进行图形的绘制和编辑。

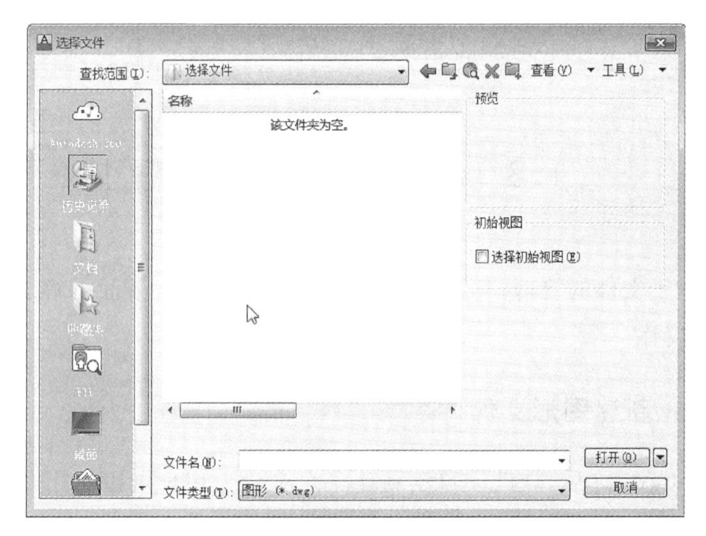

图 1-15 “选择文件”对话框

1.3.3 Qsave 文件存盘与快速保存

对新建文件进行初始保存，按“Ctrl+S”键，或在命令行输入“Qsave”执行快速保存文件命令，确定，打开“图形另存为”对话框，如图 1-16 所示，选择文件存盘位置，输入文件名，然后单击保存，完成操作。

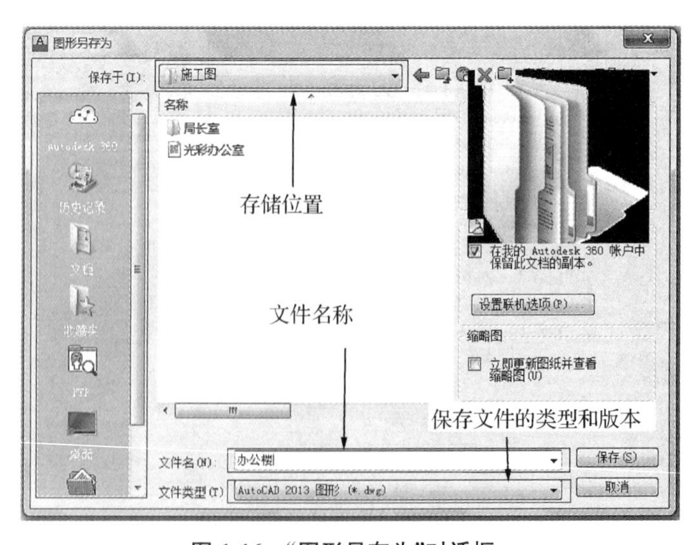

图 1-16 “图形另存为”对话框

文件存盘完毕后，再次执行快速保存命令，不再弹出对话窗口，此时是将对文件的修改覆盖保存到原文件中。

> 文件新建完成后，务必要首先存盘，并且经常保存，避免因系统崩溃、意外断电或者其他意外情况造成文件丢失。

1.3.4 Save/Saveas 文件另存

按"Ctrl＋Shift＋S"键，打开"图形另存为"对话框，选择文件存盘位置，输入文件名，然后单击存盘，完成另存文件操作。初学者在第一次保存文件后，如果保存文件名不对，可执行该命令更换文件另存。

> 键盘输入 Save 命令等于"图形另存为"，而不是图形的快速保存。

1.4 视图的缩放与平移

在 AutoCAD 绘图时，由于显示器尺寸及分辨率的限制，往往无法看清楚图形的细节，难于精确定位图形。在 AutoCAD 中提供了改变视图显示的方式。通过放大视图的方式来更仔细地观察图形的细节，也可以通过缩小视图的显示来浏览整个图形，还可以通过视图平移的方式来重新定位视图在绘图区域中的位置等。

1.4.1 Z(Zoom 视图缩放)

利用视图缩放功能，可以改变图形在视图区域中显示的大小，更方便观察当前视图中过大或者过小的图形对象，或准确绘制对象、捕捉目标等操作。这就如同一张图纸，距离人近时，可以看清它的细节部位，而要看其全貌，那就要将图形远离人，这样就可以看得更加清楚。

在命令行输入"Z"(Zoom 视图缩放)，确定，这时在命令窗口可以看到提示内容为：指定窗口的角点，输入比例因子 (nX 或 nXP)，或者[全部(A)/中心(C)/动态(D)/范围(E)/上一个(P)/比例(S)/窗口(W) /对象(O)] ＜实时＞，这里共包括了 8 个选项。

1. All 全部

输入"A"(All)选项，将依照图形界限(Limits)或图形范围(Extents)的尺寸，在绘图区域内显示图形。图形界限与图形范围中哪个尺寸大，由哪个决定图形显示的尺寸，即图形文件中若有图形实体处在图形界限以外的位置，便由图形范围决定显示尺寸，将所有图形内容都显示出来。

2. Center 中心

输入“C”(Center)选项,AutoCAD 将根据所指定的中心点调整视图。这时需要使用鼠标在视图区域选择一个点作为新的中心点,确定中心点后,输入放大系数或者新视图的高度即可。

如果在输入的数值后加字母 X,则此输入值为放大倍数,如果未加 X,则 AutoCAD 将这一数值作为新视图的高度。

3. Dynamic 动态

输入“D”(Dynamic)选项,该选项先临时将图形全部显示出来,同时自动构造一个可移动的视图框(该视图框通过切换后可以成为可缩放的视图窗),用此视图框来选择图形的某一部分作为下一屏幕上的视图。在该方式下,屏幕将临时切换到虚拟显示屏状态。

4. Extents 范围

输入“E”(Extents)选项,该选项将所有图形全部显示在屏幕上,并最大限度地充满整个屏幕。这种方式会引起图形重新绘制,如果图形复杂,生成的速度较慢。

5. Previous 上一个

输入“P”(Previous)选项,可以返回前一视图。执行 Zoom 命令缩放视图后,以前的视图便被 AutoCAD 自动保存起来,AutoCAD 一般可保存最近的 10 个视图,若在当前视图中删除了某些实体,则使用 Previous 方式返回上一视图后,该视图中不再有这些图形实体。

6. Scale 比例

输入“SC”(Scale)选项,可根据需要输入比例值,放大或缩小当前视图,且视图的中心点保持不变,选择 Scale 后,要求输入缩放比例,通常采用输入数值来表示缩放的比例,大于 1 为放大视图,小于 1 则为缩小视图。

7. Windows 窗口

该选项可直接用选择下一视图区域,不需要输入选项。而选择窗口的尺寸越大,放大比例越小,反之选择窗口越小,放大比例越大。

8. Object 对象

输入“O”(Object)选项,选择对象缩放。

视图缩放中最常用的是任意缩放与范围缩放,AutoCAD 为用户提供了快捷操作方式,使用鼠标中间滚轮上下转动可以实现视图的任意缩放,使用双击鼠标中间滚轮可以实现范围缩放。

1.4.2 P(Pan 视图平移)

输入“P”(Pan),确定,或者按住鼠标中间滚轴,十字光标变为[手形图标]即可执行视图平移命令。鼠标上下左右移动即可。视图平移要比视图缩放显示速度快,使用也较为便捷。

使用视图平移如同用手平移图纸一样，方便快捷观察图形。

所有在命令提示窗口输入快捷键执行命令的方式，只需要 AutoCAD 在没有执行命令的情况下直接输入即可，而不用将光标移动到命令提示窗口，输入完成之后，需要按空格或回车键表示确定。在本书以后所说的确定，即指空格或回车。

【本章小结】本章主要简单介绍 AutoCAD 的入门知识，了解 AutoCAD 的基本常识和基本应用，熟悉 AutoCAD 软件的特点和基本操作，通过了解一些简单的图形和理论知识，强化 AutoCAD 的操作性和作图的最基本操作方法，为下一步的学习打下坚实的基础。

【命令回顾】

命令内容	英文全称	快捷方式
选项	Options	OP
新建文件	New	Ctrl+N;New
打开文件	Open	Ctrl+O; Open
保存文件	Qsave	Ctrl+S; Qsave
另存文件	Saveas	Ctrl+Shift+S;save; Saveas
退出程序	Quit	Ctrl+Q; Quit
视图缩放	Zoom	Z
平移	Pan	P

第二章　AutoCAD 2014 入门图形的绘制(一)

【学习提示】在工程实践中，AutoCAD 的优势在于能精确地绘制图形，因而才使得 AutoCAD 在建筑、机械、园林、规划、电子等行业内得以被广泛的应用。而要使绘制的图形精确，必须熟练运用 AutoCAD 坐标体系和对象捕捉的功能。

2.1　AutoCAD 坐标体系

AutoCAD 为用户提供了多种坐标体系，其中有绝对坐标、相对坐标、相对极坐标和方向坐标。

下面利用直线命令来讲解坐标体系。如何确定一条直线呢？AutoCAD 提供的方法是，指定直线的两个端点，而指定点的方式有很多种。

2.1.1　绝对坐标

在 AutoCAD 文件中，系统默认了坐标原点，也就是(0,0)点。

那么根据坐标原点的位置，图形中每一个位置都有一个坐标值，用(x,y)表示，x 表示横向坐标，y 表示纵向坐标。

由于绝对坐标输入方式运用较少，所以从 AutoCAD 2006 开始，引入了动态输入的方式，在动态输入打开的状态下，默认的坐标输入方法为相对坐标，所以这里为了学习坐标的输入方法，需要先按功能键“F12”，或点击状态栏的按钮，关闭动态输入。

判断动态输入是否开启的方法如下：

动态输入如果打开，在输入命令的时候，命令会跟随在十字光标右下角，而不会直接出现了在命令提示窗口，但不影响正常使用，如图 2-1 所示。

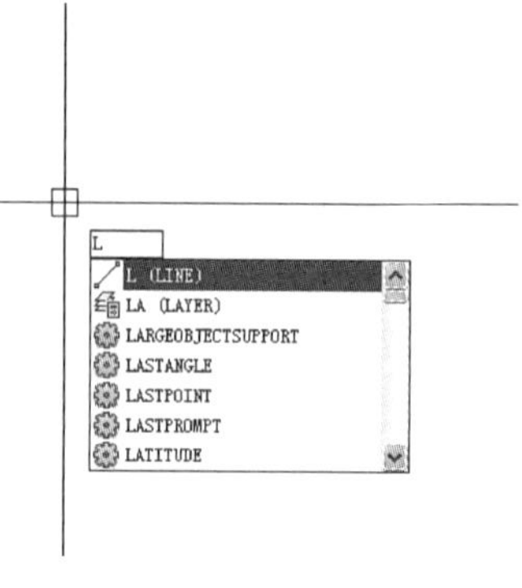

图 2-1

状态栏上的动态输入按钮处于亮显状态时，动态输入处于打开状态，如图 2-2 所示。

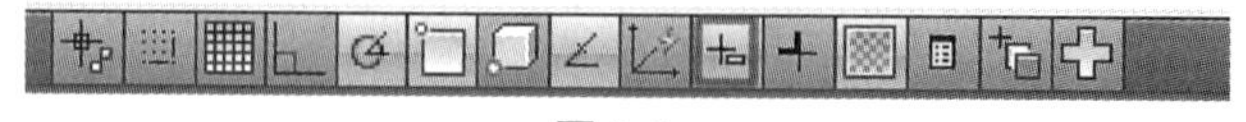

图 2-2

下面通过绘制如图 2-3 所示的图形进行绝对坐标的应用练习。

直接使用键盘输入“L”(line 直线)，确定(按空格键或回车键，下同)，执行画线命令，命令行提示指定第一点，这里采用键盘输入点坐标的形式，如图 2-3 所示：输入矩形的第 1 点坐标(0,0)，确定，命令行提示输入下一点，键盘依次输入第 2 点(50,0)，确定，第 3 点(50,100)，确定，第 4 点(0,100)，确定，最后将第 4 点连接到第 1 点，可以输入第 1 点的坐标(0,0)，确定，也可以根据命令行提示输入“C”(close)，确定，表示闭合图形。此时在图形中不能显示绘制的图形，需要使用第一章学习的视图缩放工具：双击鼠标中间滚轮，这样就得到如图 2-3 所示的图形。

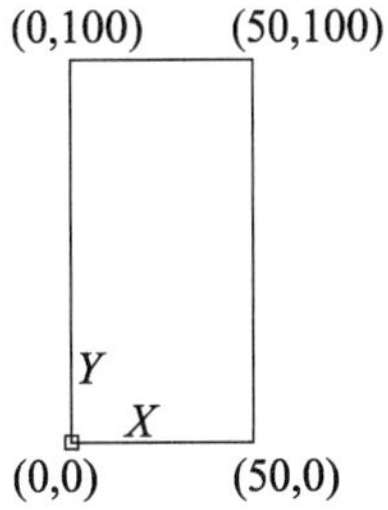

(0,100)　(50,100)
Y
X
(0,0)　(50,0)

图 2-3　矩形

【命令步骤】

命令：L
LINE 指定第一点：0,0(空格)
指定下一点或 [放弃(U)]：50,0(空格)
指定下一点或 [放弃(U)]：50,100(空格)
指定下一点或 [闭合(C)/放弃(U)]：0,100(空格)
指定下一点或 [闭合(C)/放弃(U)]：c(空格)
命令：'_. zoom _e

在动态输入打开的情况下，绝对坐标的输入方式为(#x,y)，如坐标原点为(#0,0)。按“F12”键，打开动态输入，重新绘制图 2-3，进行练习。

绘制图形时，左右手务必明确分工，左手操作键盘，右手操作鼠标，初学者务必不要用右手操作键盘。

在命令行输入快捷命令后，需要按回车或空格键表示确定来执行命令。因而本书中提到“确定”除特殊说明外，即指按空格键、回车键或者鼠标右键。建议使用空格键或鼠标右键。

2.1.2　相对坐标

所谓相对坐标，即是用户不受系统默认坐标原点的约束进行绘制图形。

仍然关闭动态输入。

相对坐标的表示方法是：(@x,y)，其中 x、y 代表相对距离。

绘制如图 2-4 所示的正方形。

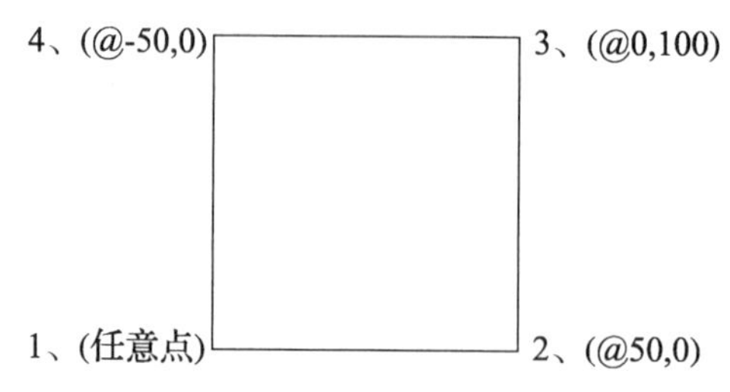

图 2-4　正方形

输入“L”，确定，执行画线命令，命令行提示指定第一点，下面采用鼠标单击绘图区域的方式给定点，第 1 点（用鼠标单击绘图区域任意位置）、第 2 点（@50，0），确定，第 3 点（@0，100），确定，第 4 点（@－50，0），确定，输入“C”(close)，闭合图形，得到如图 2-4 所示图形。

> 需要注意，相对坐标是相对绘制图形的上一点执行的，而且必须要在一次命令下才起作用，如果在绘制图形的过程中，中断了绘图命令，再次执行命令，输入第一点时相对坐标并不能相对上一次命令的最后一点起作用。
>
> 如果打开动态输入，相对坐标的表达方式是(x，y)，由于在绘制图形中大多数使用的是相对坐标，所以建议用户在打开动态输入的情况下进行坐标输入。
>
> 相对坐标的意义在于每一点的坐标都是相对于它的前一点而输入的。

【命令步骤】

命令：L

LINE 指定第一点：（鼠标点击任意点）

指定下一点或［放弃(U)］：@50，0（空格）

指定下一点或［放弃(U)］：@0，100（空格）

指定下一点或［闭合(C)/放弃(U)］：@－50，0（空格）

指定下一点或［闭合(C)/放弃(U)］：c（空格）

2.1.3　相对极坐标

相对极坐标的表示方法是：(@$x<\alpha$)，其中 x 代表距离长度，α 代表角度。相对极坐标的用法和相对坐标的用法基本相似。

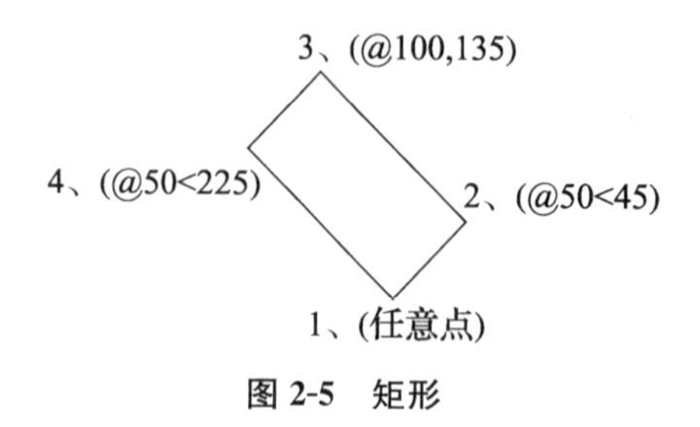

图 2-5　矩形

通过绘制如图 2-5 所示的图形进行练习。

执行“L”直线命令,确定,如图 2-5 所示,依次输入矩形的第 1 点(任意点)、第 2 点(@50<45)、第 3 点(@100<135)、第 4 点(@50<225)四个点的坐标,输入“C”(close),闭合图形,完成图形的绘制。

> 打开动态输入相对极坐标表示方法为($x<\alpha$)。
>
> 相对极坐标的角度 α 与 x 轴的方向有关,从 x 轴正方向开始,逆时针为正值,顺时针为负值。

【命令步骤】

命令:L

LINE 指定第一点:(任意点)

指定下一点或 [放弃(U)]: @50<45(空格)

指定下一点或 [放弃(U)]: @100<135(空格)

指定下一点或 [闭合(C)/放弃(U)]: @50<225(空格)

指定下一点或 [闭合(C)/放弃(U)]: c(空格)

2.1.4　方向距离输入

方向距离的表示方法是:使用鼠标移动十字光标表示方向,然后直接输入相对距离值。要绘制出如图 2-6 所示图形,需要按“F8”键或单击状态栏按钮,打开正交模式。

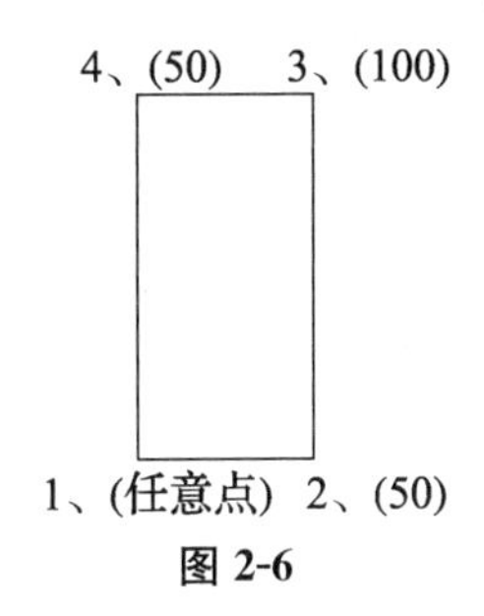

图 2-6

执行“L”直线命令,如图 2-6 所示,指定矩形的第 1 点(任意点),第 2 点向右移动光标,输入距离 50,确定,第 3 点向上移动光标,输入距离 100,确定,第 4 点向左移动光标,输入距离 50,确定,最后输入“C”(Close),确定,闭合图形,完成图形的绘制。

【命令步骤】

命令:L

LINE 指定第一点:(任意点)

指定下一点或 [放弃(U)]: <正交 开>50(打开正交模式)(空格)

指定下一点或 [放弃(U)]: 100(空格)

指定下一点或 [闭合(C)/放弃(U)]:50(空格)

指定下一点或 [闭合(C)/放弃(U)]: c(空格)

2.2 四人餐桌图案的绘制

如图 2-7 所示，利用坐标输入的方法绘制餐桌图案。

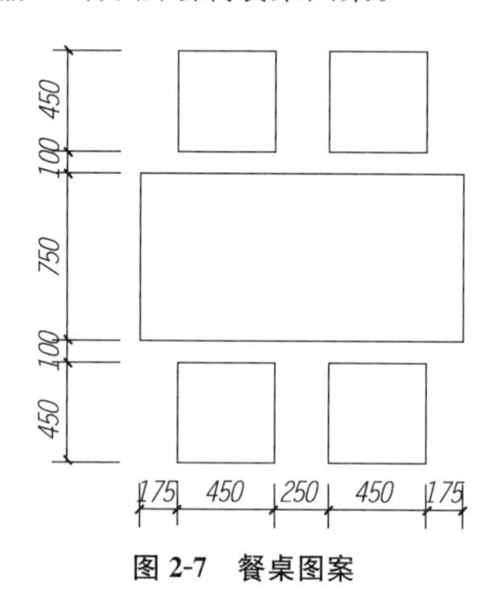

图 2-7 餐桌图案

【方法一】

最为初级的办法是利用绝对坐标的方式进行绘制，那么绘制之前需要首先确定各个点的绝对坐标值。读者可以把图形中的任意点作为坐标原点来确定。为了方便，这里取桌子的左下角为坐标原点，然后确定坐标体系，如图 2-8 所示。

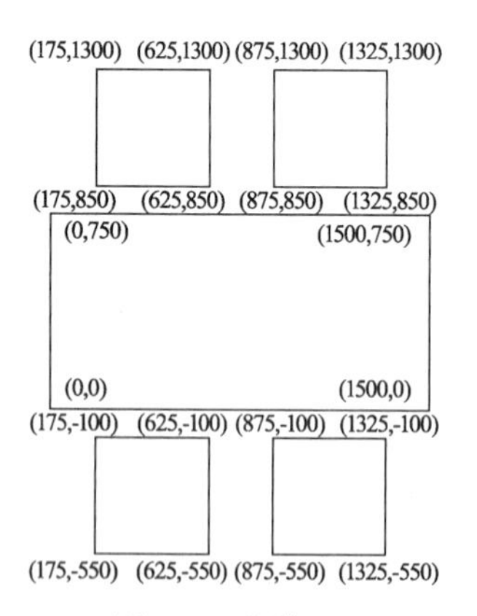

图 2-8 方法一

执行“L”直线命令，命令行提示指定第一点，输入第 1 点坐标(0,0)，确定，命令行提示输入下一点，键盘依次输入第 2 点(1500,0)，确定，第 3 点(1500,750)，确定，在闭合图形时，除上一案例中讲解的两种方法外还可以借助“对象捕捉”的功能来实现，按“F3”或点击，确保“对象捕捉”功能处于开启状态，鼠标移至第一点处会出现如图所示的情况，这时感觉鼠标被吸引住了,点击鼠标左键,即可完成最后一条直线的绘制,确定,退出直线命令。按照同样的方式再依次绘制其余四个正方形,这样就得到如图 2-8 所示的图形。

【命令步骤】

命令:L

LINE 指定第一点:0,0(空格)

指定下一点或[放弃(U)]:1500,0(空格)

指定下一点或[放弃(U)]:1500,750(空格)

指定下一点或[闭合(C)/放弃(U)]:0,750(空格)

指定下一点或[闭合(C)/放弃(U)]:c(空格)

命令:l LINE 指定第一点:175,－550(空格)

指定下一点或[放弃(U)]:625,－550(空格)

指定下一点或[放弃(U)]:625,－100(空格)

指定下一点或[闭合(C)/放弃(U)]:175,－100(空格)

指定下一点或[闭合(C)/放弃(U)]:c(空格)

命令:l LINE 指定第一点:875,－550(空格)

指定下一点或[放弃(U)]:1325,－550(空格)

指定下一点或[放弃(U)]:1325,－100(空格)

指定下一点或[闭合(C)/放弃(U)]:875,－100(空格)

指定下一点或[闭合(C)/放弃(U)]:c(空格)

命令:l LINE 指定第一点:175,850(空格)

指定下一点或[放弃(U)]:625,850(空格)

指定下一点或[放弃(U)]:625,1300(空格)

指定下一点或[闭合(C)/放弃(U)]:175,1300(空格)

指定下一点或[闭合(C)/放弃(U)]:c(空格)

命令:l LINE 指定第一点:875,850(空格)

指定下一点或[放弃(U)]:1325,850(空格)

指定下一点或[放弃(U)]:1325,1300(空格)

指定下一点或[闭合(C)/放弃(U)]:875,1300(空格)

指定下一点或[闭合(C)/放弃(U)]:c(空格)

【方法二】

上述办法虽然能绘制出最终的图案,但是还是比较麻烦的。由于所绘制的图形全部是水平线和垂直线,所以可以利用方向坐标的方式进行绘制,那么只需要给桌子和四个凳子分别定位一个点即可,如 2-9 所示。

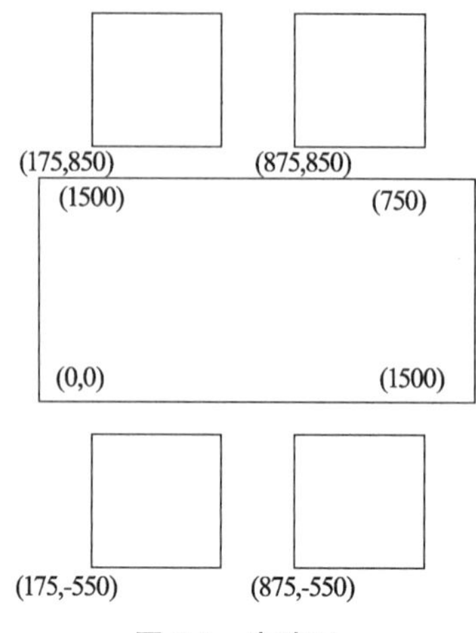

图 2-9　方法二

执行“L”直线命令，命令行提示指定第一点，输入矩形的第 1 点坐标(0，0)，确定，第 2 点向右移动光标，输入距离 1500，确定，第 3 点向上移动光标，输入距离 750，确定，第 4 点向左移动光标，输入距离 1500，确定，使用对象捕捉点击最后一点，确定，完成图形，按照同样的方式再依次绘制其余四个正方形，就得到如图 2-9 所示图形。

【命令步骤】

命令：L

LINE 指定第一点：(0，0)(空格)

指定下一点或 [放弃(U)]：<正交 开>1500(打开正交模式)(空格)

指定下一点或 [放弃(U)]：750(空格)

指定下一点或 [闭合(C)/放弃(U)]：1500(空格)

指定下一点或 [闭合(C)/放弃(U)]：c(空格)

命令：l LINE 指定第一点：(175，－550)(空格)

指定下一点或 [放弃(U)]：<正交 开>450(打开正交模式)(空格)

指定下一点或 [放弃(U)]：450(空格)

指定下一点或 [闭合(C)/放弃(U)]：450(空格)

指定下一点或 [闭合(C)/放弃(U)]：c(空格)

命令：l LINE 指定第一点：(875，－550)(空格)

指定下一点或 [放弃(U)]：<正交 开>450(打开正交模式)(空格)

指定下一点或 [放弃(U)]：450(空格)

指定下一点或 [闭合(C)/放弃(U)]：450(空格)

指定下一点或 [闭合(C)/放弃(U)]：c(空格)

命令：l LINE 指定第一点：(175，850)(空格)

指定下一点或 [放弃(U)]：<正交 开>450(打开正交模式)(空格)

指定下一点或 [放弃(U)]：450(空格)

指定下一点或 [闭合(C)/放弃(U)]：450(空格)

指定下一点或［闭合(C)/放弃(U)］：c(空格)

命令：l LINE 指定第一点：(875,850)(空格)

指定下一点或［放弃(U)］：<正交 开>450(打开正交模式)(空格)

指定下一点或［放弃(U)］：450(空格)

指定下一点或［闭合(C)/放弃(U)］：450(空格)

指定下一点或［闭合(C)/放弃(U)］：c(空格)

2.3 拼花图案的绘制

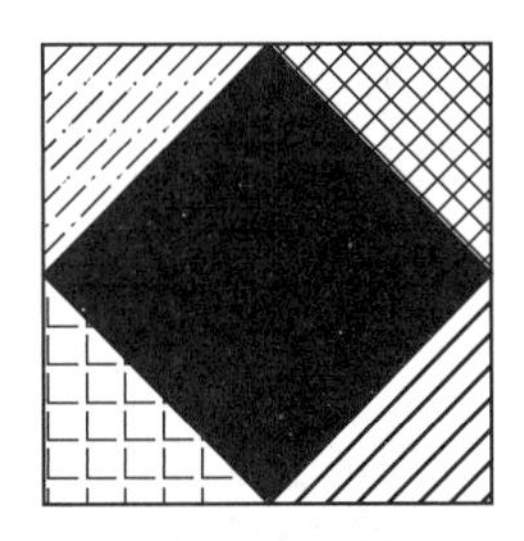

图 2-10 拼花图案

通过绘制如图 2-10 所示的拼花图案来学习“H”(Hatch)填充命令与对象捕捉功能。

第一步，使用坐标输入的方式绘制一个边长 2000 的正方形。执行“L”直线命令，点击任意点，确保动态输入开启，输入(2000,0)，确定，(2000,2000)，确定，(0,2000)，确定，C(闭合)。绘制完成之后可能会出现找不到图形的情况，或者图形不能全部显示。此时，需要使用第一章讲解的视图缩放命令，双击中间滚轮，或使用 Z(E)命令。

【命令步骤】

命令：L

LINE

指定第一个点：(空格)

指定下一点或［放弃(U)］：2000(空格)

指定下一点或［放弃(U)］：2000(空格)

指定下一点或［闭合(C)/放弃(U)］：2000(空格)

指定下一点或［闭合(C)/放弃(U)］：C(空格)

命令：Z

ZOOM

指定窗口的角点，输入比例因子 (nX 或 nXP)，或者

［全部(A)/中心(C)/动态(D)/范围(E)/上一个(P)/比例(S)/窗口(W)/对象(O)］<实时>：A(空格)

第二步，执行“L”命令绘制直线，按“F3”键，或点击状态栏上的，使其显示为蓝色，代表“对象捕捉”处于打开状态，将鼠标移动到如图 2-11(a)点 1 附近，并没有出现任何变化，这是因为 AutoCAD 默认的对象捕捉点中不含有中点，需要进行设置，将鼠标移动到状态栏的对象捕捉按钮处，单击鼠标右键，弹出对象捕捉设置快捷窗口，如图 2-11(c)所示，默认开启的对象捕捉点前面有一个蓝色的方框，找到中点单击即可。

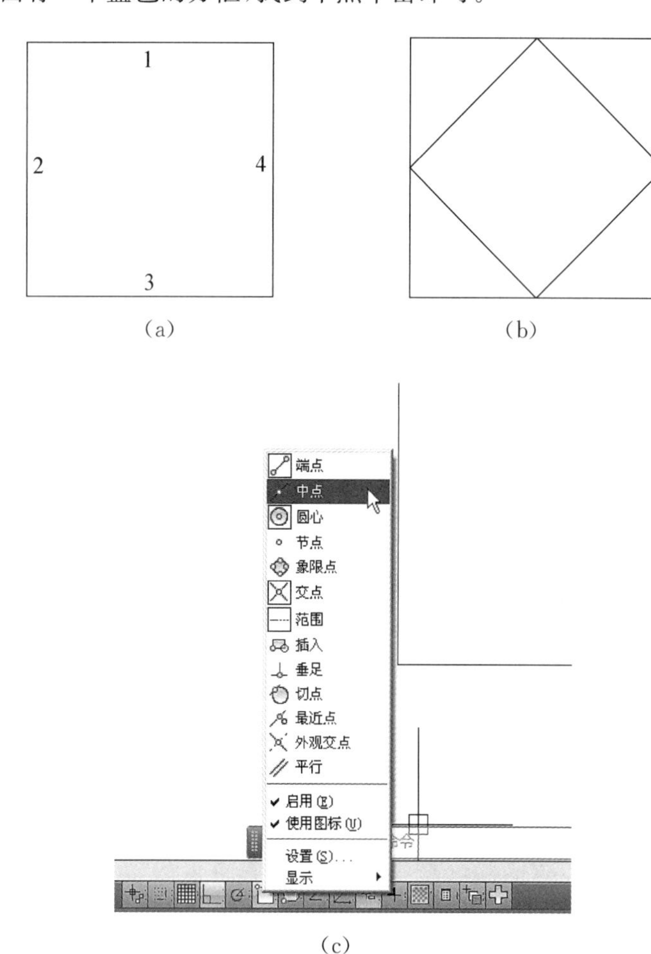

(a)　　(b)

(c)

图 2-11

连续捕捉 1、2、3、4 四个中点，绘制直线，得到如图 2-11(b)所示的图形。

【命令步骤】

命令：L LINE

指定第一个点：

指定下一点或[放弃(U)]：

指定下一点或[放弃(U)]：

指定下一点或[闭合(C)/放弃(U)]：

指定下一点或[闭合(C)/放弃(U)]：

指定下一点或[闭合(C)/放弃(U)]:

第三步,实体填充

执行“H”填充命令,此时选项卡自动进入“图案填充创建”选项卡,如图 2-12 所示。执行第一步,调整填充的类型,在 1 处更改填充的类型为实体,第二步选择填充边界。选择填充边界的方式有两种,第一种添加内部拾取点的方式,第二种是选择边界图案的方式,默认为添加拾取点的方式,可以在 2 处单击拾取点,也可不做任何操作。鼠标回到绘图区域,放置到图形的中心位置,停留三秒钟后会自动产生预览,点击鼠标左键表示确定,空格确定或点击 3 处的关闭图案填充创建按钮即可退出填充命令。

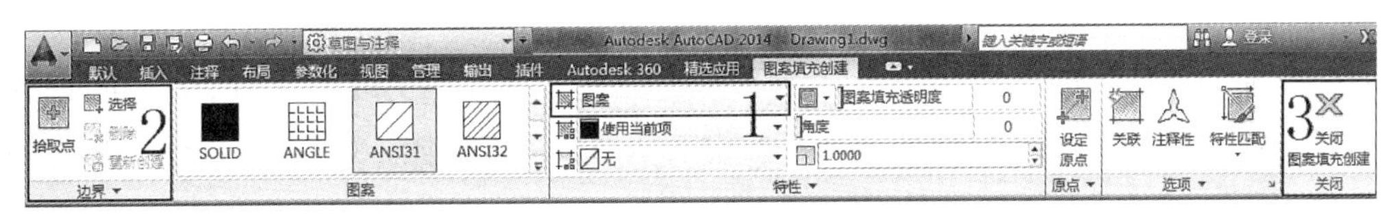

图 2-12

第四步,图案填充

执行“H”填充命令,确定,如图 2-13 所示。

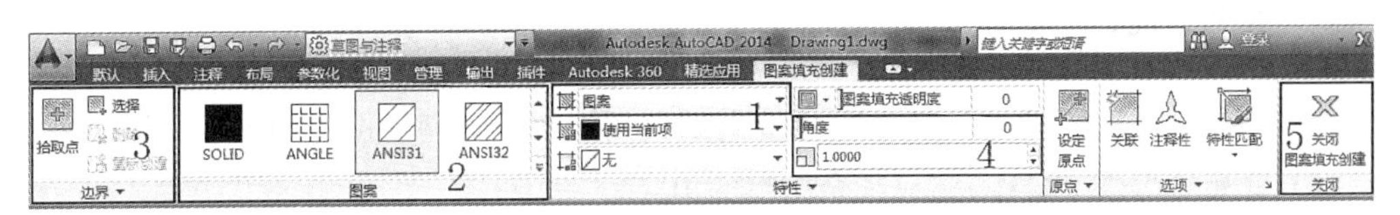

图 2-13

(1) 更改填充类型为图案。

(2) 在如图 2-13 所示 2 处选择图案的填充样式,可以点击图案面板右侧的 进行逐行浏览图案样式,也可以点击 ,在弹出大窗口中选择图案,如图 2-14 所示。

图 2-14

(3) 预览图案,这时仍然使用添加拾取点的方式,直接将鼠标移动到图形左上角位置,停留片刻,显示预览,如图 2-15 所示,图案填充太稀,这是由于比例不合适造成的。

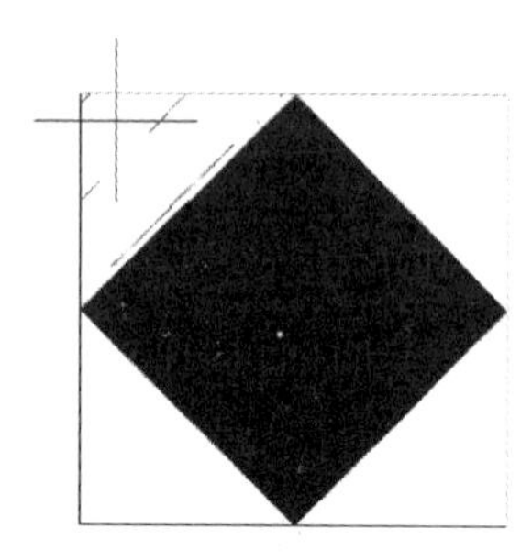

图 2-15

(4) 调整比例与角度,在如图 2-13 所示 4 区域,将填充比例更改为 30,回车确定,回到绘图区域,继续预览图形,合适后,单击鼠标左键表示选中填充区域。(在此区域还有角度调整的选项,在需要时,可以调整填充的角度。)

修改完成比例之后,光标在输入框中处于激活状态,鼠标不能直接恢复到绘图区域的十字光标状态,按回车键(这里不能按空格键)表示输入完成。在以后的学习中,还会遇到类似的情况。

(5) 按空格键确定或点击图 2-13 中 5 处的关闭图案填充创建按钮即可退出填充命令。

(6) 重复执行以上操作,完成其余图案的填充。

2.4 绘制五角星

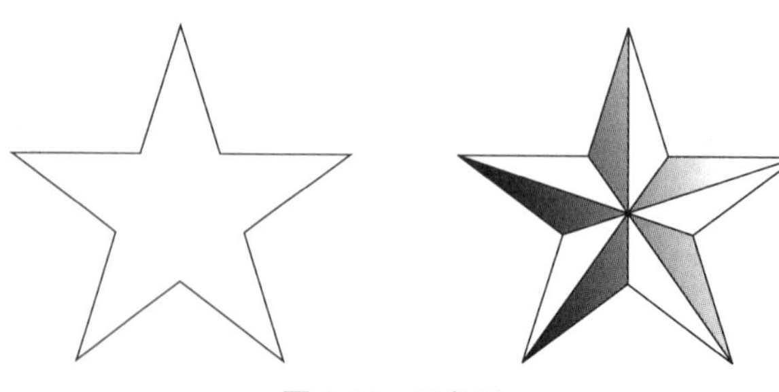

图 2-16 五角星

对于绘制五角星,思路是首先绘制圆,然后想办法来确定出五个等分点,如图 2-17 所示。

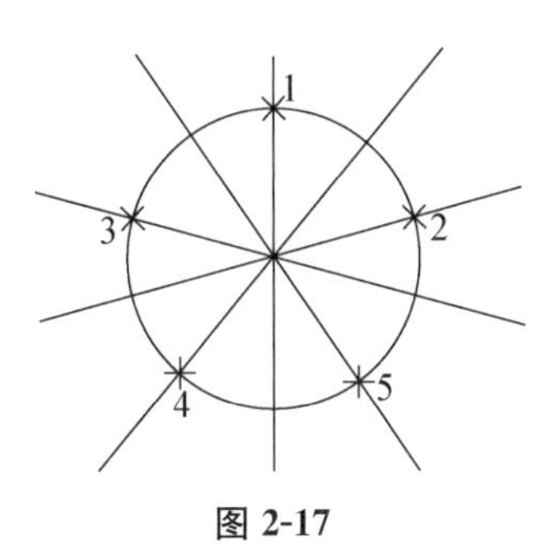

图 2-17

绘制这个图形除了利用到直线命令以外,还需要利用圆与构造线命令。圆的绘制方式有很多种,默认的方式为确定一个圆心和半径的方式。构造线即为无限延伸的直线,只需要给定直线上任意的不同的两个点即可。

【作图步骤】

第一步,先绘制一个任意半径的圆。

键盘直接输入"C"圆命令,确定,在绘图区域上单击任意一点作为圆心的位置,然后移动鼠标,一个圆会随着鼠标的移动而变化,在适当的位置单击鼠标左键,即可绘制出一个任意半径的圆。

第二步,执行"XL"命令绘制构造线,按"F3"键打开对象捕捉,此时将鼠标移动到圆附近,圆心处会出现一个黄色的小圆,代表圆心,如图 2-18 所示,再移动鼠标到圆心附近,单击鼠标左键即可选中圆心。

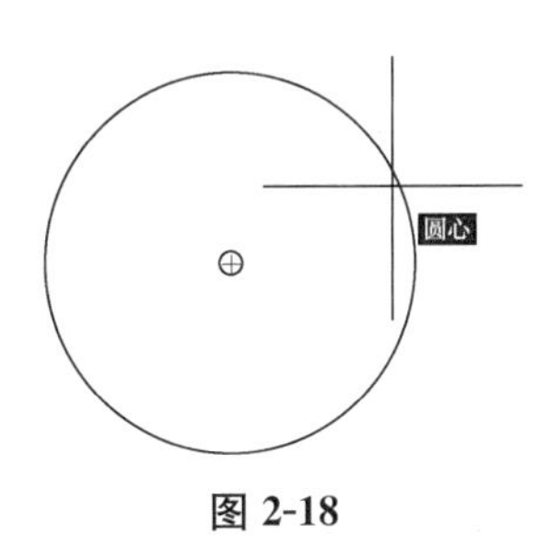

图 2-18

然后按"F8"键打开正交模式,鼠标向上移动,保证构造线处于垂直方向,在任意位置单击,绘制 Y 轴正方向的第一条线,再次按下"F8"键关闭正交模式。

此时第一条构造线绘制完毕,但是绘制构造线的命令并没有结束,可以继续绘制其他构造线,只需要指定第二个点即可,第一个点默认为绘制第一条构造线的第一点。

接下来确定点 2 所在的构造线,这时只需输入极坐标点(@1＜18),确定,就可以得到了(由于构造线的第二个点只要在 18 度方向即可,所以距离可以任意,即"1"可以是任意非 0 的数值),同样用极坐标输入方式来确定 3(@1＜162),确定,4(@1＜234),确定,5(@1＜306),确定,再次确定退出构造线命令。

【命令步骤】

命令：XL

XLINE 指定点或［水平(H)/垂直(V)/角度(A)/二等分(B)/偏移(O)］：

指定通过点： ＜对象捕捉 开＞(捕捉圆心)

指定通过点：@1＜18

指定通过点：@1＜162

指定通过点：@1＜234

指定通过点：@1＜306

指定通过点：@1＜306

> 1. 建议开启动态输入，在输入的过程中可不必输入“@”。
> 2. 角度是以 X 轴正方向为 0 度，逆时针为正确定的。

第三步，执行“L”线命令，打开对象捕捉，依次连接 1、4、2、3、5、1 点，得到如图 2-19 所示的五角星。

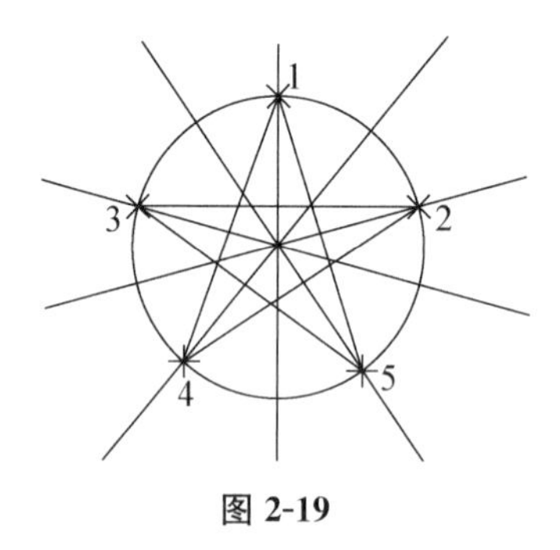

图 2-19

第四步，删除辅助线，执行“E”删除命令，依次连续单击需要删除的圆和构造线，确定，得到如图 2-20 所示图形。

图 2-20

【命令步骤】

命令：E

ERASE

选择对象：找到 1 个

选择对象：找到 1 个，总计 2 个

选择对象：找到 1 个，总计 3 个

选择对象：找到 1 个，总计 4 个

选择对象：找到 1 个，总计 5 个

第五步，执行"TR"修剪命令进行修剪，修剪命令模仿的是剪刀剪切物体。

执行"TR"修剪命令，命令行提示选择对象，此时让我们选择的就是剪刀，例如这里需要将 1 段剪掉，那么需要的剪刀自然就是直线 2 与直线 3，连续点击直线 2 与直线 3，确定，提示行提示选择要修剪的对象，此时点击 1 所指的位置，即可剪切掉，确定退出命令。

可以继续按照此方法剪切其余的线段。但是每次都需要选择边界非常麻烦。再次执行"TR"修剪命令，命令行提示选择对象或全部选择，这里直接按空格键表示的是选择了所有的对象为边界(剪刀)，连续点击 4、5、6、7 处，即可完成剪切，确定，退出修剪命令。

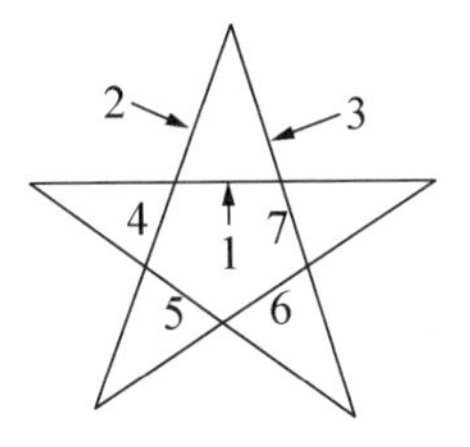

图 2-21

此时得到如图 2-22 所示的图形。

图 2-22

第六步，执行"L"直线命令，使用对象捕捉绘制五条线段，完成如图 2-23 所示的图案。

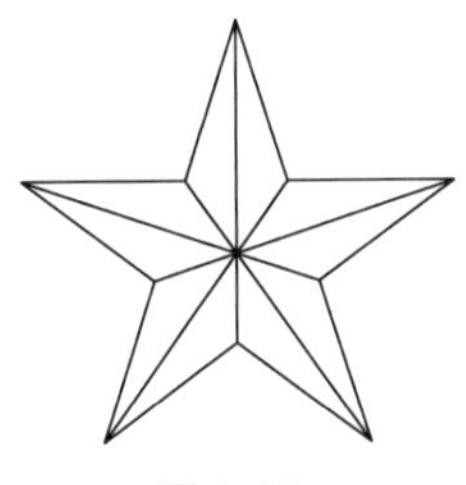

图 2-23

第七步，填充渐变色图案

前面已经学习了填充命令的实体填充与图案填充，下面来学习渐变色填充。

执行"H"填充命令，Ribbon 界面自动打开"图案填充创建"选项卡，如图 2-24 所示，可分三个步骤进行渐变色填充。

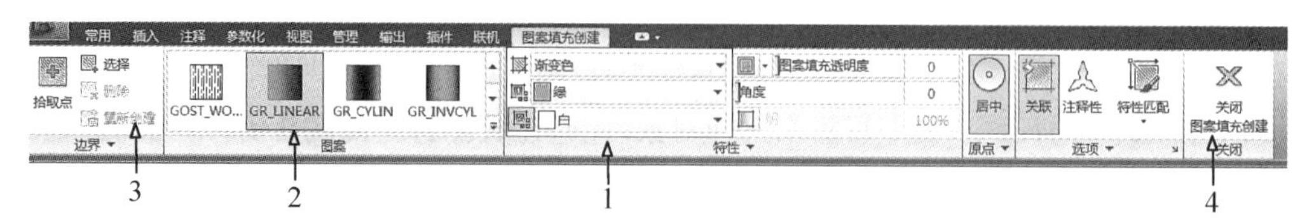

图 2-24 "图案填充创建"选项卡

(1) 单击区域 1 所指处的第一行图案填充类型右边的小箭头，选择填充类型为渐变色，然后单击第二行右边的小箭头，选择第一个渐变颜色，如图 2-25 所示，如果没有符合要求的颜色，可以单击图中下方的"选择颜色"，弹出如图 2-26 所示的"选择颜色"对话框，再选择需要的颜色。同样的方法，单击第三行右边的小箭头，选择第二个渐变颜色为白色。

(2) 在区域 2 所在的位置选择渐变变化的方式，渐变填充一共有 9 种方式，根据需要合理选择。

(3) 选择填充区域，默认情况下，鼠标移动到绘图区域内，在封闭区域内任意点处点击鼠标，即可选择填充一个封闭的填充区域。但是如果用户需要选择多个填充区域，连续单击填充区域即可。

(4) 结束填充命令，可以按空格键或回车键表示确定，或者单击区域 4 所指的关闭图案填充创建按钮。

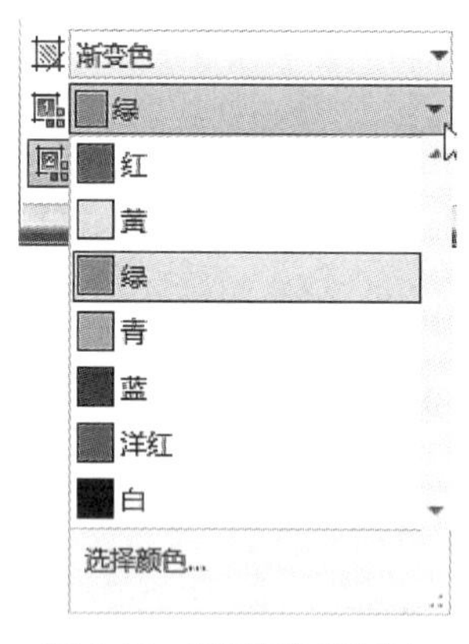

图 2-25 "渐变色"选项

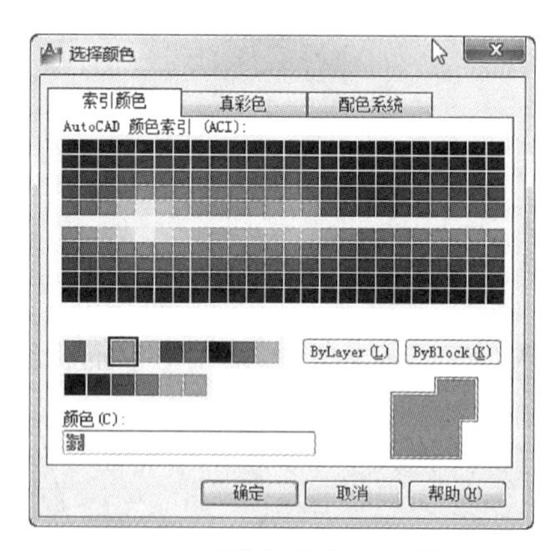

图 2-26 "选择颜色"对话框

2.5 八人圆桌图案的绘制

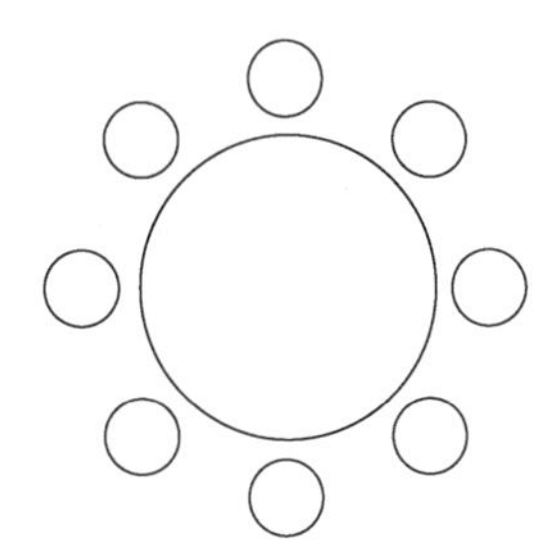

图 2-27 八人圆桌

绘制如图 2-27 所示的八人圆桌与绘制五角星的思路类似，也是利用构造线将圆八等分。

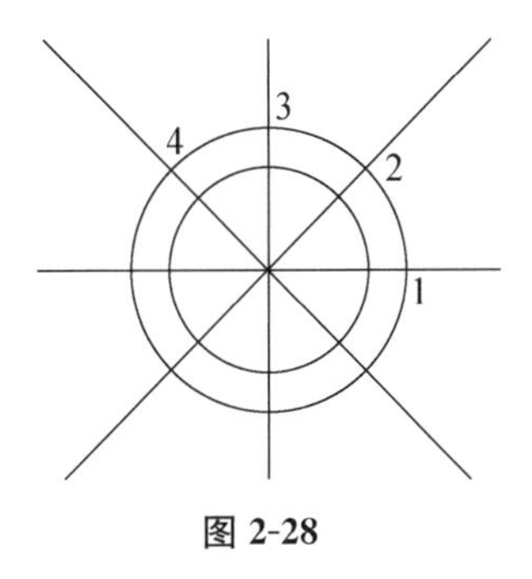

图 2-28

【作图步骤】

第一步，执行“C”圆命令，指定任意点为圆心，命令提示指定半径，输入 800，确定，完成圆桌的绘制。(如果找不到“圆”，可以双击鼠标中间滚轮。)

第二步，这一步绘制一个同心圆。直接按空格键表示重复执行上一个命令，命令提示指定圆心，捕捉到上个圆的圆心，输入半径 1100，确定。

第三步，执行“XL”命令绘制构造线。

捕捉圆心作为构造线的形心，然后按“F8”打开正交模式，鼠标向右移动，保证构造线处于水平方向，在任意位置单击，绘制 X 轴正方向的第一条线，可以确定第一条构造线，再次按下“F8”关闭正交模式。

接下来来确定点 2 所在的构造线，这时只需输入极坐标点 2(@1＜45)，确定，就可以得到了，同样用极坐标输入方式来确定 3(@1＜90)，确定，4(@1＜135)，确定。再次确定退出构造线命令。

在绘制第 2—8 处的圆时，要求指定半径时可以直接按空格键表示重复上个半径。

第四步，执行“C”画圆命令，打开对象捕捉，依次在点 1、2、3、4、5、6、7、8 处绘制半径为 200 的圆。

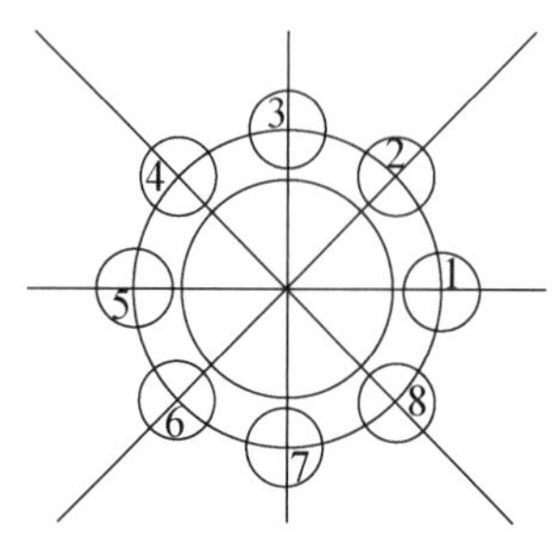

图 2-29

第五步，删除辅助线，执行“E”删除命令，在命令行输入“E”，确定，连续点击需要删除的圆和构造线，确定，得到如图 2-27 所示图形。

【命令步骤】

命令：E

ERASE

选择对象：找到 1 个

选择对象：找到 1 个，总计 2 个

选择对象：找到 1 个，总计 3 个

选择对象：找到 1 个，总计 4 个

选择对象：找到 1 个，总计 5 个

【命令回顾】

命令内容	英文全称	快捷方式
直　线	Line	L
圆	Circle	C
构造线	Xline	XL
修　剪	Trim	TR
填　充	Hatch	H
删　除	Erase	E

功　能	快捷键
动态输入	F12
正　交	F8
对象捕捉	F3

第三章 AutoCAD 2014 入门图形的绘制(二)

【学习提示】本章节将通过继续学习基本命令来逐渐学习绘制建筑图形,在这个过程中"辅助线"的作用将体现出来,读者要领会这其中的方法。

3.1 POL 正多边形的绘制

正多边形的绘制可以通过圆和构造线做辅助线而找到相应的点,然后连接各点得到。事实上在 AutoCAD 中提供了简洁命令来绘制多边形,即"POL"(Polygon)多边形命令。

前面学习了直线、构造线、圆等图形在 AutoCAD 中绘制的"原理",那么正多边形如何确定呢? 正多边形的确定比较复杂,在 AutoCAD 中,巧妙地运用了正多边形与圆的位置关系,即内接关系(图 3-1)和外切关系(图 3-2)。

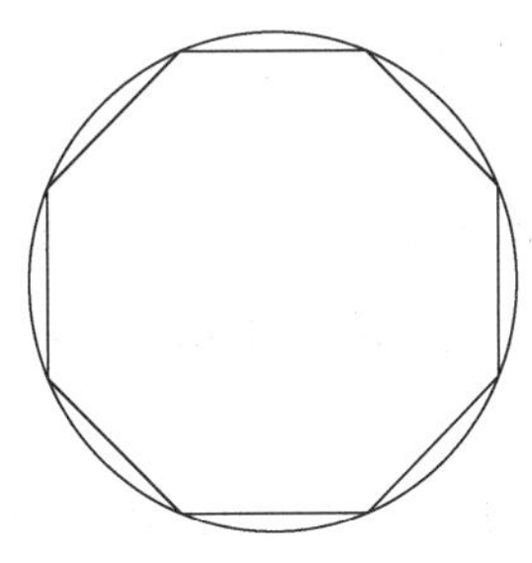

图 3-1 内接

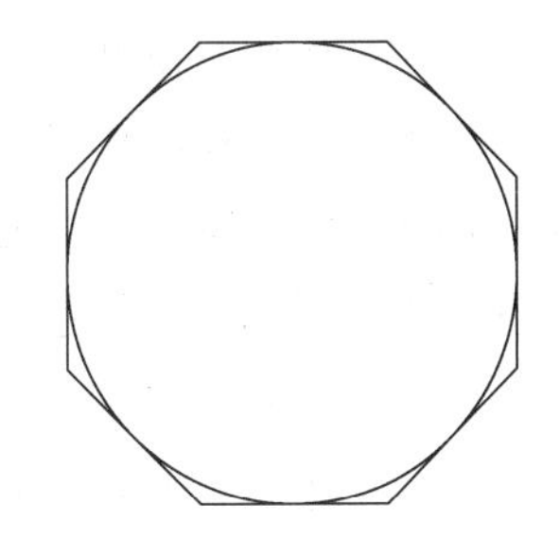

图 3-2 外切

执行这一命令需要注意以下四个步骤:键盘输入"POL"多边形命令,确定,第一步确定边数,第二步确定多边形的形心,第三步,确定内接关系(I)或外切关系(C),第四步,确定多边形的半径。

第一步,绘制一个圆,半径为 2000。执行 CO 复制命令,点击选择圆,确定,提示指定基点,对于基点的理解就相当于在现实生活中搬运东西时手拿的那个点,这里只需要在屏幕中点击任意点即可,打开正交模式(如果不要求在同一水平位置可以不打开),向右移动鼠标,如图 3-3 所示,单击任意点即可。

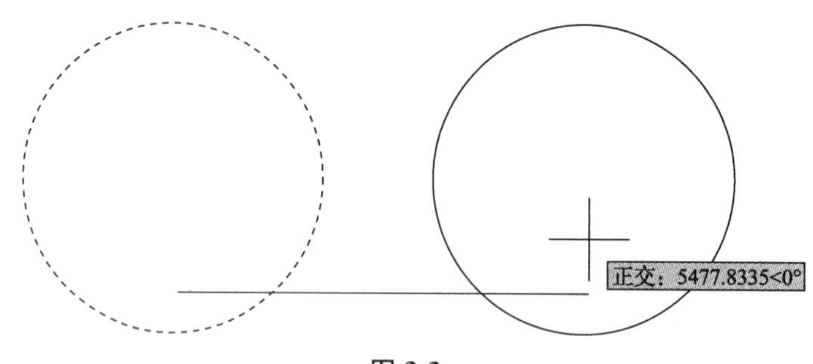

图 3-3

【命令步骤】

命令：C

CIRCLE

指定圆的圆心或［三点(3P)/两点(2P)/切点、切点、半径(T)］:(任意点)

指定圆的半径或［直径(D)］<2000.0000>：2000 (空格)

命令：CO

COPY

选择对象：指定对角点：找到 1 个

选择对象：

当前设置：复制模式 = 多个

指定基点或［位移(D)/模式(O)］<位移>：(任意点)

指定第二个点或［阵列(A)］<使用第一个点作为位移>：<正交 开>

指定第二个点或［阵列(A)/退出(E)/放弃(U)］<退出>：(任意点)

第二步，在第一个圆内部绘制内接多边形。键盘输入“POL”多边形命令，确定，输入边数 8，确定，鼠标左键单击圆的圆心，作为多边形的形心，输入 I，确定，表示与圆内接，输入半径 2000，确定，得到多边形如图 3-1 所示。

第三步，在第二个圆外部绘制外切多边形。键盘输入“POL”多边形命令，确定，输入边数 8，确定，鼠标左键单击圆的圆心，作为多边形的形心，输入 C，确定，表示与圆外切，输入半径 2000，确定，得到多边形如图 3-2 所示。

对于像“POL”步骤较多的命令，一定要随时观察命令提示行，根据提示来进行命令的操作。

【命令步骤】

命令：POL

POLYGON 输入边的数目 <8>:(空格)

指定正多边形的中心点或［边(E)］：(捕捉圆心)

输入选项［内接于圆(I)/外切于圆(C)］：I (空格)

指定圆的半径：2000(空格)

第四步,在第二个圆外部绘制正多边形,得到如图 3-2 所示多边形。

【命令步骤】

命令:POL

POLYGON 输入边的数目 <8>:(空格)

指定正多边形的中心点或[边(E)]:(捕捉圆心)

输入选项[内接于圆(I)/外切于圆(C)]:C(空格)

指定圆的半径:2000(空格)

1. 第一步中绘制的圆是为了让初学者了解多边形与圆的位置关系,绘制正多边形可以不绘制圆。

2. 经过对比发现,绘制两个图形的参数只有第三步不同,那是由于二者分别为内接和外切。正确理解正多边形与潜在圆形的关系是绘制正多边形的关键。

3. 前面学习绘制圆,在命令行提示指定半径时,既可以使用鼠标单击左键来确定半径的大小,也可以通过输入实际半径长度来确定半径的大小,而这两种绘制出来的图形是相同的。在正多边形中仍然可以使用这两种方式,只是使用鼠标可以任意确定方向,而输入数值不能确定正多边形的方向。

3.2　利用 POL 正多边形绘制八人圆桌

在上一章学习了利用构造线等分圆的方式绘制八人圆桌,学习了 POL 绘制正多边形命令后,可以利用它来绘制一个八人圆桌。

第一步,先绘制一个半径分别为 800 和 1100 的同心圆。

【命令步骤】

命令:C

CIRCLE 指定圆的圆心或[三点(3P)/两点(2P)/切点、切点、半径(T)]:

指定圆的半径或[直径(D)]:800

命令:C

CIRCLE 指定圆的圆心或[三点(3P)/两点(2P)/切点、切点、半径(T)]:

指定圆的半径或[直径(D)]:1100

第二步,在大圆内绘制一个内接于圆的正八边形,得到如图 3-4 所示图形。

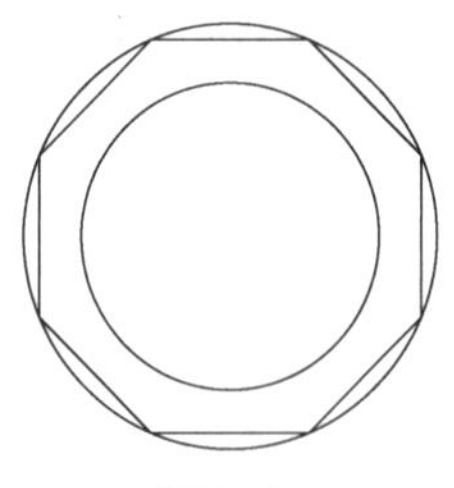

图 3-4

【命令步骤】

命令：POL

POLYGON 输入侧面数 <4>：8

指定正多边形的中心点或［边(E)］：

输入选项［内接于圆(I)/外切于圆(C)］<I>：I

指定圆的半径：1100

第三步，以正八边形的各个顶点为圆心，绘制半径为 200 的圆作为椅子。

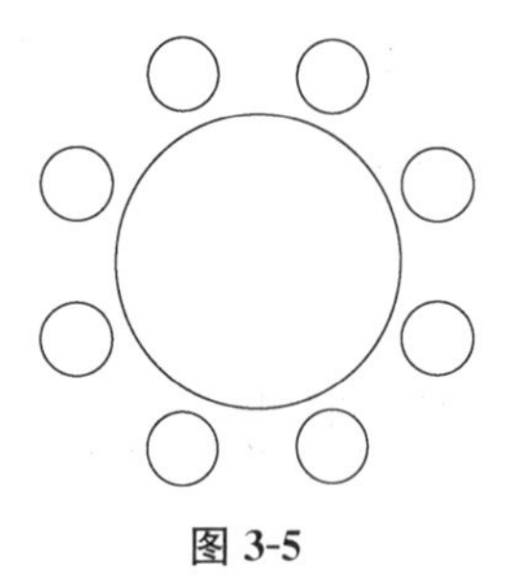

图 3-5

【命令步骤】

命令：C

CIRCLE 指定圆的圆心或［三点(3P)/两点(2P)/切点、切点、半径(T)］：

指定圆的半径或［直径(D)］:200

重复执行上一命令，绘制完成其他七把椅子。然后将半径为 1100 的圆和正八边形删除，这样就得到了一张八人圆桌。绘制完成后如图 3-5 所示。

3.3 ML 多线的定义与绘制

多线的设定与绘制比较复杂，因此只有按照一定的步骤反复练习，才能熟练掌握。绘制多线，首先要执行“Mlstyle”多线样式命令设置多线样式，再执行“ML”多线命令绘制多线。

3.3.1 Mlstyle 多线样式设置

多线由多条平行线组成，每一条称为图元。

键盘输入“MLSTYLE”,确定,打开“多线样式”对话框,如图 3-6 所示。默认情况下,当前只有一种“Standard”多线样式,要建立新的多线样式,步骤如下:

第一步,单击 新建(N)... 按钮,弹出“创建新的多线样式”对话框,如图 3-7 所示。

图 3-6 “多线样式”对话框

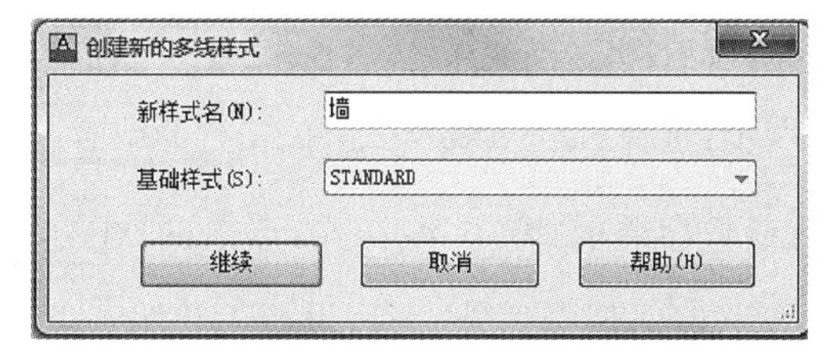

图 3-7 “创建新的多线样式”对话框

第二步,输入要设置的多线名称,比如“墙”,如图 3-7 所示。

第三步,单击 继续 ,打开“新建多线样式:墙”对话框,如图 3-8 所示,通过该对话框来修改该多线样式的组成元素和多线特征。

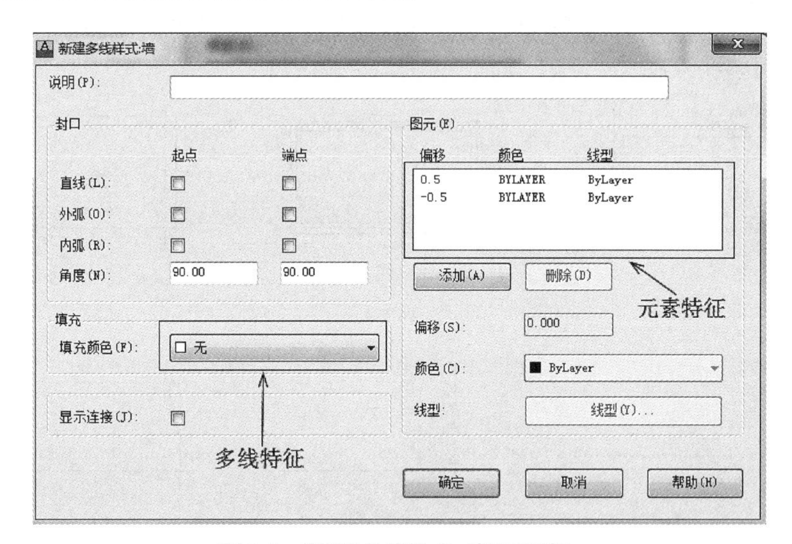

图 3-8 “新建多线样式:墙”对话框

> 组成多线的上下两端的线段不要调整偏移距离,以确保整个多线的宽度为 1,方便“ML”绘制多线时比例的调整。

第四步,设置“图元”,默认有两个图元,偏移量分别为 0.5 与 −0.5,所有图元偏移量中,最大值与最小值的绝对值之和为多线样式的宽度。由于墙线为两条直线组成,所以这里不对图元进行调整。

第五步，设置多线特性，通过设置“封口”，可以调整多线的起点和端点封口样式，可以有直线连接、外接圆弧连接、内接圆弧连接、连接倾斜角度等。本例中使用直线进行连接，在 直线(L): 起点 ☑ 端点 ☑ 位置后的方框内打勾即可。

对于“填充”，通常在绘制平面图不需要设置，而在绘制剖面图时需填充，可以根据需要选择填充颜色。

单击“确定”，完成设置，返回“多线样式”对话框，可以看到除了原有的 Standard 样式上新增了“墙”的样式。

第六步：选择“墙”多线样式，单击 新建(N)... ，命名为“窗”进入“新建多线样式”对话框，所有参数会继承“墙”多线样式，点击两次 添加(A) 。添加两条图元，选择其中一条，设置偏移为 0.2，选择另外一条，设置偏移为－0.2，确定完成。

如果下一步需要首先绘制墙体，选中“墙”多线样式，在“多线样式”对话框中单击 置为当前(U) 图标，将“墙”样式置为当前，单击确定。

3.3.2　ML 绘制多线

“ML”多线命令相对来讲比较复杂，其设置内容较多，这里通过绘制如图 3-9 所示的三个图案，来练习多线绘制。

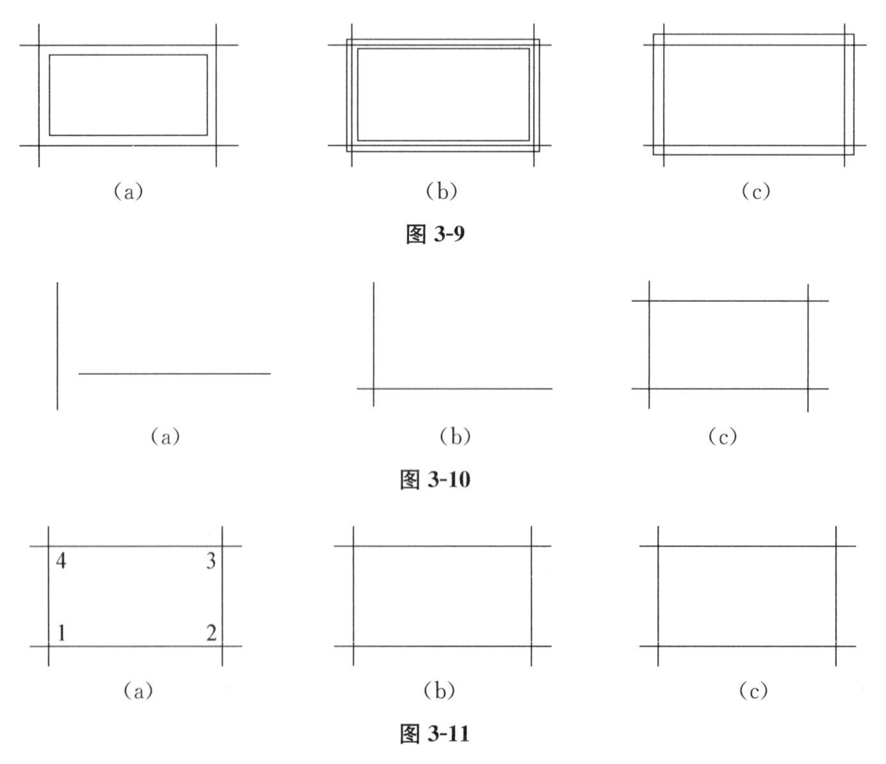

(a)　(b)　(c)

图 3-9

(a)　(b)　(c)

图 3-10

(a)　(b)　(c)

图 3-11

第一步,绘制墙体辅助线。

执行 L 直线命令,按“F8”键打开正交,任意绘制一条长度为 3400 的水平直线和一条长度为 5400 的垂直直线,如图 3-10 所示。执行“M”移动命令,和复制命令相同,单击选择右侧的水平直线,确定,指定任意点为基点(此时由于在前面打开了正交需要再按“F8”键关闭正交),移动到与垂直直线下方相交的位置,单击左键,如图 3-11 所示。

执行“CO”复制命令,点击选择水平的直线,确定,指定任意点为基点,打开正交模式,向上移动鼠标,键盘输入 2400,确定。重复执行复制命令,向右复制垂直直线,复制距离为 4400。完成辅助线的绘制,如图 3-11 所示。

重复执行“CO”复制命令,连续单击选择四条辅助线,复制另外两组辅助线。

【命令步骤】

命令：L
LINE
指定第一个点：
指定下一点或[放弃(U)]：3400
指定下一点或[放弃(U)]：
命令:LINE
指定第一个点：
指定下一点或[放弃(U)]：5400
指定下一点或[放弃(U)]：
命令：M
MOVE
选择对象：找到 1 个
选择对象：
指定基点或[位移(D)]<位移>：
指定第二个点或<使用第一个点作为位移>：<正交 关>
命令：CO
COPY
选择对象：找到 1 个
选择对象：
当前设置：复制模式 = 多个
指定基点或[位移(D)/模式(O)]<位移>：
指定第二个点或[阵列(A)]<使用第一个点作为位移>：<正交 开> 2400
指定第二个点或[阵列(A)/退出(E)/放弃(U)]<退出>：
命令:COPY
选择对象：找到 1 个
选择对象：

当前设置：复制模式 = 多个

指定基点或［位移(D)/模式(O)］<位移>：

指定第二个点或［阵列(A)］<使用第一个点作为位移>：4400

指定第二个点或［阵列(A)/退出(E)/放弃(U)］<退出>：

绘制辅助线的要点是控制交点之间的尺寸，所以绘制的辅助线只要比交点间的尺寸长即可。

第二步，绘制多线。

执行“ML”多线命令，在命令提示行可以看到，当前设置：对正 = 上，比例 = 20.00，样式=墙。

在开始绘制多线之前，要进行“ST”（样式）、“S”（比例）、“J”（对齐方式）三项调整，第一项“样式”已经通过“Mlstyle”调整完毕，只要看到提示“样式 = 墙”就是正确的。第二项“比例”需要根据具体的图形进行调整，这里采用毫米为单位绘制，因而墙线比例应该是240，输入“S”，确定，再输入240，确定完成。第三项“调整对齐方式”，输入“J”，可以看到三种对齐方式为“上(T)/无(Z)/下(B)”。输入“T”确定。

逆时针方向，绘制墙线，捕捉第一组辅助线的1、2、3、4点，最后输入“C”（闭合）封闭图形。这样就可以得到如图3-9(a)所示的图形。

再次执行操作，调整对齐方式为其他两种，绘制墙线，得到如图3-9(b)、(c)所示的图形。

【命令步骤】

命令：ML

MLINE

当前设置：对正 = 上，比例 = 20.00，样式 = 墙

指定起点或［对正(J)/比例(S)/样式(ST)］：j

输入对正类型［上(T)/无(Z)/下(B)］<上>：b

当前设置：对正 = 上，比例 = 20.00，样式 = 墙

指定起点或［对正(J)/比例(S)/样式(ST)］：s

输入多线比例 <20.00>：240

当前设置：对正 = 上，比例 = 240.00，样式 = 墙

指定起点或［对正(J)/比例(S)/样式(ST)］：(捕捉1点)

指定下一点：(捕捉2点)

指定下一点或［放弃(U)］：(捕捉3点)

指定下一点或［闭合(C)/放弃(U)］：(捕捉4点)

指定下一点或［闭合(C)/放弃(U)］：c

多线的宽度＝多线样式的宽度×比例。在多线设置的时候我们确保多线样式的宽度为1,就可方便地通过调整比例来调整多线的实际宽度。很明显可以看到,三个图形,绘制的步骤相同,辅助线控制点都一样,只是对齐方式不同,得到的图案效果就有很大的差别。所以在绘制多线的时候,只有合理选择对齐方式,才能正确绘制。

3.4 雅间平面的绘制

如图 3-12 所示,下面来绘制简单的饭店雅间平面图。

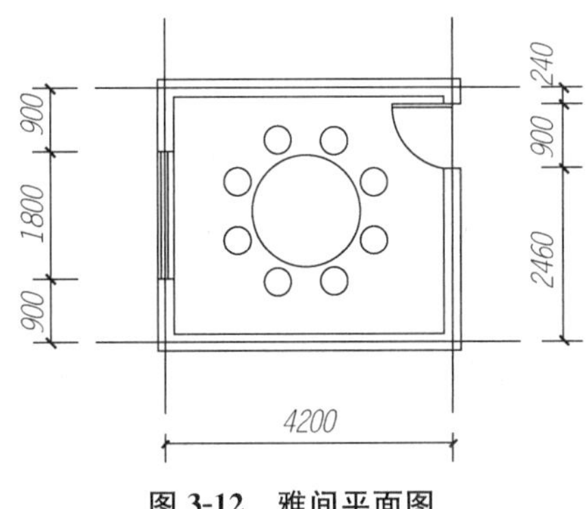

图 3-12 雅间平面图

第一步,按"Ctrl＋N"键新建文件,"Ctrl＋S"键保存文件,命名为"雅间平面图"。

第二步,绘制如图 3-13 所示的辅助线,其交点之间的距离为 6000×5000。

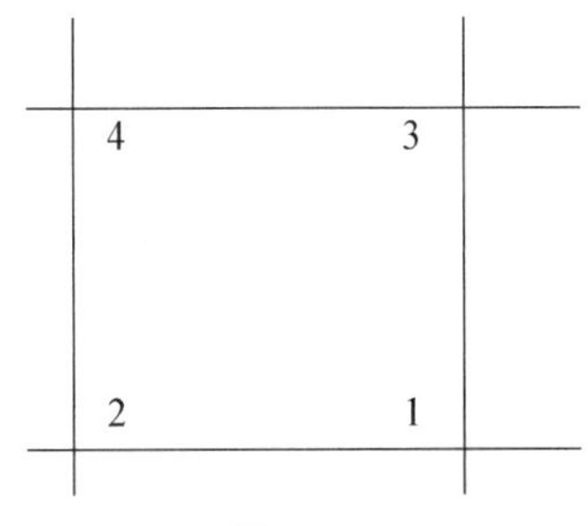

图 3-13

第三步,绘制墙体。

执行"MLSYTLE"多线样式命令,创建"墙"和"窗"两种多线样式,参照本书第 3.3 节的内容。

执行"ML"多线命令,根据提示,调整比例、对正方式、多线样式三个选项,依次捕捉辅助线的四个交点,完成墙线的绘制,与 3.3.2 节内容不同的是,出现了如图 3-14 所示的情况,这是因为,在 3.3.2 节中,最后采用的是"C"闭合,这里采用的捕捉最后一个点。那么如何调整呢？

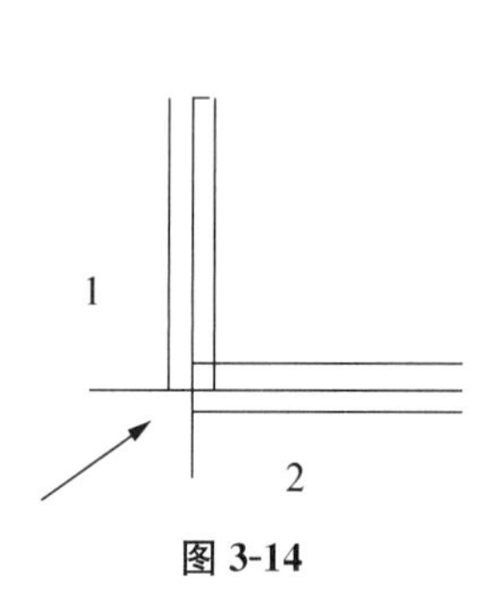

图 3-14

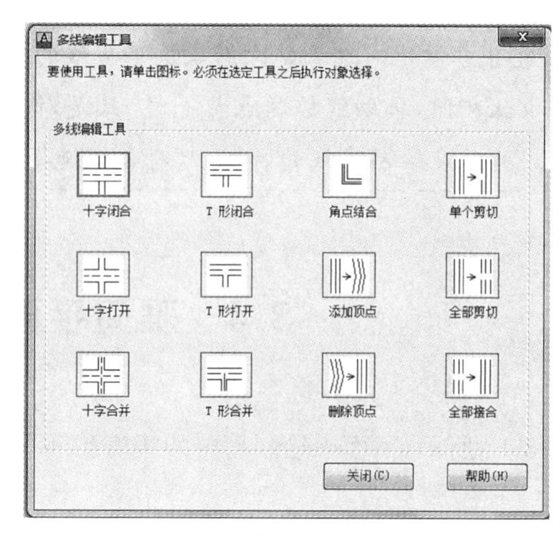

图 3-15　多线编辑工具

这里执行新的命令，“Mledit”多线编辑命令，在 AutoCAD 2004 以后的版本中，可以在命令行不执行命令时，即待命令状态时，鼠标左键双击多线，得到如图 3-15 所示的多线编辑器，这也就是在位编辑。

该编辑器中列出了多线相交连接的 12 种方式，根据组成多线的元素和连接样式的需要，选择某种样式，单击自动返回绘图区，选择需要编辑的两条多线，就可以得到需要的结果。

如果图形中有两条多线，则可以控制它们相交的方式。多线可以相交成“十”字形、“T”字形和角点结合的形式，并且“十”字形或“T”字形可以被闭合、打开或合并。

点击角点结合的方式，回到绘图区域，先点击如图 3-14 所示 1 位置的多线，再点击 2 位置的多线即可，确定，退出多线编辑。完成墙体的绘制，如图 3-16 所示。

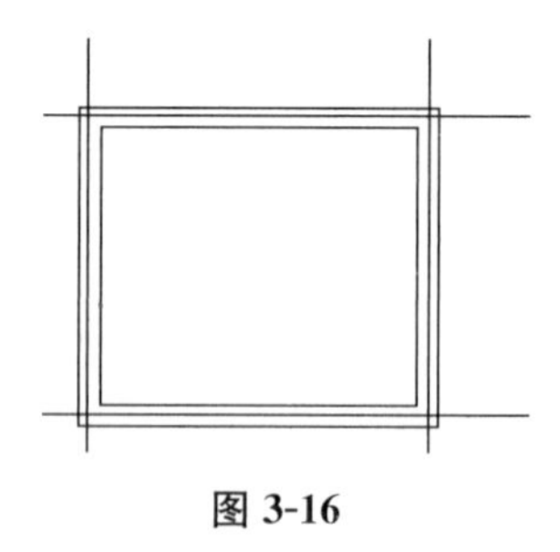

图 3-16

第四步，绘制门窗辅助线。

执行复制命令，选择水平方向下方的直线，确定，指定任意点作为基点，打开正交模式，向上移动鼠标，输入 900，确定，这时命令并没有结束，继续输入 2700，确定，再次确定退出复制命令。这样左侧的窗户辅助线就绘制完成了，如图 3-17 所示。

如何确定命令是否结束是快速绘制图形的关键，这就需要用户随时关注命令提示窗口的信息变化。

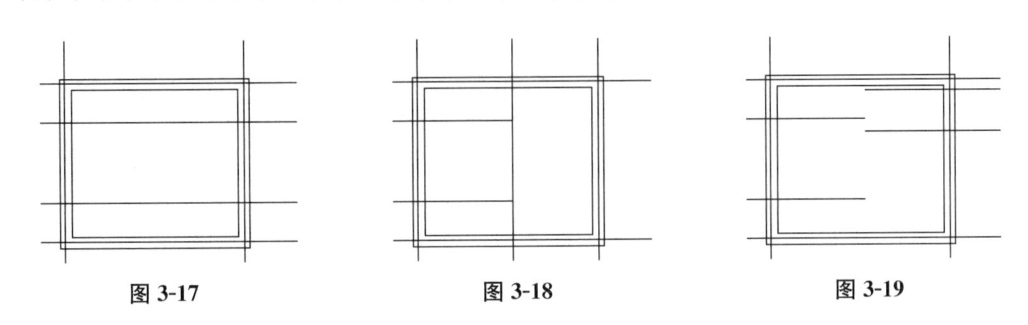

图 3-17　　图 3-18　　图 3-19

这样左侧的辅助线将会影响右侧辅助线的绘制，所以需要让左侧窗户的辅助线变短。执行复制命令，复制一条垂直的辅助线到图形的中间任意位置，执行“TR”修剪命令，选择中间的这条辅助线为边界，将窗户辅助线右侧部分剪切掉，如图 3-18 所示。

使用同样的办法绘制右侧门的辅助线，将水平方向上方的辅助线向下复制 240、1140。使用剪切命令将左侧多余部分剪切掉，删除中间的辅助线，如图 3-19 所示。

第五步，开门窗洞口。

像直线能被剪切一样，多线也能被剪切。执行“TR”修剪命令，依次点击选择四条门窗辅助线为边界，确定，连续点击门、窗洞口处的多线，确定完成门窗口洞的开启。再删除四条门窗辅助线。如图 3-20 所示，会发现，多线自动进行封口。

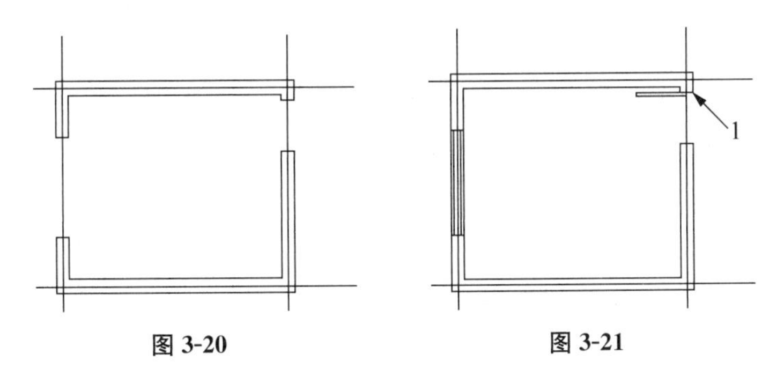

图 3-20　　图 3-21

第六步，绘制门窗。

执行“ML”多线命令，根据提示，调整“多线样式”为“窗”，依次点击窗洞两侧的中点，完成窗户的绘制，如图 3-21 所示。

在如图 3-21 所示的 1 位置，绘制一个 900×50 的矩形作为门扇。执行“REC”矩形命令，提示指定第一个角点，鼠标左键单击如图 3-22 所示点 1 处，提示指定另一个角点，确保开启动态输入，输入第二个点的相对坐标值(−900，−50)。

用户如果以点 3 为起点，点 2 为终点，但是可能会出现如图 3-23 所示的情况，这是因为 AutoCAD 默认逆时针为正方向。

接下来绘制一个$\frac{1}{4}$圆弧代表门开启的方向，执行“A”圆弧命令，提示指定圆弧的起点，鼠标点击如图 3-22 所示的点 2 作为圆弧的起点，根据提示，默认的情况需要指定第二个点，但是这个圆弧上除了起点与终点我们能确定之外，其余的点都不能确定，所以输入“C”(圆心)，鼠标点击点 1，作为圆心，根据提示点击点 3 作为终点。

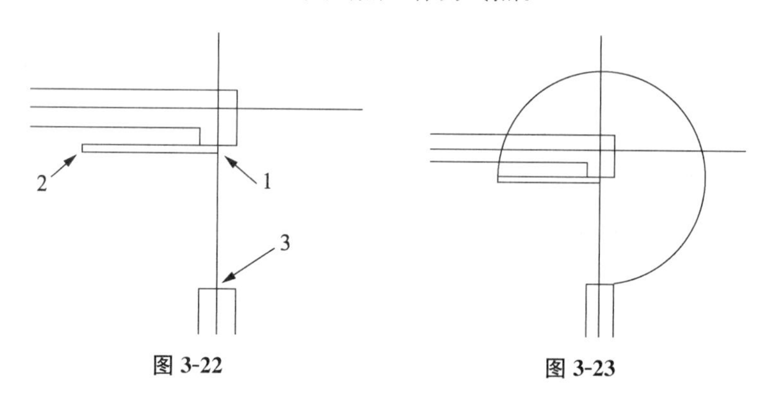

图 3-22　　图 3-23

第七步，绘制并放置圆桌。

参考第 3.2 节在雅间外部绘制八人圆桌。

执行“M”移动命令，命令行提示选择对象，前面所有选择对象时都是靠依次连续单击每个要选择的图形对象来完成选择的，事实上 AutoCAD 提供了更多便捷的选择方式。如图 3-24所示，可以先点击左侧的 1 点，再单击右侧的 2 点，窗口以实线显示，这样只需要点击两次鼠标整个圆桌就被选中了。这种选择方式被称为窗口选择。但是注意两点内容：(1) 点击的第一点一定是在左侧；(2) 所有的物体都要包含在窗口之内。如果有物体没有包含在窗口之内则这个物体是不能被选中的，如图 3-25 所示，右侧的两个圆凳不能被选中，这种从左往右选择对象的方式被称为“窗口”选择方式。

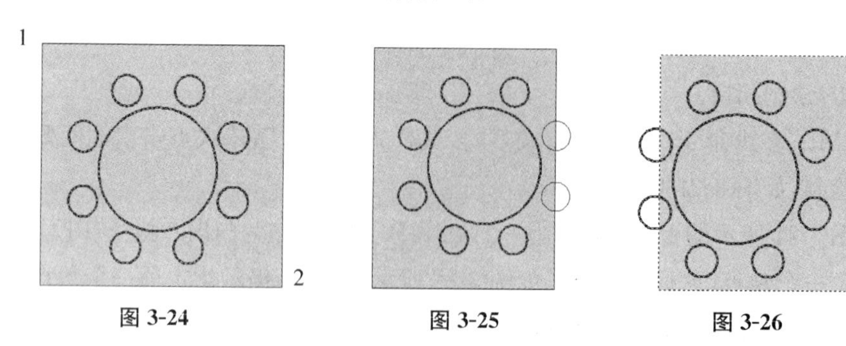

图 3-24　　图 3-25　　图 3-26

如果从右边向左边选择，窗口以虚线显示，如图 3-26 所示，所有的物体均能被选中，这种选择方式称之为“交叉窗口”选择。

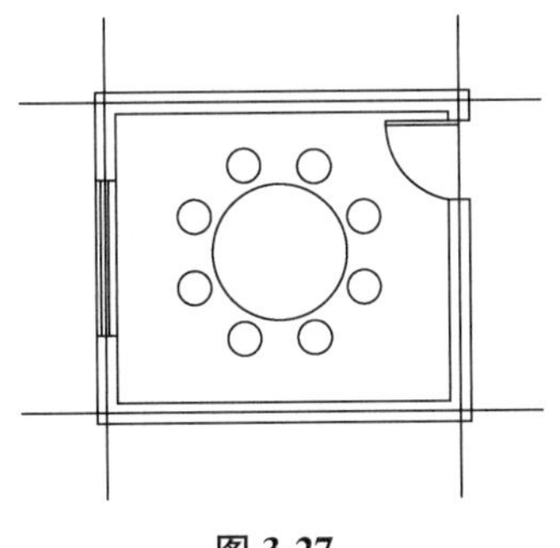

图 3-27

这两种选择方式都比点选对象快速，通过对比三种选择方式可以知道它们各自的特征。在以后的练习中如何快速选择对象，还需要读者多加练习与领悟。

将圆桌移动到如图 3-27 所示的位置完成雅间平面的绘制。

3.5　雅间室内立面图绘制

室内立面图是在与地面相垂直的投影面上所做的正投影图，简称立面图。反映墙面的形状特征及各构造物体位置等。可以使用前面绘制的平面图辅助立面图的绘制。

3.5.1　绘制窗户立面图

绘制一个尺寸为宽 1800 高 2100 的窗户，如图 3-28 所示。分析一下则可以发现这个图形是由四个矩形组成的，而绘制每个矩形需要两个点，那么只需要确定如图 3-29 所示的八个点就可以了。

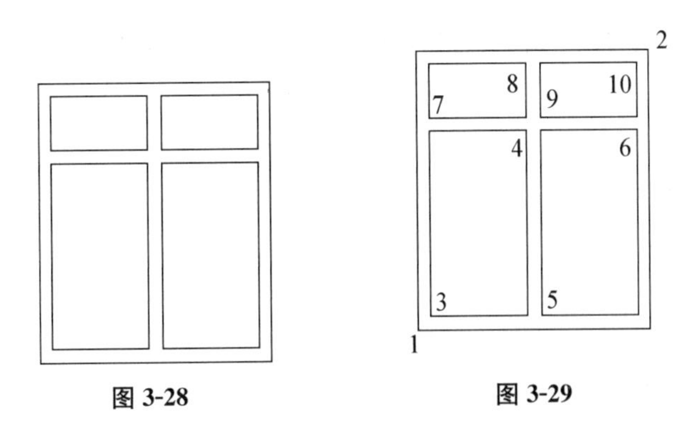

图 3-28　　图 3-29

第一步，按“Ctrl＋N”键新建文件，按“Ctrl＋S”键保存文件，命名为“雅间立面图”。

第二步，绘制辅助线，如图 3-31 所示。

首先执行“L”直线命令，确定，绘制一条长度为 3000 的水平直线和一条长度为 4000 垂直直线。执行“M”(Move 移动)命令，将绘制好的两条线移动到如图 3-30 所示的位置。

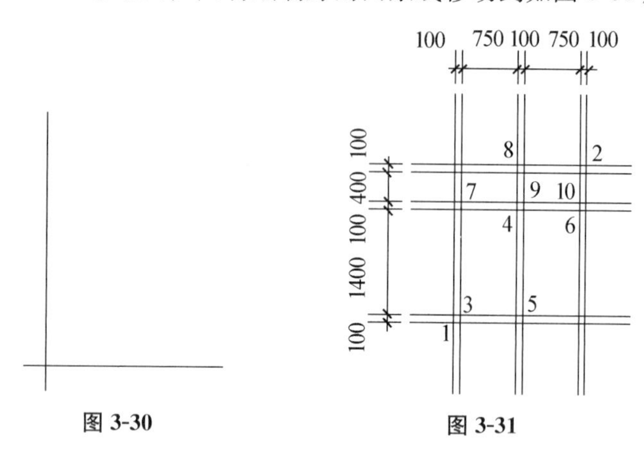

图 3-30　　图 3-31

执行“CO”复制命令得到其他辅助线。键盘输入“CO”，确定，先选择图中的水平线，确定，选择任意一点作为复制时的基准点，打开正交模式，向上移动光标，依次输入距离 100、1500、1600、2000、2100，完成水平辅助线绘制。

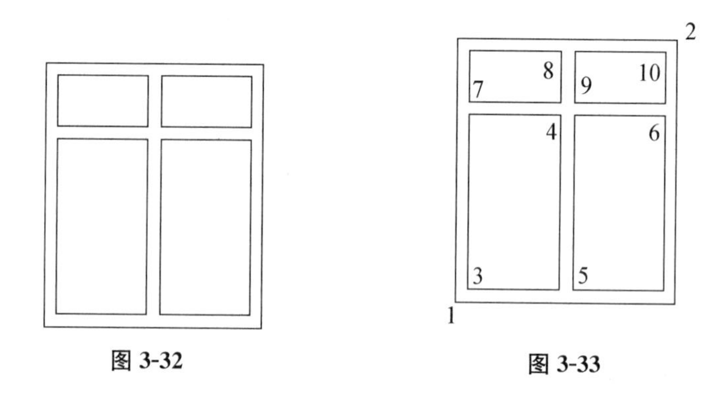

图 3-32　　图 3-33

执行“CO”复制命令得到垂直辅助线。键盘输入“CO”，确定，选择图中的垂直线，确定，选择任意一点作为复制时的基准点，打开正交模式，向右移动光标，如图 3-31 所示，依次输入距离 100、850、950、1700、1800，完成垂直辅助线的绘制。

【命令步骤】

命令：L　LINE 指定第一点：(指定任意点)

指定下一点或［放弃(U)］：4000　<正交　开>

指定下一点或［放弃(U)］：

命令：LINE 指定第一点：(指定任意点)

指定下一点或［放弃(U)］：3000

命令：CO

COPY

选择对象：找到 1 个

选择对象：

当前设置：复制模式 = 多个

指定基点或［位移(D)/模式(O)］＜位移＞：指定第二个点或 ＜使用第一个点作为位移＞：100

指定第二个点或［退出(E)/放弃(U)］＜退出＞：1500

指定第二个点或［退出(E)/放弃(U)］＜退出＞：1600

指定第二个点或［退出(E)/放弃(U)］＜退出＞：2000

指定第二个点或［退出(E)/放弃(U)］＜退出＞：2100

指定第二个点或［退出(E)/放弃(U)］＜退出＞：(回车)

命令：COPY

选择对象：找到 1 个

选择对象：

当前设置：复制模式 = 多个

指定基点或［位移(D)/模式(O)］＜位移＞：指定第二个点或 ＜使用第一个点作为位移＞：100

指定第二个点或［退出(E)/放弃(U)］＜退出＞：850

指定第二个点或［退出(E)/放弃(U)］＜退出＞：950

指定第二个点或［退出(E)/放弃(U)］＜退出＞：1700

指定第二个点或［退出(E)/放弃(U)］＜退出＞：1800

指定第二个点或［退出(E)/放弃(U)］＜退出＞：(回车)

第三步，绘制窗户线。

为了区分绘制的窗线与辅助线，在这里单击 Ribbon 功能区的特性面板的颜色，选择绿色，如图 3-34 所示。

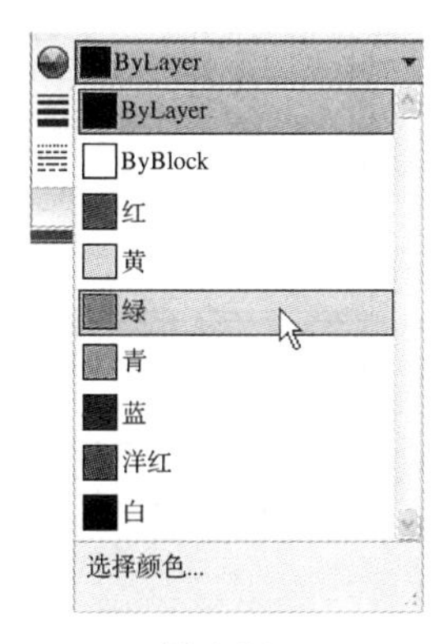

图 3-34

然后再执行“REC”矩形命令，打开对象捕捉，依次捕捉点 1、2，点 3、4，点 5、6，点 7、8，点 9、10 就可以绘制出五个矩形，形成窗线。

第四步，移动窗户。

执行“M”移动命令，首先点击左侧 1 点，再点击左侧 2 点，实线窗口选择五个矩形，确定，如图 3-35 所示，然后鼠标左键单击任意点作为基点，指定到达点任意，如图 3-36 所示。

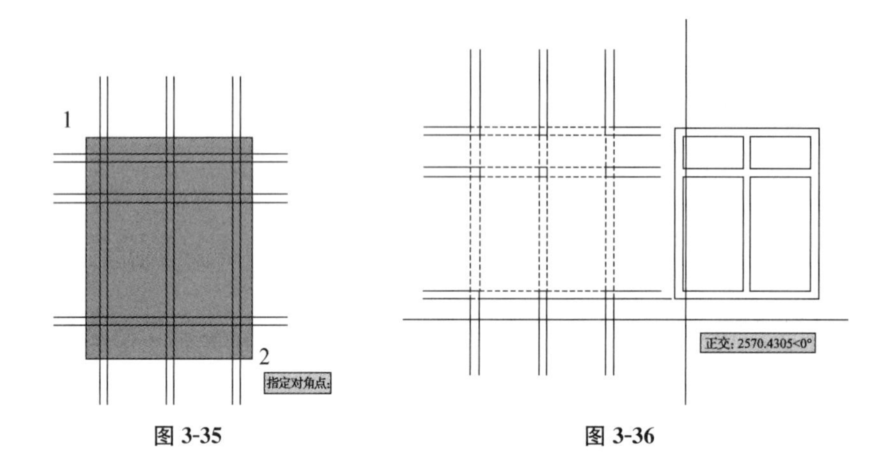

图 3-35　　　　图 3-36

如图 3-35 所示的特性调节方法，将在第五章详细讲解，在此之前，如果用户把握不住要保证这个项目为“Bylayer”，以便与对应图层特性一致。

3.5.2　绘制立面图

绘制如图 3-37 所示的图案，关键是要找到合适的切入点，即第一条线从何画起。本例中的窗户在上例中已绘制好，可以拿来用。在本例中还是要使用辅助线作图，如何确立辅助线的位置是绘图的关键。

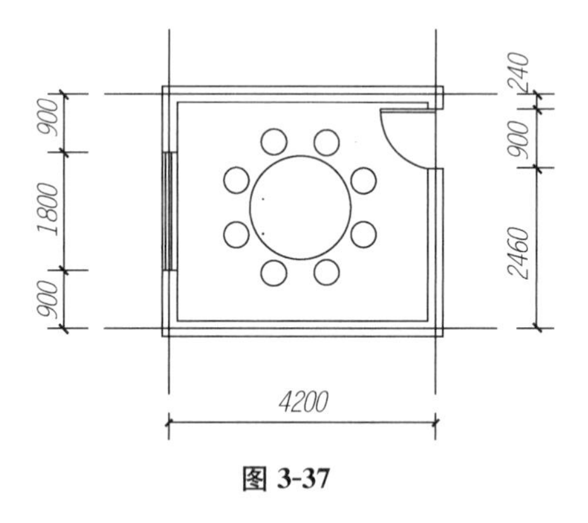

图 3-37

第一步，插入平面图，并调整。

继续在上节文件中绘制，首先将特性面板中的绿色改回“Bylayer(随层)”，如图 3-34 所示，执行“I”插入命令，弹出“插入”对话框，如图 3-38 所示，点击“浏览”按钮，弹出“选择图形文件”对话框，找到上节中制作的“雅间平面图”，打开，插入平面图，插入的平面图会自动形成一个整体:图块，执行“RO”旋转命令，选择全部图形，确定，指定图形附近的任意一点为旋转的中心点，即基点，确定，按“F8”键打开正交模式，鼠标向下移动，代表逆时针 90°方向，点击鼠标左键旋转完成如图 3-39 所示图形。

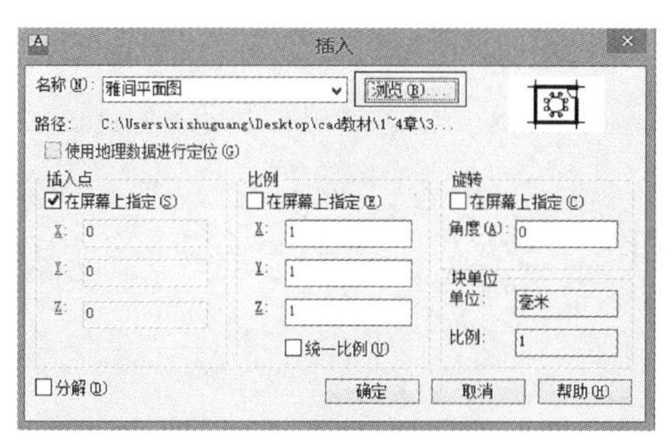

图 3-38　"插入"对话框

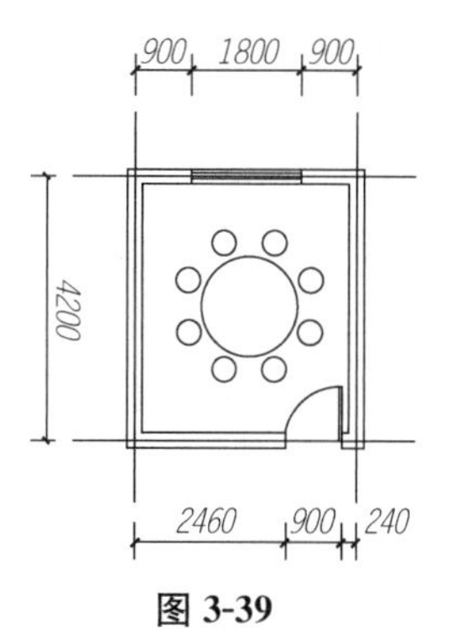

图 3-39

【命令步骤】

命令：RO

ROTATE

UCS 当前的正角方向：ANGDIR＝逆时针　ANGBASE＝0

选择对象：指定对角点：找到 22 个

选择对象：

指定基点：

指定旋转角度，或［复制(C)/参照(R)］＜0＞：＜正交 开＞

第二步，绘制辅助线。

绘制辅助线 1，执行"L"直线命令，确定，按"F3"键打开对象捕捉，捕捉到如图 3-40 所示 A 点，向下绘制一条适当长度的直线，如图 3-40 所示。再执行"CO"复制命令，确定，选择辅助线 1，确定，指定基点为 A 点，鼠标移动到 B 点，点击鼠标左键；再分别点击 C、D 两点。分别完成辅助线 2、3、4 的创建。再次执行"L"直线命令绘制一条水平直线，如图 3-41 所示。执行复制命令，选择水平辅助线 5，确定，指定任意点为基点打开正交模式，向上移动鼠标，如图 3-42所示，依次输入距离 100、900、3000、3300 完成水平辅助线的绘制。

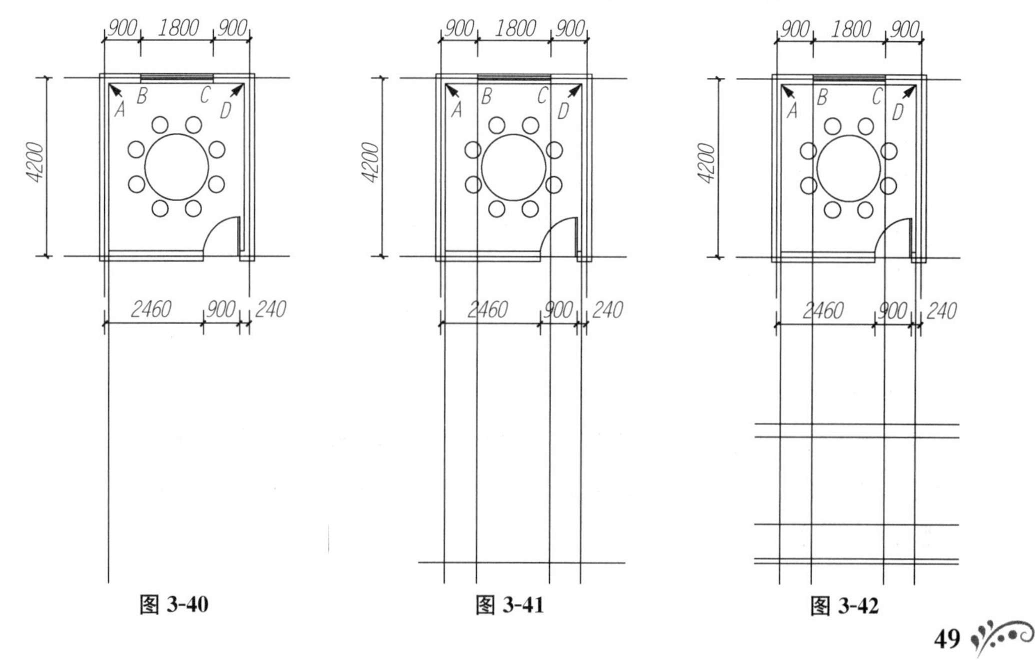

图 3-40　　图 3-41　　图 3-42

【命令步骤】

命令：L

LINE

指定第一个点：<对象捕捉 开>

指定下一点或 [放弃(U)]：<正交 开> 12000

指定下一点或 [放弃(U)]：

命令：CO

COPY

选择对象：找到 1 个

选择对象：

当前设置：复制模式 = 多个

指定基点或 [位移(D)/模式(O)] <位移>：

指定第二个点或 [阵列(A)] <使用第一个点作为位移>：

指定第二个点或 [阵列(A)/退出(E)/放弃(U)] <退出>：

指定第二个点或 [阵列(A)/退出(E)/放弃(U)] <退出>：

指定第二个点或 [阵列(A)/退出(E)/放弃(U)] <退出>：

命令：L

LINE

指定第一个点：

指定下一点或 [放弃(U)]：

指定下一点或 [放弃(U)]：

命令：CO

COPY

选择对象：找到 1 个

选择对象：

当前设置：复制模式 = 多个

指定基点或 [位移(D)/模式(O)] <位移>：

指定第二个点或 [阵列(A)] <使用第一个点作为位移>：100

指定第二个点或 [阵列(A)/退出(E)/放弃(U)] <退出>：900

指定第二个点或 [阵列(A)/退出(E)/放弃(U)] <退出>：3000

指定第二个点或 [阵列(A)/退出(E)/放弃(U)] <退出>：3300

指定第二个点或 [阵列(A)/退出(E)/放弃(U)] <退出>：

第三步，绘制踢脚线。

在本章第 3.5.1 中有讲过怎样改变将要绘制的线的颜色，将特性面板中的绿色改为蓝色，执行“L”直线命令，捕捉到点 1，确定，下一点捕捉到点 2，如图 3-43 所示。

【命令步骤】

命令：L

LINE

指定第一个点：

指定下一点或［放弃(U)］：

指定下一点或［放弃(U)］：

第四步,放置窗户。

因为前例刚刚完成窗户的绘制,这里只需要将先前做好的窗户图案移动或者复制到点 3 处即可。执行"CO"复制命令或"M"移动命令,指定基点为窗户的左下角点,确定,点击点 3,确定,如图 3-43 所示。

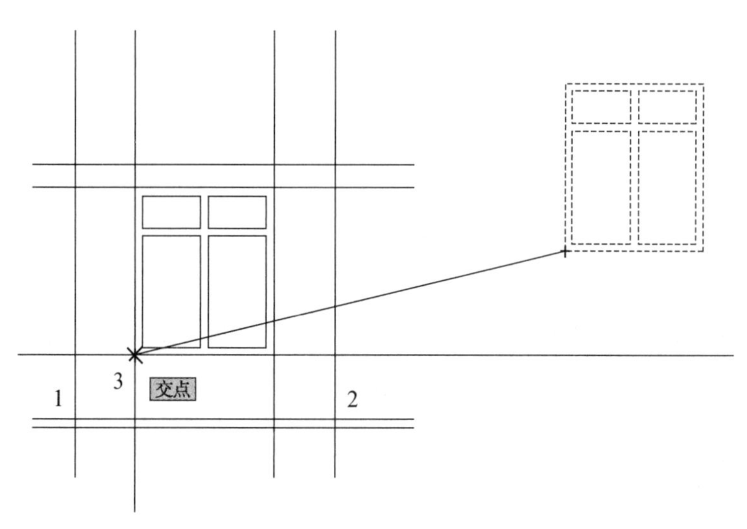

图 3-43

第五步,绘制窗台板。

执行"REC"命令,确定,在任意位置绘制,左键点击指定第一点,下一点输入"1900,30",得到窗台板。放置方法与放置窗户的方法一样,利用上一步未关闭的对象捕捉,指定基点捕捉窗台板上方水平线的中点,下一点于窗户最下方水平线中点,确定,如图 3-44 所示。

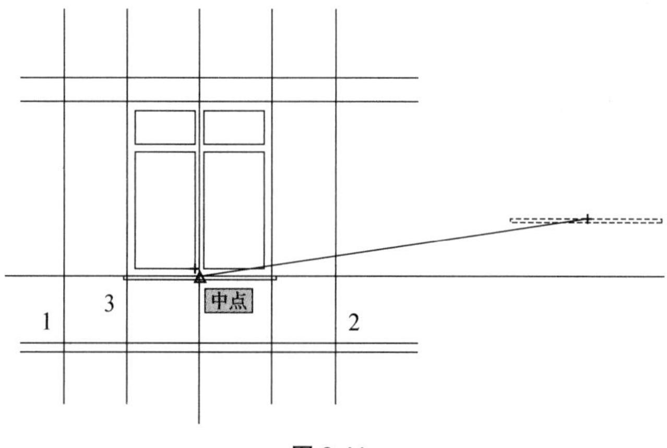

图 3-44

在捕捉窗户底部中点时，可能会误捕捉到窗户高度辅助线的中点，在操作时需多加注意。

【命令步骤】

命令：REC

RECTANG

指定第一个角点或［倒角(C)/标高(E)/圆角(F)/厚度(T)/宽度(W)］：

指定另一个角点或［面积(A)/尺寸(D)/旋转(R)］：@1900,30

命令：M

MOVE

选择对象：找到 1 个

选择对象：

指定基点或［位移(D)］<位移>：

指定第二个点或 <使用第一个点作为位移>：

第六步，绘制轮廓线。

轮廓线即墙的轮廓线，将线宽改为 0.5mm，如图 3-45 所示，执行“L”直线命令，依次捕捉点 1、点 4、点 5、点 2、点 1，结果如图 3-46 所示。

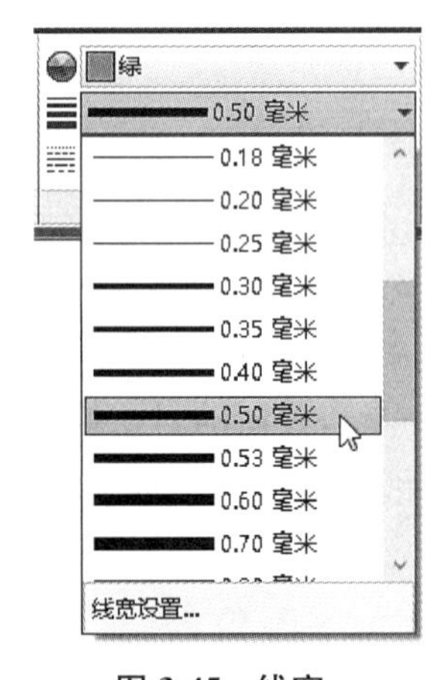

图 3-45　线宽

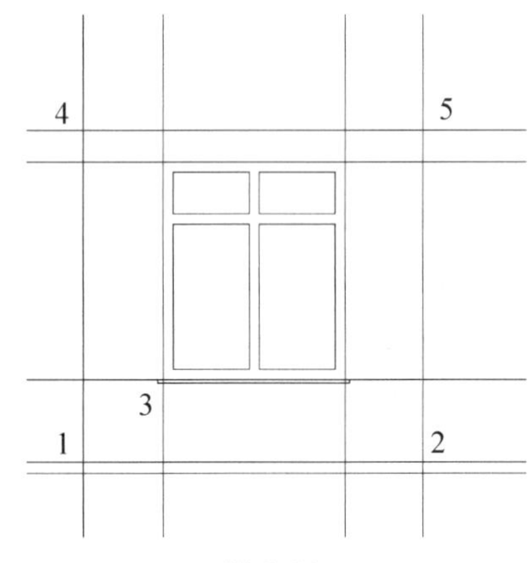

图 3-46

【命令步骤】

命令：L

LINE

指定第一个点：

指定下一点或［放弃(U)］：<正交 开> 3300

指定下一点或［放弃(U)］：3360

指定下一点或［闭合(C)/放弃(U)］：3300

指定下一点或［闭合(C)/放弃(U)］：

第七步,绘制地面线。

键盘输入"PL"执行绘制多段线命令,这时提示"指定起点",捕捉点 1,观察命令提示行,有很多命令可以进行。在绘制立面图时,地面线都是比较宽的线,这里需要设置地面线宽度为 100,所以键盘输入"W",指定起点宽度为 100,端点宽度为 100,然后捕捉点 2 就完成了地面线的绘制,绘制完成后,执行"M"移动命令,将刚刚完成的多段线向下移动 50。完成地面线的绘制如图 3-47(b)所示。在完成所有线的绘制后,删除辅助线。选中所有辅助线,执行"E"命令,确定。这样就完成了这个立面图的绘制,如图 3-48 所示。

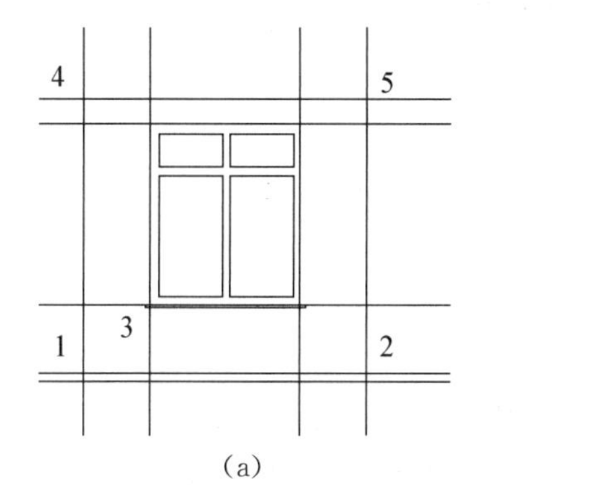

(a)

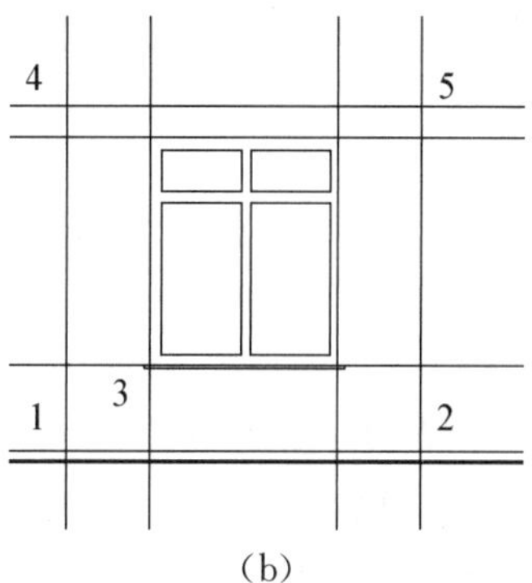

(b)

图 3-47

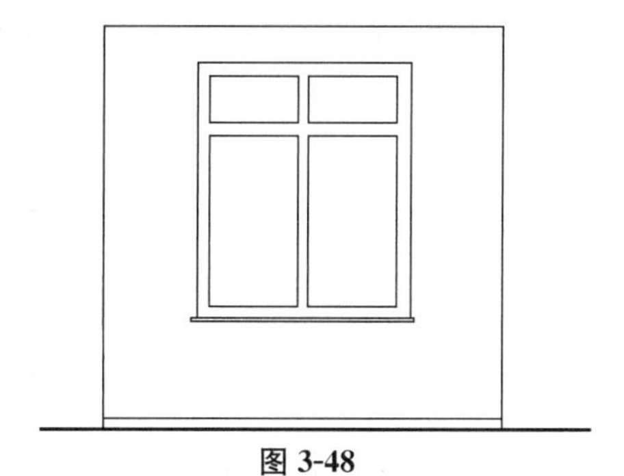

图 3-48

【命令回顾】

命令内容	英文全称	快捷方式
复　　制	Copy	CO,CP
正多边形	Polygon	POL
多　　线	Mline	ML
多线设置	Mlstyle	MLSTYLE
矩　　形	Rectang	REC
圆　　弧	Arc	A
旋　　转	Rotate	RO
多 段 线	Pline	PL

第四章 AutoCAD 2014 提升图形的绘制

【学习提示】本章重点讲解图层与图块的应用。图层和图块在绘制图形时经常用到，读者应充分理解图层设置的内容，熟练应用图块制作与插入以及图块编辑。

4.1 图层的定义和设置

Layer 图层是用来组织图形有效的工具之一。图层相当于使用多层透明图纸绘图，把相同类型的图形对象归纳到一个图层中进行绘制，从而通过控制图层的属性(开关、冻结、锁定、颜色、线型、线宽等)来显示、编辑、控制及打印图形，实现对图层内容的管理。如图 4-1 所示。

通过创建图层，可以将类型相似的对象指定给同一图层以使其相关联。例如，可以将屋顶、墙体、门窗等置于不同的图层上。

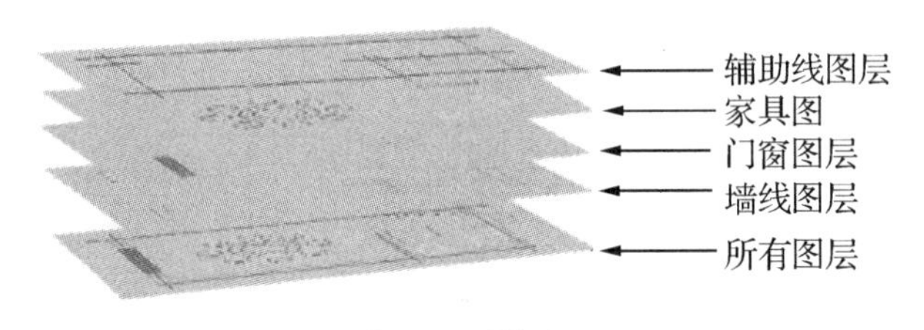

图 4-1 图层

4.1.1 图层的设置

在命令行输入“LA”图层命令，进入图层特性管理器，如图 4-2 所示，左侧窗口是所有包含正在使用的图层，顶部中间的图标是分别表示新建图层、在所有视口中都冻结的新图层视口、删除图层、置为当前图层，右侧的窗口显示图层的详细列表，在默认状态下，新建立的图形中只有一个缺省图层“0”层，而“Defpoints”图层则是在使用了尺寸标注后自动产生的，该图层默认设置为“不打印”。

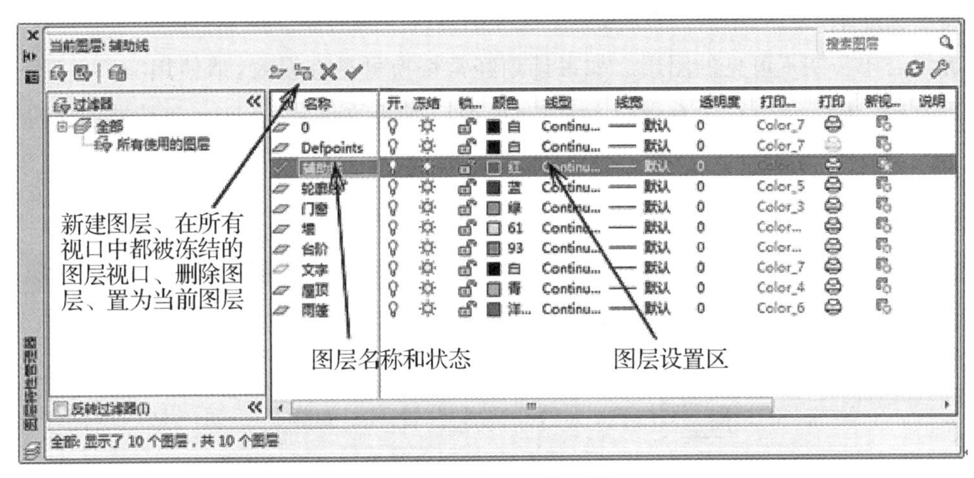

图 4-2　图层特性管理器

【设置内容】

设置一：单击图标，创建新的图层，并根据实际工程需要更改图层的名称，创建多个需要的图层。

注意每次创建新图层后，要先更改名称。

新图层将继承图层列表中当前选定图层的特性(颜色、开或关状态等)。

新图层将在最新选择的图层下进行创建。

设置二：单击图标，创建新图层，然后在所有现有布局视口中将其冻结。可以在“模型”选项卡或布局选项卡上访问此按钮。

设置三：单击图标，删除选定图层。只能删除未被参照的图层。参照的图层包括图层“0”和“Defpoints”、包含对象(包括块定义中的对象)的图层、当前图层以及依赖外部参照的图层。局部打开图形中的图层也被视为已参照并且不能删除。

设置四：单击图标，将选定图层设置为当前图层。将在当前图层上绘制创建的对象。

设置五：打开/关闭：单击位置，可以打开和关闭图层。

打开：可显示、打印和重生成图层上的对象。

关闭：不显示和打印图层上的对象。

设置六：解冻/冻结：单击位置，可以冻结和解冻图层。

解冻：可显示和打印图层上的对象。

冻结：不显示和打印图层上的对象。

冻结所有视口中选定的图层，包括“模型”选项卡。可以冻结图层来提高“Zoom”、“Pan”和其他若干操作的运行速度，提高对象选择性能并减少复杂图形的重生成时间。

将不会显示、打印、消隐、渲染或重生成冻结图层上的对象。

冻结希望长期不可见的图层。如果计划经常切换可见性设置，请使用“开/关”设置，以避免重生成图形。可以在所有视口、当前布局视口或新的布局视口中（在其被创建时）冻结某一个图层。

设置七：解锁/锁定：单击位置，可以锁定和解锁图层。

锁定：不能修改图层上的任何对象。仍可以将对象捕捉应用到锁定图层上的对象，并可以执行不修改这些对象的其他操作。

解锁：可以修改图层上的对象。

设置八：颜色：单击■ 白位置，为每个图层设置不同的颜色。颜色是图层便于区分的彩色标签。单击颜色名可以显示“选择颜色”对话框。

设置九：线型：单击 Continuous 位置，可以弹出“选择线型”对话框，如图 4-3 所示。默认情况下显示的只有一种线型，单击如图 4-3 所示的 加载(L)... 图标，弹出如图 4-4 所示对话框，选择需要的一种线型，单击确定，返回图 4-3，单击选择的线型，确定，返回“图层管理”对话框，就完成了线型的设置。

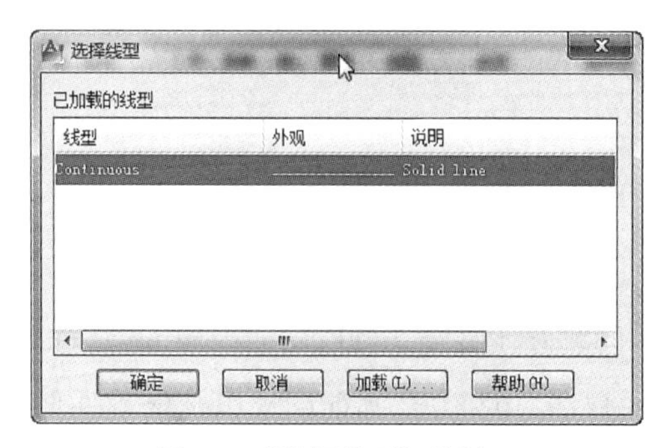

图 4-3 “选择线型”对话框

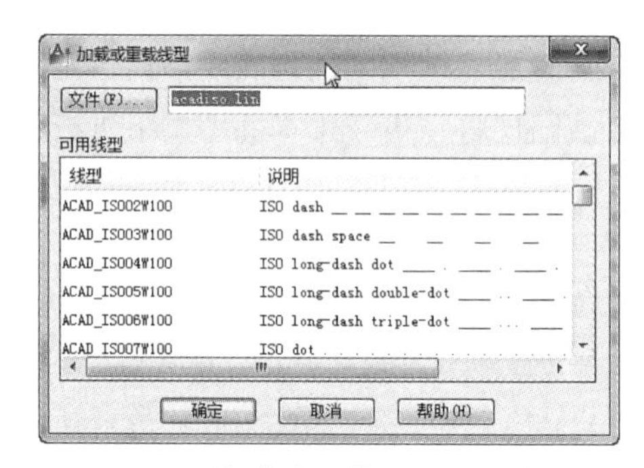

图 4-4 “加载或重载线型”对话框

设置十：线宽：单击 —— 默认 位置，弹出“线宽”对话框，可以为每个图层设置不同的线宽，如图 4-5 所示。

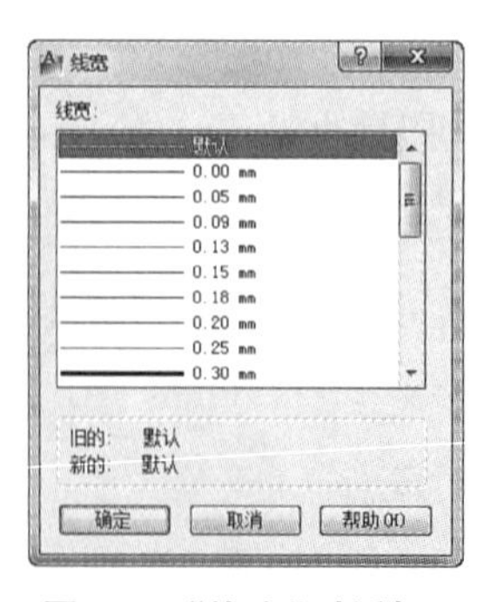

图 4-5 “线宽”对话框

设置十一：透明度：点击透明度处默认的值“0”，弹出“透明度”对话框，可以设置图层对象的透明度。这是 AutoCAD 2011 以来新增加的功能。

设置十二：打印样式：单击 Color_6 位置，更改与选定图层关联的打印样式。如果正在使用颜色相关打印样式（Pstlyepolicy 系统变量设置为 1），则无法更改与图层关联的打印样式。单击打印样式可以显示“选择打印样式”对话框。

设置十三：打印：单击位置，控制是否打印选定图层。即使关闭图层的打印，仍将显示该图层上的对象。

设置十四：视口冻结（仅在布局选项卡上可用）：单击位置，在当前布局视口中冻结选定的图层。可以在当前视口中冻结或解冻图层，而不影响其他视口中的图层可见性。

“视口冻结”设置可替代图形中的“解冻”设置。即，如果图层在图形中处于解冻状态，则可以在当前视口中冻结该图层，但如果该图层在图形中处于冻结或关闭状态，则不能在当前视口中解冻该图层。当图层在图形中设置为“关”或“冻结”时不可见。

设置十五：说明：（可选）描述图层或图层过滤器。

4.1.2 图层面板

利用 Ribbon 功能区的图层面板集中了图层操作的各种快捷工具，用户可以方便地进行各种图层操作。如图 4-6 所示，与 AutoCAD 2008 以前版本相比，除了常用的转换当前图层、执行图层的打开关闭、冻结解冻、锁定解锁等命令外，还添加了许多新的内容，如图 4-6 所示。

图 4-6 图层面板

> 点击如图 4-6 下方“图层”处还会展开很多关于图层的操作，读者可以自己研究一下，要想熟练使用这些功能，要经过大量的绘图练习。

用户可以单击面板中的图标进行相应的设置和调整。

设置一：单击图标，图层特性。其作用相当于执行“LA”命令，可以打开图层特性管理器。

设置二：单击图标，将对象的图层设为当前图层。其作用是可以通过选定当前对象的图层设置为当前图层。

设置三：单击 图标，匹配。其作用是将特定对象的图层更改为与目标图层相匹配。如果在错误的图层上创建了对象，利用单击该工具，选择错误对象，再单击正确图层参考对象，就可以将该对象更改到正确图层上。

设置四：单击 图标，上一个。其作用是放弃对当前图层的上一个或上一组修改。

使用“上一个”时，可以放弃使用“图层”控件或图层特性管理器最近所做的修改（或一组修改）。用户对图层设置所做的每个更改都将被追踪，并且可以使用“上一个”放弃所做的更改。

可以使用“上一个”放弃对图层设置所做的更改。例如，如果冻结了若干个图层，并更改了图形中的某些几何图形，然后要解冻冻结的图层，则可以使用单个命令来执行此操作，但不影响对几何图形所做的更改。又比如，如果在更改了若干个图层的颜色和线型之后，又决定要使用更改前的特性，可以使用“上一个”放弃所做的更改，并恢复原始图层设置。

设置五：单击 图标，隔离。根据当前设置，可以完成让选定对象之外的所有图层均关闭、锁定和淡入或在当前视口中冻结或锁定。

设置六：单击 图标，取消隔离。反转之前的隔离命令，图层恢复隔离命令之前的状态，但隔离命令之后对图层设置所做的任何其他更改都将保留。

设置七：单击 图标，冻结。冻结选定对象的图层。当前对象的图层不能冻结。

设置八：单击 图标，关闭。关闭选定对象的图层。通常情况下当前图层不能关闭，如果出现如图 4-7 所示的提示，就是要我们判断是否关闭当前图层。

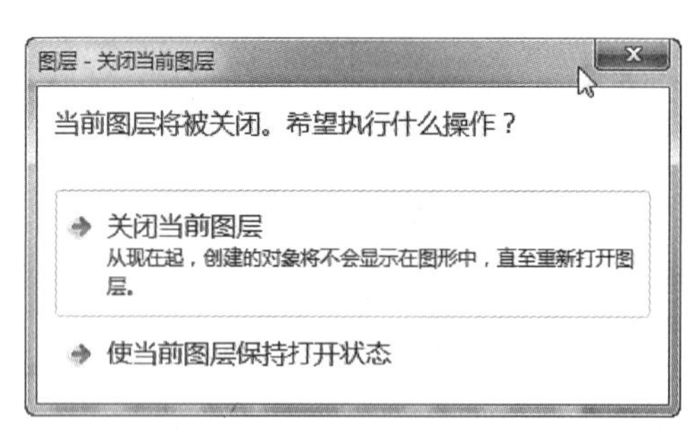

图 4-7　图层关闭提示

4.2　利用极轴阵列绘制圆桌

极轴阵列又叫环形阵列。现在通过绘制如图 4-8 所示的效果来学习极轴阵列的应用。

第一步，绘制一个半径为 600 的圆作为圆桌，向内偏移 200 绘制一个半径为 400 的玻璃托盘，绘制一个 400×300 的矩形作为凳子，将凳子图案移动到桌子底部位置，如图 4-9

所示。

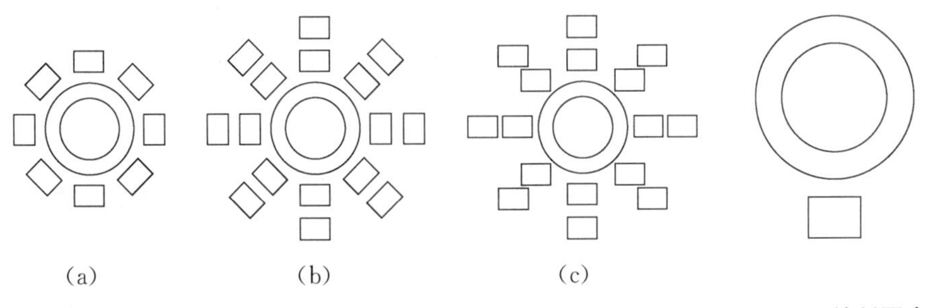

图 4-8　极轴阵列　　　　图 4-9　绘制图案

第二步，命令行输入命令“AR”，确定，选择要阵列的对象（凳子），确定，输入“PO”，确定，表示选择阵列的方式为极轴阵列，鼠标左键单击圆心位置指定圆心为阵列中心，便得到如图 4-10 所示的极轴阵列的默认效果。此时在 Ribbon 功能区也自动生成“阵列创建”选项卡，如图 4-11 所示。

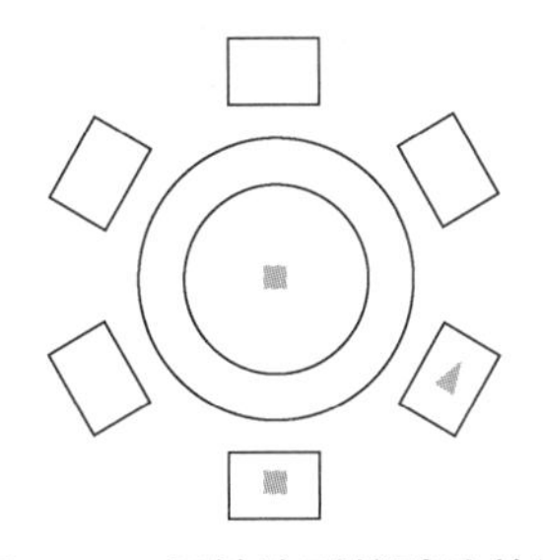

图 4-10　极轴阵列的默认效果

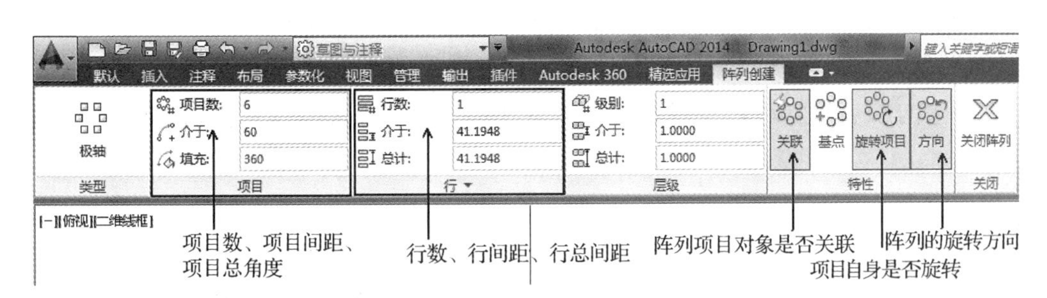

图 4-11　“阵列创建”选项卡

第三步，设置项目相关参数，在项目面板有“项目数”、“项目间距”、“项目总角度”三项参数。三项参数只需指定两个值即可，第三个值自动确定。这里设置项目数为 8，总角度为 360 度。

第四步，设置行相关参数。行面板同样有三个参数“行数”，“行间距”，“行总间距”。同样指定两个参数即可。这里指定行数为 2，行间距为 3000。

第五步，设置是否旋转项目。默认的情况下项目在绕基点旋转的过程中，自身也进行了旋转，即在特性面板中“旋转项目”处于按下状态点击按钮即可关闭“旋转项目”。如

图 4-8(b)所示为“旋转项目”打开,如图 4-8(c)所示为“旋转项目”关闭。

如果你对阵列完成后的效果不满意,你只需鼠标左键单击阵列完成的对象,此时在菜单栏中自动生成阵列选项卡,其下有项目、特性、选项等多个面板,如图 4-12 所示,你可根据自己的需要对项目进行编辑、替换等修改。

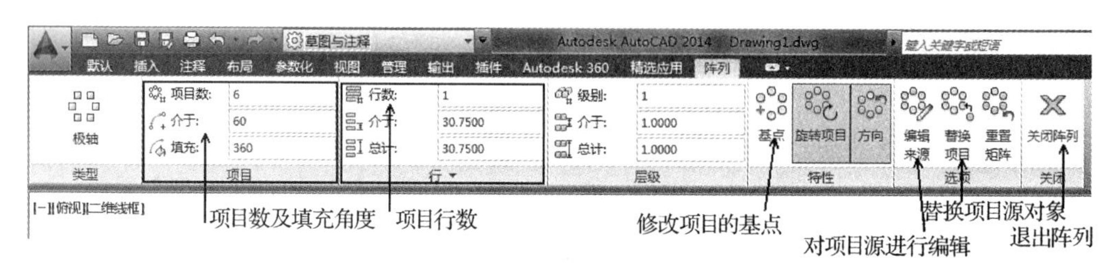

图 4-12　阵列选项

第六步,使用“ESC”,空格或回车键退出阵列命令,或单击选项卡右侧的“关闭阵列”。

4.3　图块

4.3.1　图块的意义

图块是绘制在一个或几个图层上的不同特性对象的组合。创建图块就是将多个对象合并为一个对象,以方便在绘图过程中的编辑和修改。

图块有多种,常见的有内部块、外部块、属性块、动态块和注释性块等。

创建图块可以有多种方法,这里的“B”(Block 命令)就是用于创建内部图块的方法。

每个块定义都包括块名、一个或多个对象、用于插入块的基点坐标值和所有相关的属性数据。

图块的应用:

(1) 绘制图纸时,经常会出现大量的相同对象或内容,或者绘制的图形和已有的图形相同,这时把需要重复绘制的内容创建成图块,然后可以多次直接插入这些图形。

(2) 已经存在的图形文件,可以通过图块定义直接插入到现有图形中。

(3) 带有文本信息的图形,可以创建带有属性定义的图块,当插入图块时,用户可以重新指定文本信息。

(4) 块定义可以包含可向块添加动态行为的元素,这增加了几何图形的灵活性和智能性。如果在图形中插入了带有动态行为的块参照,则可以通过自定义夹点或自定义特性(取决于块的定义方式)来操作该块参照中的几何图形,还可以约束块几何图形。

4.3.2　图块制作实例分析

案例一：

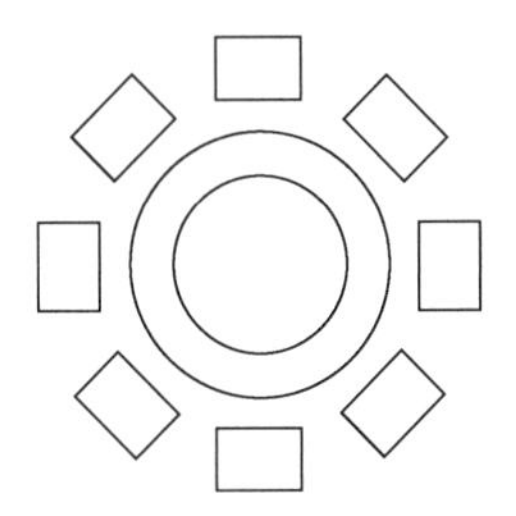

图 4-13　案例一

图块在 AutoCAD 中的应用非常广泛，熟练运用图块可以大大提高作图速度。下面利用上一例子中的餐桌练习图块的制作与使用。

【作图步骤】

执行“B”图块命令，弹出“块定义”对话窗，如图 4-14 所示。

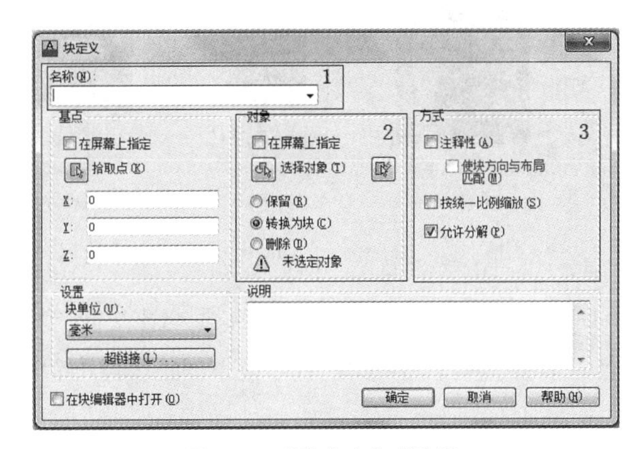

图 4-14　“块定义”对话框

定义图块需要三个步骤：

第一步，给定图块名称，这里命名为“八人餐桌”。

第二步，选择基点，选择基点有两种方法，一种是拾取点方式，另一种是输入坐标方式。

单击到图形中拾取，选择的基准点一定要和图形中明确的点相关，不能随意选择，以便插入图块时的引入。这里选择圆心。

第三步，单击，选择需要做图块的对象。这里选择餐桌。

调整好这三步以后，就可以看到如图 4-15 所示的对话框，此时在方框区域内，可以看到图块的预览图像。

单击确定，就完成了圆桌图块的制作。此时在不执行命令的状态，直接选择圆桌，会发现桌椅已经变为一个整体了。

图 4-15 "块定义"对话框

案例二：

通过制作如图 4-16 所示的图块，并执行插入命令插入如图 4-17(a)、(b)、(c)、(d)所示的图块。

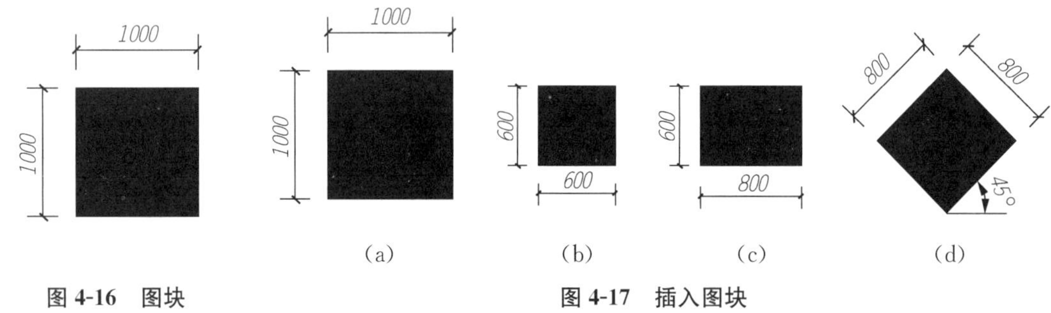

图 4-16 图块

图 4-17 插入图块

第一步，制作如图 4-16 所示的柱子图块。制作步骤与上一案例相同。注意在选择基点时需要选择正方形的形心位置，而形心位置并不能通过对象捕捉快速捕捉到，那么这需要如何处理呢？

下面来学习使用快捷捕捉。

当指定基点时，按住"Ctrl"键或按住"Shift"键，并单击鼠标右键，弹出快捷捕捉菜单栏，快捷捕捉几乎包含了所有对象捕捉的特殊点，而且还新增了一些功能，如图 4-18 所示。点击"两点之间的中点"，回到绘图状态，依次点击正方体的任意两个对角的顶点，即可捕捉到正方体的形心。

第二步，要将制作好的图块插入到图形中，执行"I"插入命令，弹出"插入"对话框，如图 4-19 所示。

插入图形需要进行三个步骤：第一，在图示 4-19 中 1 处选择要插入的图块，点击右侧的箭头，会发现有两个图块名称：柱子和八人餐桌，选择柱子。第二，调整比例，在图示 4-19 中 2 处可以调整比例，勾选"统一比例"，则 X、Y、Z 轴可以调整不同的比例。第三，调整旋转

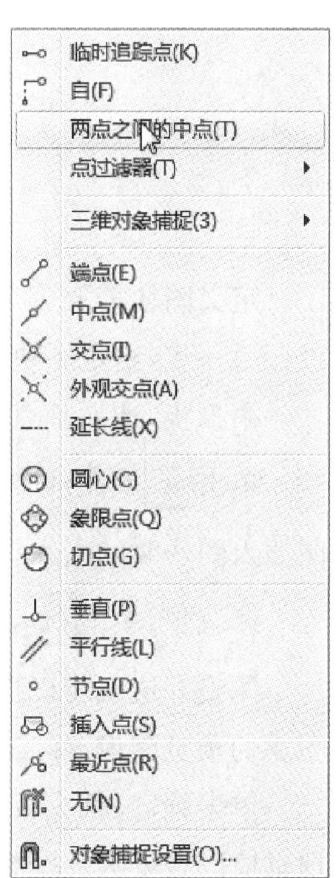

图 4-18 快捷捕捉菜单

角度,在图示 4-19 中 3 位置。

对象快捷捕捉功能包含了几乎所有的对象捕捉的特殊点,但是使用对象快捷捕捉的特殊点只能生效一次,指定下一点时就不起作用了,如果这种特殊点在绘制图形中很少用到,可以不必设置对象捕捉,使用快捷捕捉。

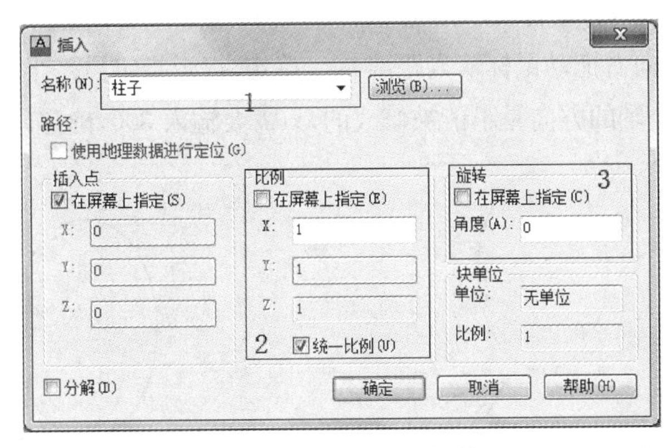

图 4-19 "插入对象"对话框

(1) 不调整比例与旋转角度,点击确定,插入图块,得到如图 4-17(a)所示图形。

(2) 调整比例各个方向都为 0.6,插入图块,得到如图 4-17(b)所示图形。

(3) 调整比例 X:0.8,Y:0.6,插入图块,得到如图 4-17(c)所示图形。

(4) 调整比例各个方向都为 0.8,角度为 45,插入图块,得到如图 4-17(d)所示图形。

4.4 酒店雅间的绘制

4.4.1 卫生洁具的制作

执行"Ctrl+N"命令,新建文件,执行"Ctrl+S"命令,保存文件;命名为"雅间平面图(二)"。

案例一:绘制如图 4-20 所示的坐便器

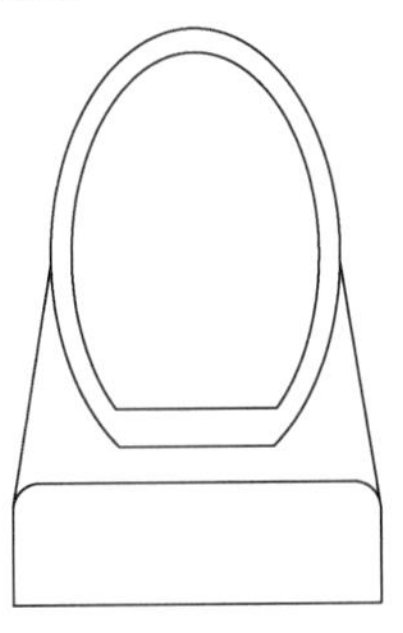

图 4-20 坐便器

通过此案例的学习，学会掌握“EL”椭圆命令、“F”圆角命令、“O”偏移命令。

第一步，绘制一个尺寸为 500×160 的矩形。

第二步，绘制椭圆。

椭圆有两个轴，在 AutoCAD 中绘制椭圆的方式是首先指定一个轴的长度，再指定另一个轴的半轴长度。

执行“EL”椭圆命令，命令行提示指定一轴的端点，这里指定任意点，提示指定轴的另一个端点，打开正交模式，向右拖动鼠标输入距离 400，确定，提示指定另一半轴的长度，由于两个轴是垂直的，所以第二个轴的方向是不能被修改的，只需要输入 300，确定，即可。如图4-21所示。

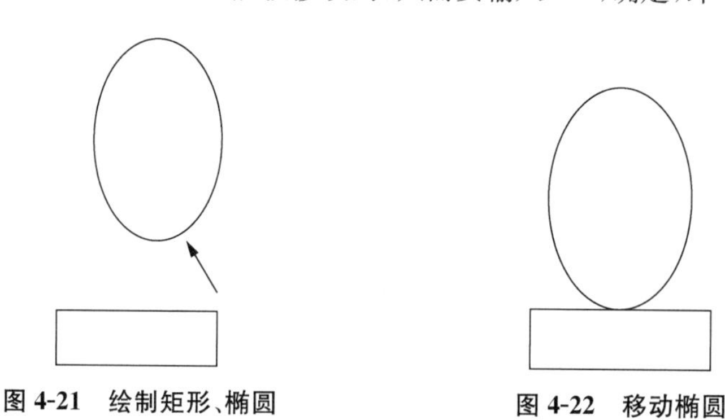

图 4-21 绘制矩形、椭圆　　图 4-22 移动椭圆

第三步，执行“M”移动命令，将椭圆移动到矩形的正上方，基点选择如图 4-21 所示的点 1，这个点被称之为象限点，椭圆和圆都具有四个象限点，可以在对象捕捉设置中将“象限点”设置为默认捕捉点，也可以使用快捷捕捉方式，目标点选择矩形上边的中点，如图 4-22 所示。

第四步，偏移椭圆形成内圈椭圆。

执行“O”偏移命令，提示指定偏移距离，输入 40，确定，选择椭圆，将鼠标移到椭圆内部，形成预览，如图 4-23 所示，点击鼠标左键，完成偏移，确定，退出命令。

第五步，继续执行“O”偏移命令，输入距离 50，确定，选择矩形，确定，将鼠标向外侧移动，形成预览，点击鼠标左侧，完成第一个矩形偏移，继续选择刚刚偏移出的矩形，向外再次偏移出一个矩形，确定，退出偏移命令。如图 4-24 所示。

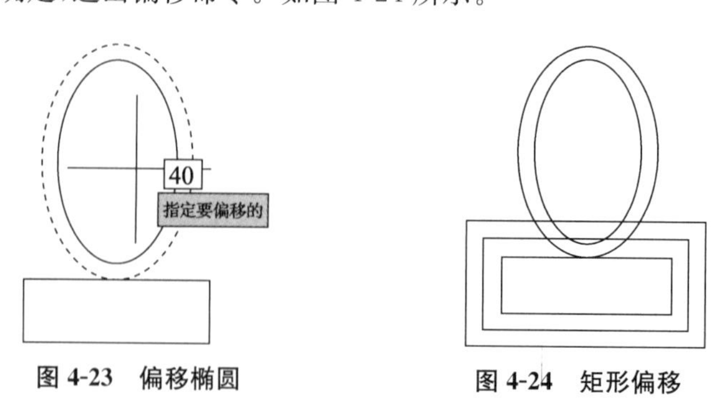

图 4-23 偏移椭圆　　图 4-24 矩形偏移

第六步，修剪图形。

执行“TR”修剪命令，将图形修剪成如图 4-25 所示的样式。

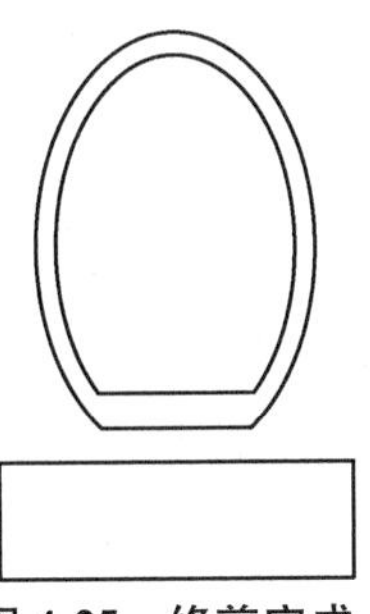

图 4-25 修剪完成

第七步，圆角。

圆角的作用是将两条直线用一个圆弧连接起来。执行“F”圆角命令，使用圆角命令，必须首先设置圆弧的半径，首次使用圆角命令，默认的半径为 0，输入“R”(半径)，确定，输入“40”，确定，点击如图 4-26 所示的直线 1，再点击直线 2，完成第一个圆角。重复执行命令，将直线 2 与直线 3 用圆角连接起来。

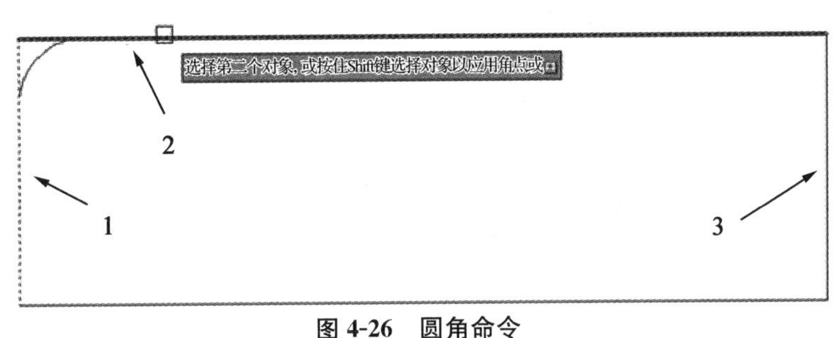

图 4-26 圆角命令

第八步，如图 4-27 所示，需要将椭圆的象限点与圆弧的切点用直线连接。大家知道，象限点是确定的，位置是固定的，而圆弧的切点如何确定呢？其实在 AutoCAD 中，切点也同样可以通过对象捕捉或者快捷捕捉来确定。

设置象限点与切点为对象捕捉的默认点，执行“L”直线命令，第一点选择象限点，指定第二点时，在圆弧上适当的位置移动鼠标，会出现如图 4-28 所示的符号，点击鼠标左键即可捕捉到。

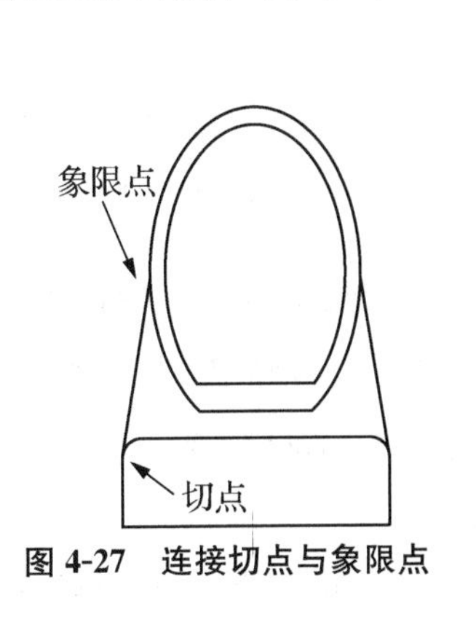

图 4-27 连接切点与象限点

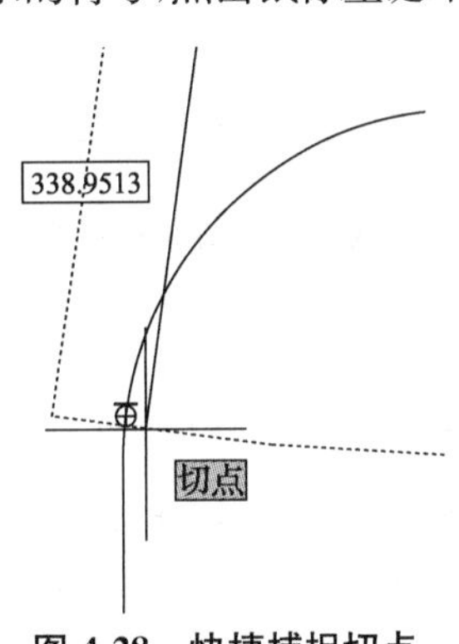

图 4-28 快捷捕捉切点

如果用户在绘制直线时，第一点就寻找圆弧的切点，是找不到的，必须第二点用切点。但是用户使用快捷捕捉的功能，第一点也可以捕捉到切点，这个切点在指定第二点时，会因为第二个点的位置不同，而发生位置变化。

读者自行使用快捷捕捉的方式将坐便器右侧的直线绘制完成。

第八步，制作图块，命名为“坐便器”，基点自定，但要选择合理。

案列二：绘制如图 4-29 所示的台式洗脸盆

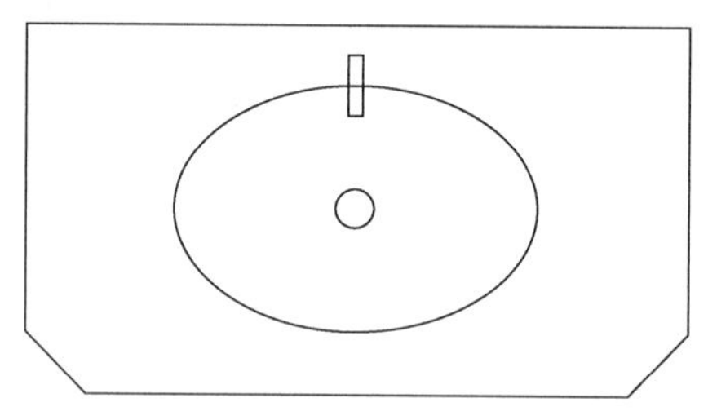

图 4-29　台式洗脸盆

第一步：绘制如图 4-30 所示的辅助线。

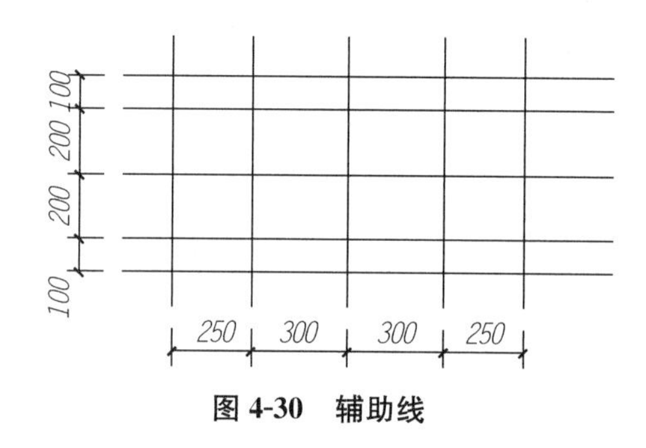

图 4-30　辅助线

首先绘制一条长度为 1500 的水平直线和一条长度为 600 的垂直直线，如图 4-31 所示。

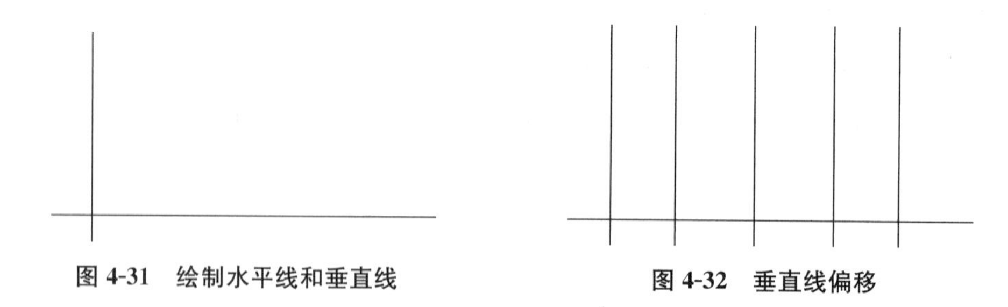

图 4-31　绘制水平线和垂直线　　**图 4-32　垂直线偏移**

前面的学习中我们使用复制命令对辅助线进行辅助，在上一案例中，学习了偏移命令，偏移命令对直线同样有效。执行“O”偏移命令，输入 250，确定，选择垂直直线，向右侧点击，确定，退出此次偏移命令，再次执行偏移命令，输入 300，确定，连续向右偏移两次，确定，退出命令，再次执行命令向右偏移 250。如图 4-32 所示。

通过上述练习用户需要仔细领悟什么时候应该结束命令，什么时候可以连续偏移。

使用相同的办法绘制出水平方向的辅助线。完成结果参照图 4-30。

第二步:绘制矩形台面。

如图 4-34 所示,以点 1、2 为角点绘制矩形。

接下来需要对刚刚绘制的矩形的下方两个角点进行倒角。执行"CHA"倒角命令,与圆角命令类似,倒角的距离会继承上次使用过倒角命令所设定的距离,首次执行倒角命令,倒角的两个距离为 0,如图 4-33 所示。那么就需要调整倒角距离,输入 D,确定,输入第一个倒角距离 100,确定,输入第二个倒角距离 50,确定,鼠标移动到如图 4-34 所示矩形的下边 1 靠近左下角的位置,如图 4-35 所示,拾取框右上方显示符号,点击鼠标左键,弹出如图 4-36 所示的"选择集"对话框,这是因为我们点击的位置有多个对象,由于需要选择的是多段线(矩形属于多段线),在选择集中点击多段线即可,利用同样的方法选择边 2,完成第一个倒角,如图 4-37 所示,继续选择边 1,边 3,完成第二个倒角,确定,退出倒角命令。完成结果如图 4-38 所示。由于两个倒角的距离不同,所以在选择两个边的时候要注意选择的顺序。

图 4-33 倒角距离

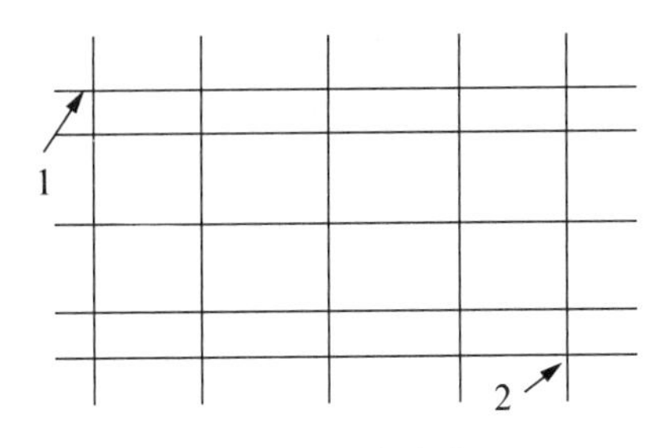

图 4-34 倒角命令

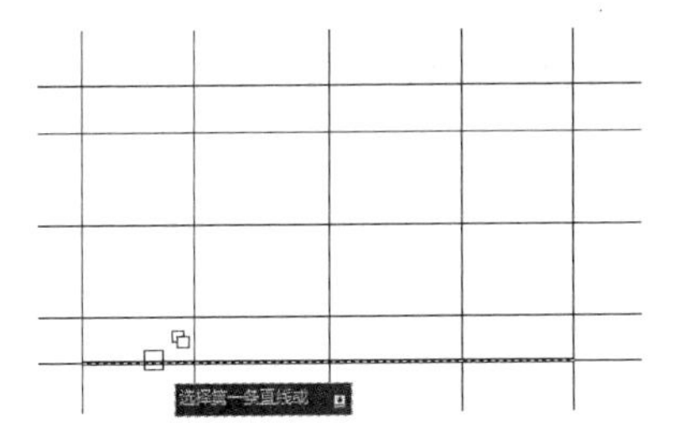

图 4-35 选择直线

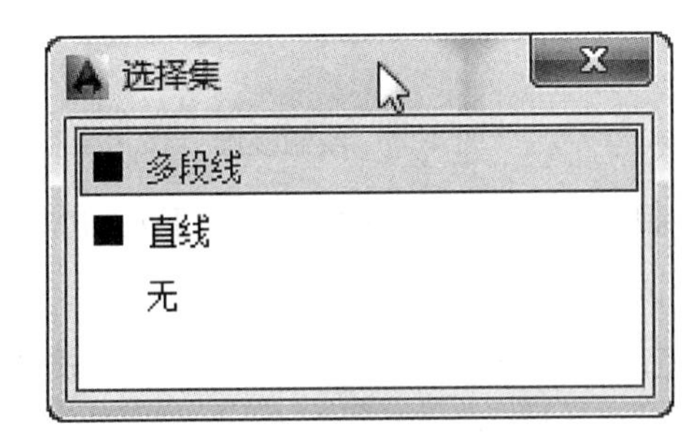

图 4-36 "选择集"对话框

在 AutoCAD 2012 之后新增加了循环选择的功能，即点击重合对象位置，会弹出“选择集”对话框，如果用户不需要(在多数情况下不需要)开启此功能，只需要在状态栏上点击[图标]，或使用“Ctrl＋W”组合键关闭此功能。关闭之后，点击重合位置，选中的是最近绘制过的对象，也就是说，最近绘制的对象在上方。

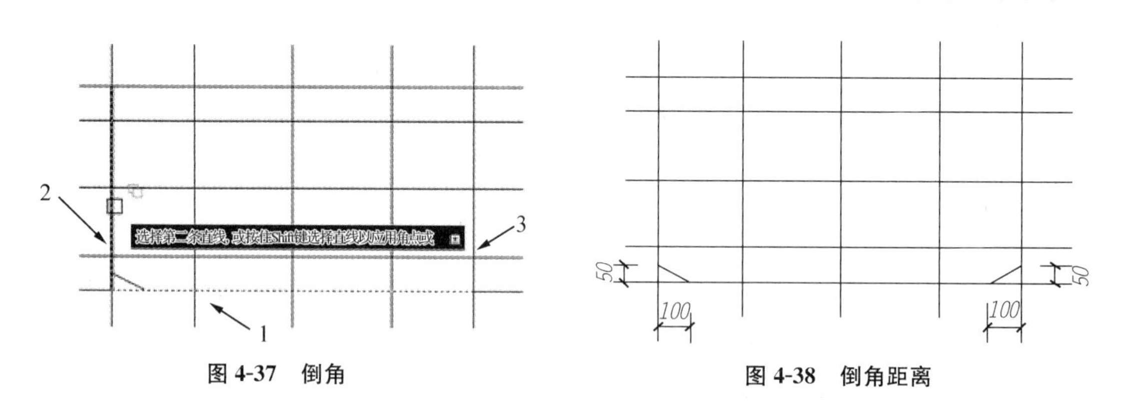

图 4-37 倒角　　图 4-38 倒角距离

第三步：绘制脸盆。

上一案例中，已经学习了椭圆的绘制，下面利用椭圆绘制脸盆。椭圆的绘制需要先确定一个轴，再确定一个半轴，这里以横轴为轴，以竖轴为半轴，执行“EL”椭圆命令，如图 4-39 所示，点击点 1，再点击点 2，这样一个轴就确定了，再点击点 3，确定半轴。

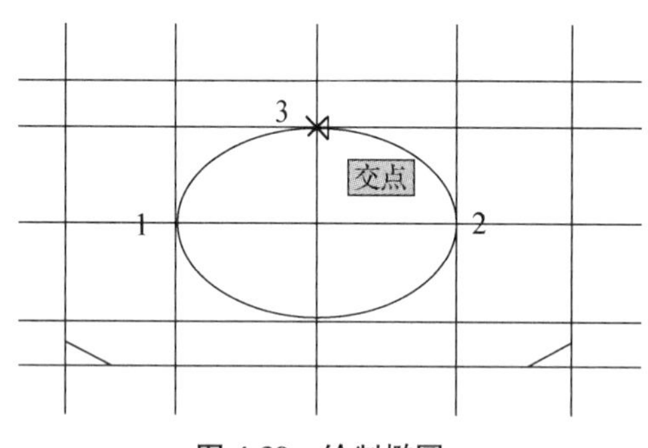

图 4-39 绘制椭圆

以椭圆中心为圆心，绘制一个半径为 30 的圆，作为下水口。

第四步：绘制水龙头。

绘制一个 20×100 的矩形，将其移动到如图 4-29 所示台式洗脸盆水龙头的位置，其中基点位置选择矩形的中心，目标位置为如图 4-39 所示的点 3 位置。

在指定基点的时候，读者可能首先想到的是利用快捷捕捉中的“两点之间的中点”的功能，这里采用另一种方法：对象捕捉追踪(F11)。

提示指定点时，首先开启对象捕捉和对象捕捉追踪功能，鼠标停留在如图 4-39 所示点 1

处 1～2 秒的时间，然后移开鼠标，在点 1 处会出现一个红色的十字标。这个十字标的作用是当光标继续移动到与这个点水平或垂直位置时会出现一条虚线，这条虚线可与其他对象产生虚拟交点，而这些交点同样能被捕捉到，即使不与其他对象相交，也能确保拾取的点在点 1 的水平位置，如图 4-40 所示。如果两个这样的虚线共同作用即可轻松捕捉到矩形的中心，再将鼠标移动到如图 4-41 所示的点 2 处，停留 1～2 秒的时间，在点 2 处也出现了一个红色十字标，鼠标靠近中心位置，出现如图 4-42 所示情况时，点击鼠标左键即可选中。

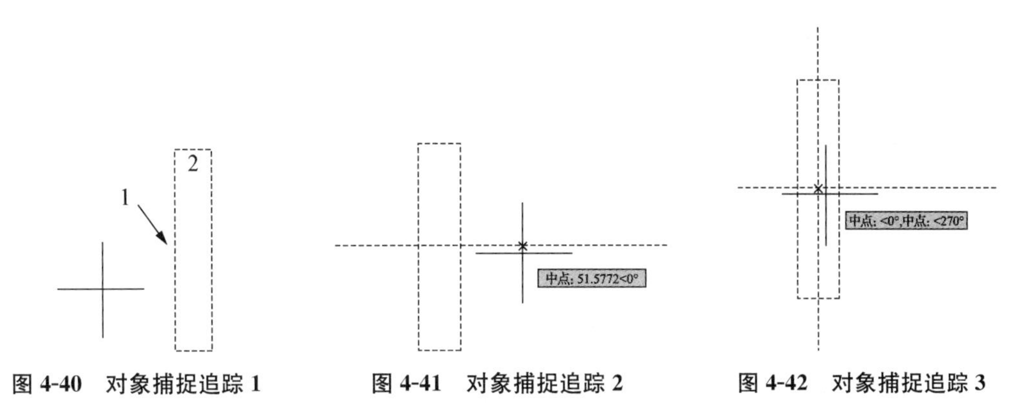

图 4-40　对象捕捉追踪 1　　图 4-41　对象捕捉追踪 2　　图 4-42　对象捕捉追踪 3

第五步：删除辅助线，完成图形的绘制。

第六步：制作图块，命名为“台式洗脸盆”，基点自定，但要选择合理。

4.4.2　酒店雅间平面图的绘制

前面学习了使用简单的命令绘制图形，现在学习了更多的命令，比如：图块、图层等。那么就需要逐渐使绘制的图形规整化，作图一定要严谨。

绘制如图 4-43 所示的雅间平面图。

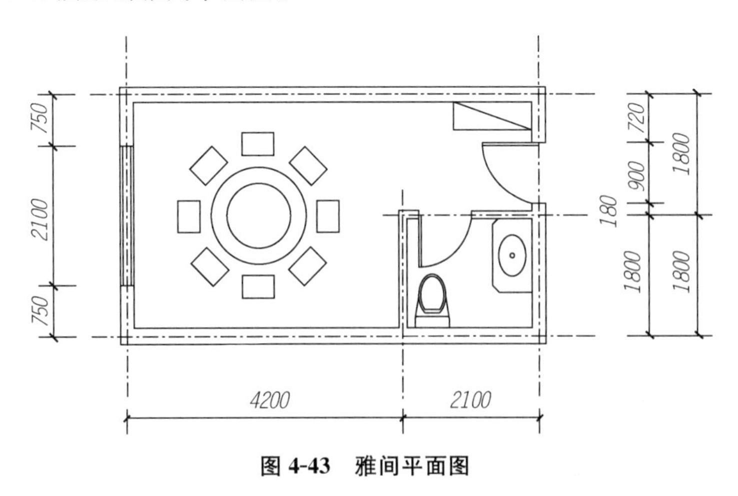

图 4-43　雅间平面图

在前面图形的基础上继续绘制。

执行“E”删除命令，输入“ALL”，确定，表示选择所有对象，再次确定，删除所有对象。

第一步：执行“LA”图层命令，弹出“图层管理”对话框，连续点击新建按钮 6 次，新建 6 个图层，如图 4-44 所示，默认的图层名称为图层 1—图层 5，需要对其重新命名，如图 4-44 所示，点击图层 1 名称处，点击鼠标右键，选择重命名，输入名称：“辅助线”，按回车键确认，再点击图层 2 名称处，按“F2”键，进入名称编辑状态，输入名称：“墙体”，按回车键确认，点击图层 3 名称处，再次点击同一个位置（注意，不要连续快速点击），进入名称编辑状态，输入名称：“门”，使用这三种方法都可以实现图层的重命名，请读者将其余个图层命名为“窗”、“洁具”和“家具”。如图 4-45 所示。

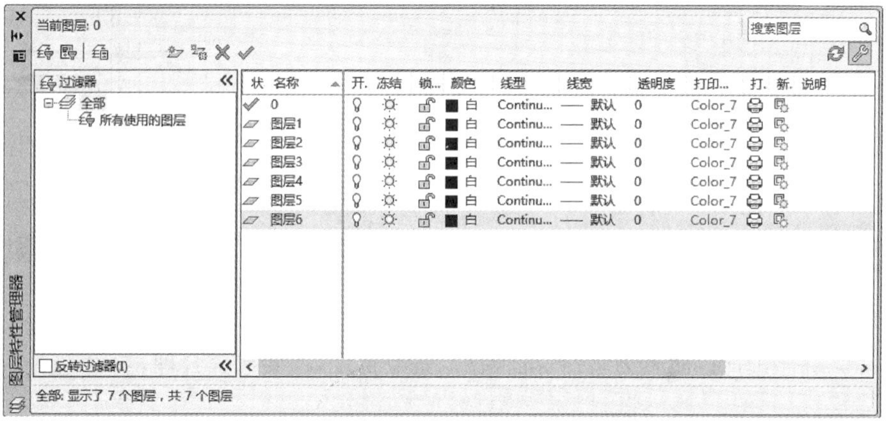

图 4-44　新建图层

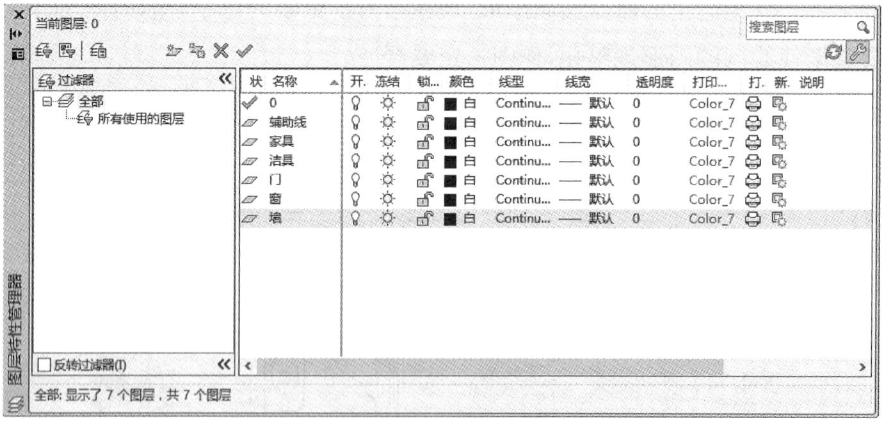

图 4-45　图层命名

下面进行图层颜色的修改，每个图层尽量使用不同的颜色进行区分。点击如图 4-44 所示的辅助线图层的颜色处，弹出“选择颜色”对话框，如图 4-46 所示，共有三个调色板，第一个调色板中包含了编号为 18～249 的颜色，第二个调色板中包含了常用的几种颜色，这些颜色不但有编号，而且有名称，第三个调色板表示灰度颜色。在第二个调色板中选择第一个颜色:红色,点击确定,完成辅助线图层颜色的修改。使用相同的办法依次为其余的图层修改颜色。如图 4-47 所示。

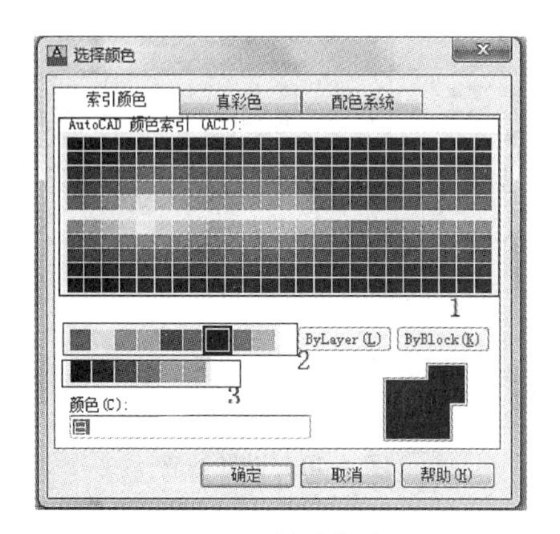

图 4-46　修改颜色

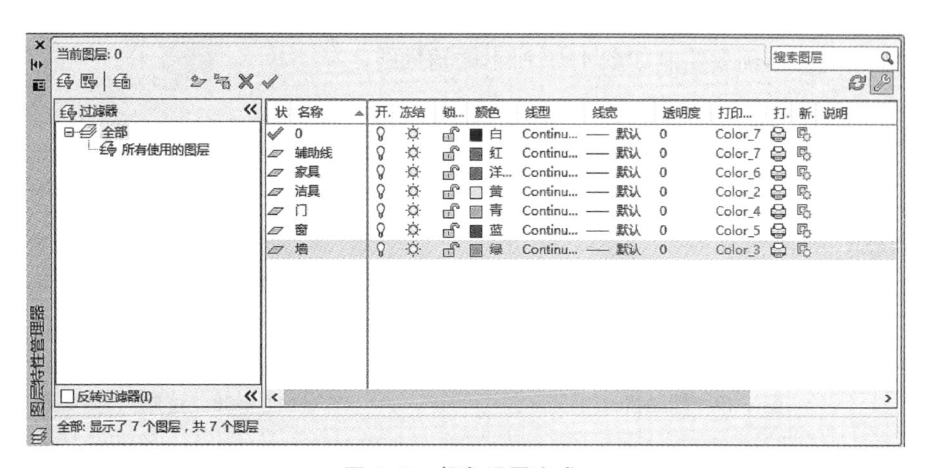

图 4-47　颜色设置完成

修改辅助线线型,点击辅助线的线型处,根据前面第 4.1.1 节的内容设置辅助线的线型为“点划线”。

修改墙图层的线宽,根据第 4.1.1 节的内容调节,调整线宽为 0.50 毫米。

快速连续双击辅助线图层的名称处,可以将辅助线图层置为当前,这与按钮✓的功能是相同的。

修改完成的图层样式如图 4-48 所示。

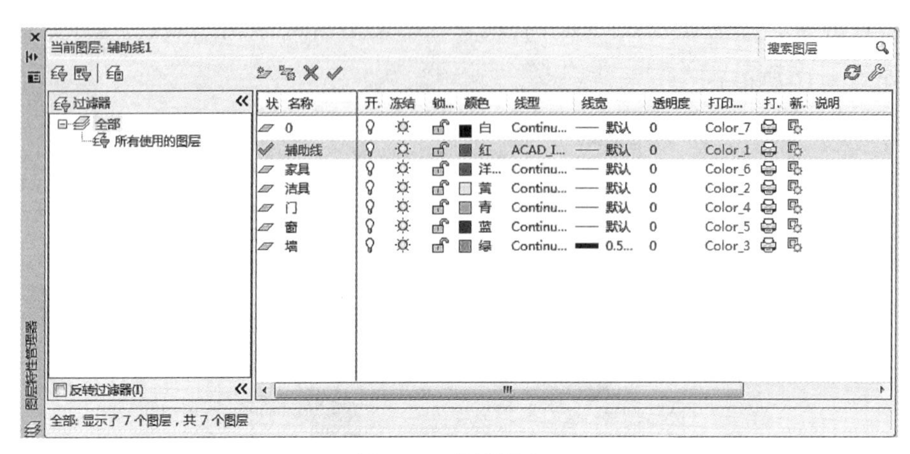

图 4-48　设置线宽

点击关闭按钮，将图层特性管理器关闭。

第二步：绘制辅助线。

分析原图可知，需要绘制如图 4-49 所示的辅助线。

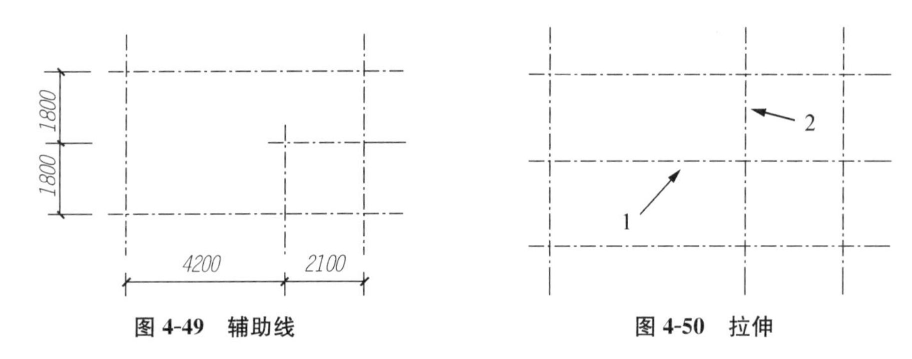

图 4-49　辅助线　　　**图 4-50　拉伸**

首先利用所学知识，绘制出如图 4-50 所示的辅助线，然后需要将直线 1、2 变短，可以利用修剪命令，将其修剪。这里学习新的命令："S"拉伸命令。

"S"拉伸命令通过改变图形对象上一些关键点（端点）的位置，从而改变图形本身的长度、形状或位置。

通过拉伸命令，可以重定位穿过或在交叉窗口内的对象的端点。以便达到两个目的：

(1) 将拉伸交叉窗口部分包围的对象。

(2) 将移动（而不是拉伸）完全包含在交叉窗口中的对象或单独选定的对象。

> 拉伸命令有两个要点：(1) 必须使用交叉窗口选择对象；
>
> (2) 必须选择要拉伸图形对象的端点。
>
> 执行拉伸命令，如果是 AutoCAD 2005 以前的版本，只能一次性选择对象，不能多次选择，2006 以后的版本可以多次选择。

执行拉伸命令与移动和复制命令类似，需要首先为拉伸指定一个基点，然后指定位移点。

要进行精确拉伸，需要使用对象捕捉、栅格捕捉和相对坐标输入。

执行“S”拉伸命令，使用交叉窗口选择直线 1 的左端点，如图 4-51 所示，指定基点，向右拖动鼠标，注意要开启正交模式，到适当位置，指定目标点。使用同样的方法，将直线 2 拉伸，得到如图 4-49 所示的结果。

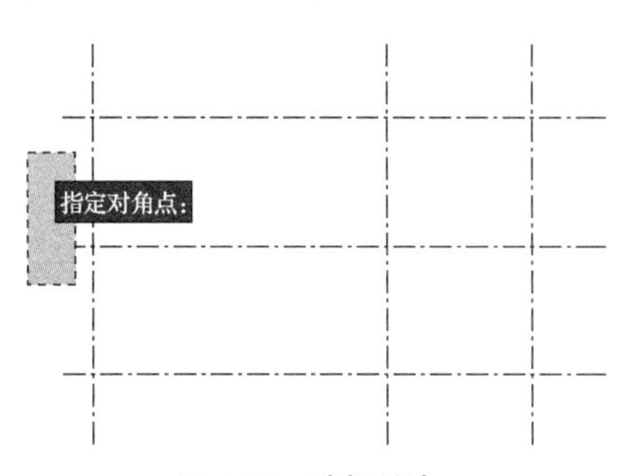

图 4-51　选择端点

第三步：绘制墙体。

新建两种多线样式：“Q”与“C”分别代表“墙体”和“窗”。具体设置方法参照前面章节的内容。

在前面的章节中，学习了多线的使用，在编辑多线样式时，采用的是汉字名称，在使用多线的过程中，因为要切换多线样式，所以需要切换输入法来确保能输入汉字，这样就浪费了作图时间。所以在以后的学习中，本书作者建议用户使用简单明确的英文字母来命名多线样式。

在常用选项卡点击图层面板的图层名称处，如图 4-52 所示。将弹出图层的下拉窗口，如图 4-53 所示，点击“墙”图层，则会将墙图层置为当前层。

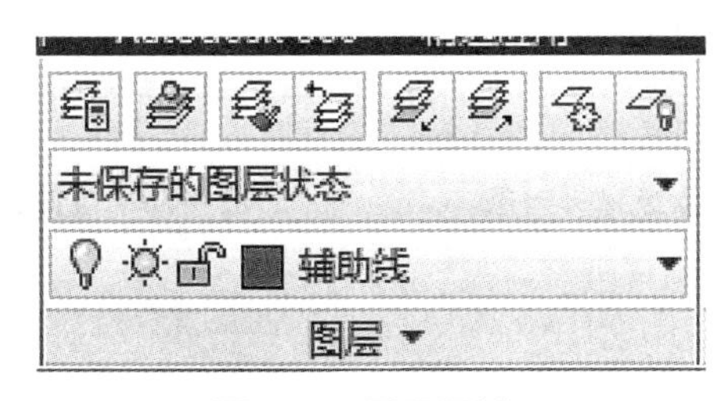

图 4-52　图层面板

图 4-53　置为当前层

执行"ML"多线命令，设置多线三个选项为"对正 = 无，比例 = 240.00，样式 = Q"，绘制外圈墙线，如图 4-54 所示。再次执行"ML"多线命令，设置多线的三个选项为"对正 = 无，比例 = 120.00，样式 = Q"，绘制卫生间隔墙，如图 4-55 所示。绘制完成的墙线出现如图 4-55 所示的两个 T 型连接，需要进行多线编辑，执行"MLedit"或双击任意一条多线，弹出"多线编辑"对话框，选择 T 型打开，回到绘图区域，首先选择多线 1，再选择多线 2，完成第一个连接编辑，再选择多线 3，然后选择多线 4，完成第二个连接编辑，确定，退出多线编辑命令。

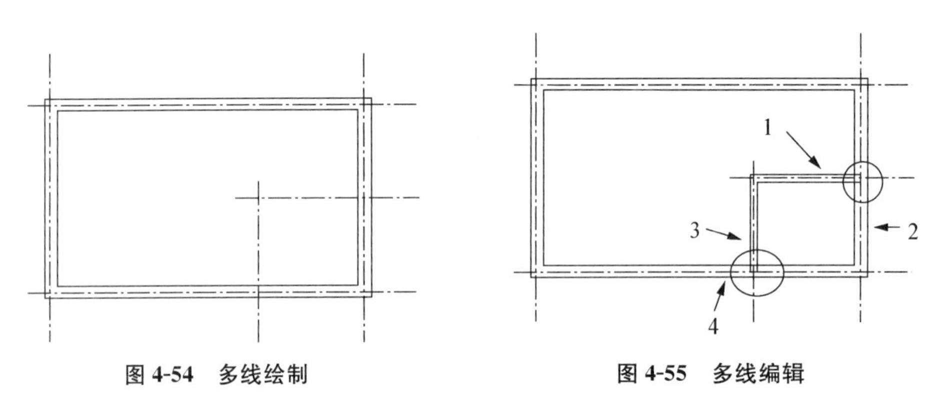

图 4-54　多线绘制　　　　图 4-55　多线编辑

> 在进行 T 型打开操作时，务必首先选择 T 型的第二笔，再选择 T 型的第一笔，如果选择顺序颠倒，完成的效果将出现错误。

第四步：绘制门窗辅助线，开门窗洞口。

执行"O"偏移命令，参照如图 4-43 所示的尺寸，偏移窗户辅助线，结果如图 4-56 所示。执行"S"拉伸命令，利用交叉窗口选择第一个端点，如图 4-56 所示，再选择第二个端点，如图 4-57 所示，确定，指定合适的基点，向左拖动鼠标，到适当位置，点击鼠标左键，完成辅助线的编辑，如图 4-58 所示。采用相同的办法，完成其余辅助线的绘制，如图 4-59 所示。

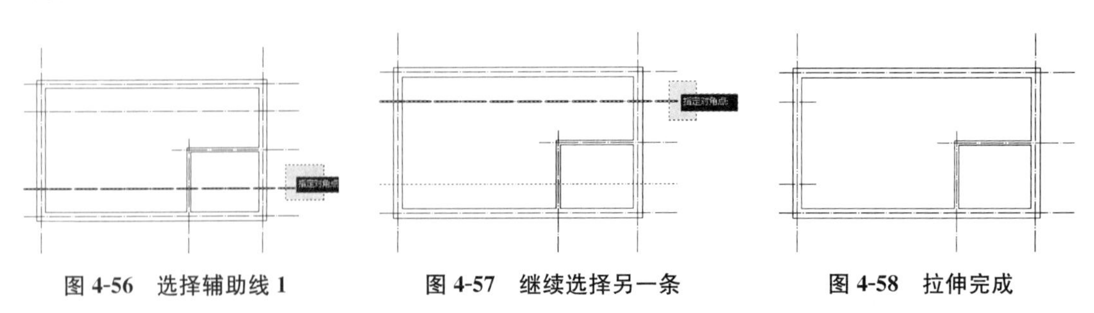

图 4-56　选择辅助线 1　　　　图 4-57　继续选择另一条　　　　图 4-58　拉伸完成

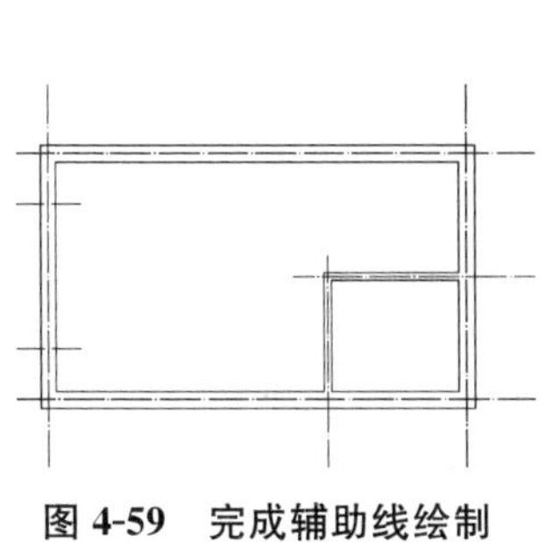

图 4-59　完成辅助线绘制

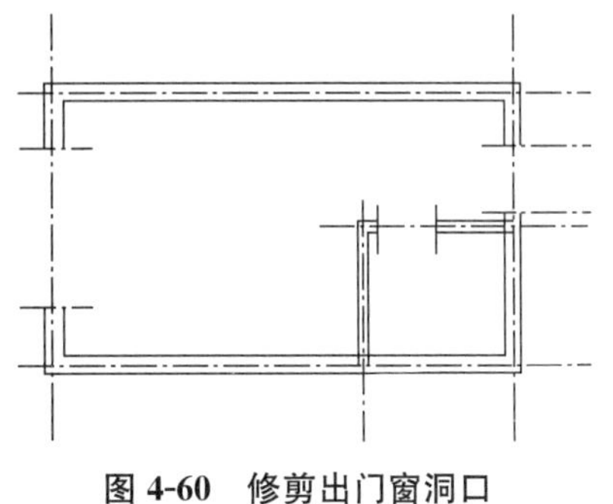

图 4-60　修剪出门窗洞口

执行“TR”修剪命令，直接确定选择所有为边界，依次点击洞口处的多线，完成修剪，如图 4-60 所示。

第五步：绘制窗户。

切换到窗户图层，执行“ML”多线命令，设置三个选项为“对正 = 无，比例 = 240.00，样式 = C”，绘制窗户，如图 4-61 所示。

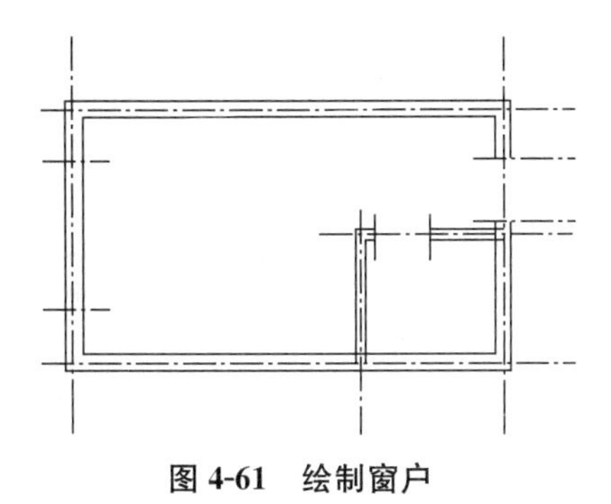

图 4-61　绘制窗户

> 绘制窗户的时候需要捕捉两个多线封口处的中点，而这两个中点与辅助线的中点很近，容易误选，所以选择中点时，务必要放大视图，选择准确。随时放大或缩小视图，能够有效提高绘图的质量，避免出错。

第六步：绘制门。

图形中，有两个样式相同的门，像这种在一个图形中经常使用到的图形单元，最好使用图块来绘制。

首先制作一个如图 4-62 所示的图块。

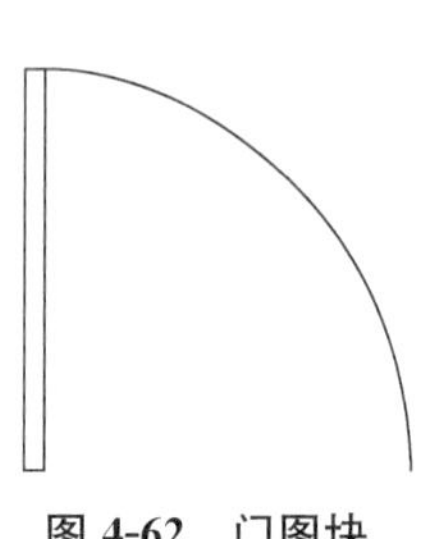

图 4-62　门图块

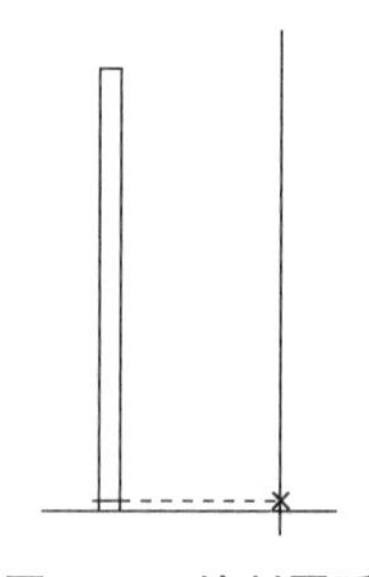

图 4-63　绘制圆弧

在任意位置绘制一个 50×1000 的矩形。接下来需要绘制圆弧，执行“A”圆弧命令，提示指定起点，在 AutoCAD 中圆弧的绘制顺序是逆时针绘制，那么起点需要选择右下角的点，可以利用对象捕捉追踪的方式绘制，鼠标移动到矩形左下角的点(圆弧的圆心)处，停留 1～2 秒钟的时间，向右移动鼠标，出现如图 4-63 所示的样式，直接输入 1000，确定，即可指定起点，输入 C，确定，指定圆心(矩形左下角的点)，再指定端点(矩形左上角的点)，完成圆弧的绘制。

执行“B”图块命令，制作图块，命名为“门”，基点为矩形左下角的点。

切换到门图层，执行两次“I”插入命令，调整比例分别为 0.9 和 0.8，插入到入口门和卫生间门位置，如图 4-64 所示。

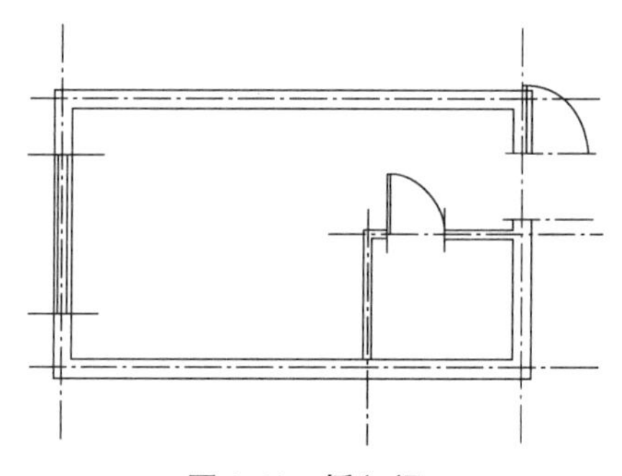

图 4-64　插入门

两处的门都需要进行调整，首先来调整入口处的门。执行“RO”旋转命令，选择入口处的门，确定，指定门的基点作为旋转的基点，所谓旋转命令的基点就是旋转的中心点，命令行提示指定旋转角度，可以直接输入 90，确定，也可以使用鼠标指定角度，正交模式，鼠标向上移动到大约基点正上方，点击任意点，代表逆时针旋转 90 度。如图 4-65 所示。

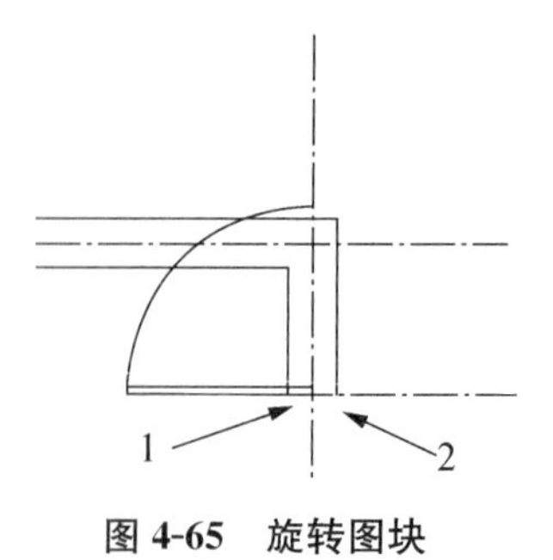

图 4-65　旋转图块

下面需要对这个门进行镜像操作，所谓的镜像就是让物体对称，完成镜像命令主要依靠正确选择“镜子”即对称轴的位置，而对称轴需要用两点来控制。执行“MI”镜像命令，选择门，确定，鼠标点击点 1，再点击点 2，提示行提示是否需要删除源对象，这里输入“Y”，确定，表示删除源对象，如图 4-66 所示。

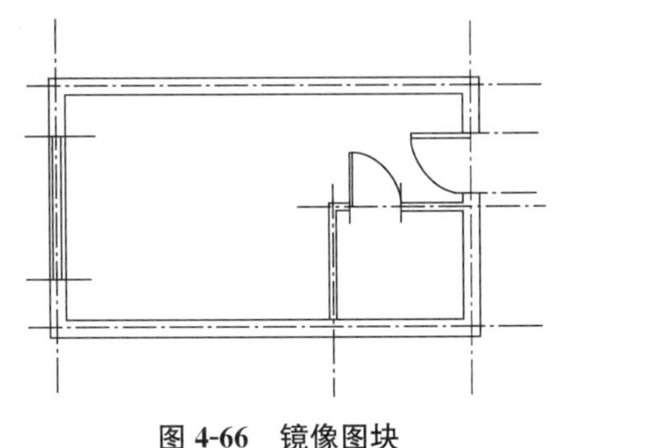

图 4-66　镜像图块

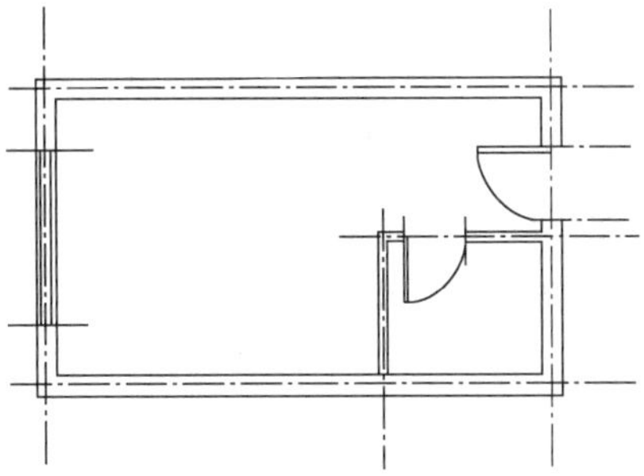

图 4-67　完成门绘制

利用镜像命令，将卫生间的门镜像，结果如图 4-67 所示。

绘制完门之后，选中“门”会发现，我们忘记切换图层了，即门被放到了窗图层上，那么如何将绘制好的门改到门图层上呢?

①直接选择入口处的门，在图层面板处选择门图层即可，如图 4-68 所示。

②在图层面板下拉菜单中点击，提示选择对象，选择卫生间的门，确定，也能将图层改变。

第七步：插入图块。

切换到洁具图层，将前面做的图块插入到图形中，然后使用移动命令，将其移动到如图 4-42 所示的位置，注意移动的时候灵活使用对象捕捉，比如利用对象捕捉中的最近点等特殊点。

切换到家具图层，制作“八人餐桌”，并将餐桌图块插入到图形中。

制作如图 4-69 所示的图块，命名为“柜子”，放置到如图 4-43 所示的位置。

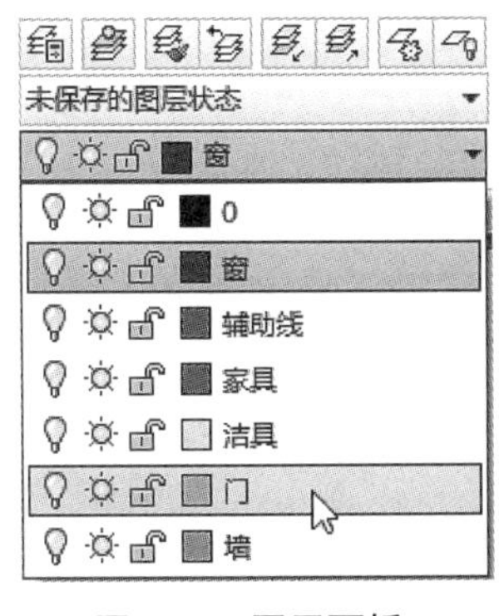

图 4-68　图层面板

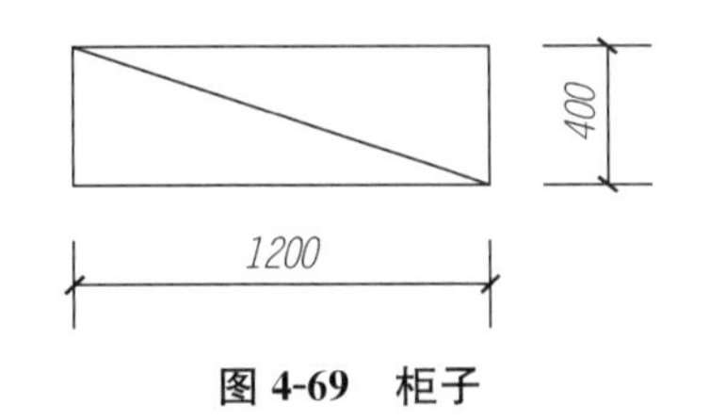

图 4-69　柜子

第八步：删除门窗辅助线，完成如图 4-43 所示的图形。

4.5 BE(Blockedit)图块编辑

在日后的绘图工作中,往往需要大量的修改图形。如果需要将图 4-13 中圆桌图块中的方凳改为圆凳,有两种方法:第一种是将圆桌图案分解,分解命令为“X”,然后删除掉原有的圆凳,重新进行绘制圆桌;第二种方法是图块编辑。

执行“BE”图块编辑命令,弹出“编辑块定义”对话框,如图 4-70 所示,选择“八人餐桌”,确定,进入图块编辑器。在图块编辑器中只显示编辑的图块,不显示其他图形。在圆心处显示一个坐标,该坐标的位置为圆桌图块的基点。

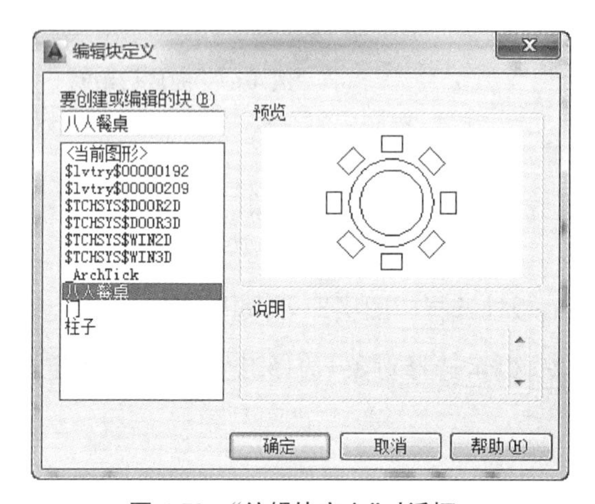

图 4-70 “编辑块定义”对话框

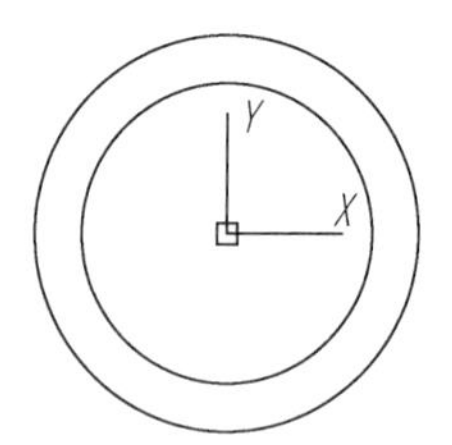

图 4-71 删除方凳

执行“E”删除命令,将原有的方凳删除,如图 4-71 所示。中心绘制一个半径为 200 的圆,作为圆凳,放在圆桌下方,重新使用阵列命令对圆凳进行阵列,结果如图 4-72 所示。

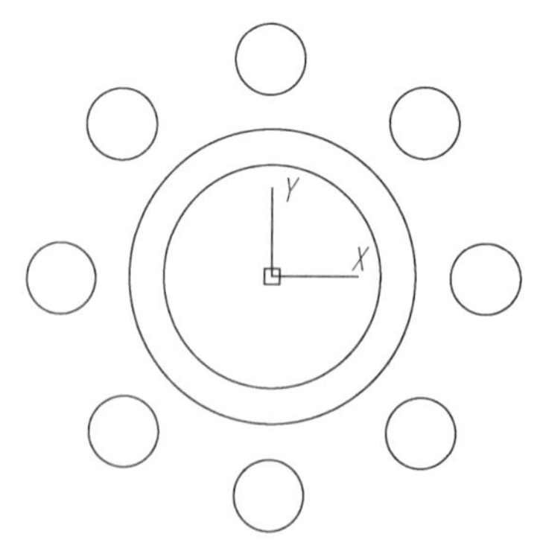

图 4-72 圆凳阵列

修改完成后,点击右上角,弹出如图 4-73 所示的对话框,点击“将更改保存到八人餐桌(S)”退出块编辑器。如图 4-74 所示,块修改完成。

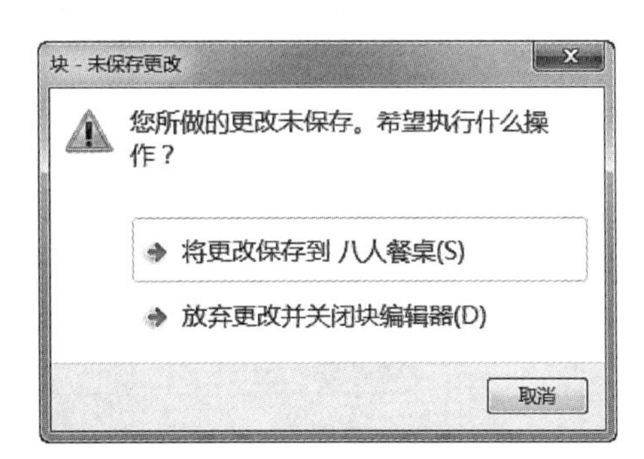

图 4-73　“未保存更改”对话框

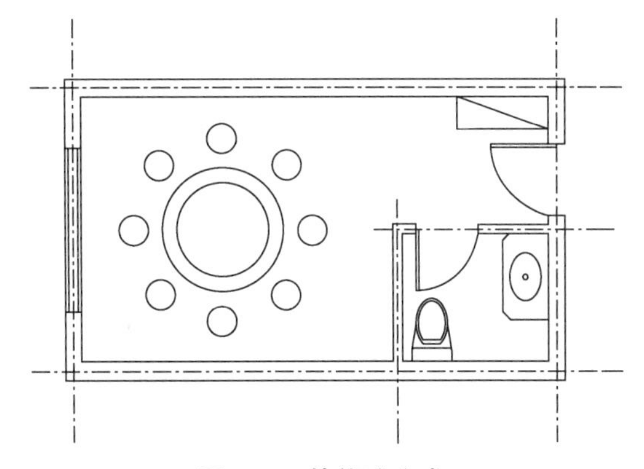

图 4-74　块修改完成

【命令回顾】

命令内容	英文全称	快捷方式
圆　弧	Arc	A
直　线	Line	L
圆	Mline	C
偏　移	Mlstyle	O
矩　形	Rectang	REC
整　列	Array	AR
图　块	Blak	B
插　入	Insert	I
椭　圆	Ellipse	EL
倒圆角	Fillet	F
移　动	Move	M
修　剪	Trim	TR

续表

命令内容	英文全称	快捷方式
倒 直 角	Chamfer	CHA
删　　除	Erase	E
图层特性管理器	Layer	LA
拉　　伸	Stretch	S
多　　线	Mline	ML
旋　　转	Rotate	RO
镜　　像	Mirror	MI
分　　解	Explode	X
编辑块定义	Bedit	BE

功　　能	快 捷 键
新　　建	Ctrl+N
保　　存	Ctrl+S
对象捕捉追踪	F11

第五章　AutoCAD 2014 命令及功能的深入理解

【学习提示】在前面四章里我们学习了很多绘图及修改命令，但都只是学习了一些命令的基本使用方法，要想提高作图质量与速度，就要理解各个命令的全部内容。

5.1　命令术语

命令提示行是 AutoCAD 的精华所在，读者通过命令提示行，可以更加方便快捷地理解并使用 AutoCAD 的各项命令。在学习过程中，读者应该多注意观察命令提示行的命令提示，进而更加深入地理解其功能和命令。

5.1.1　键入命令

初学者在前面的学习中，往往有不知何时输入命令的情况。

在没有命令执行的情况下，命令提示窗口提示“键入命令”如图 5-1 所示，这时才能输入绘图或修改命令。

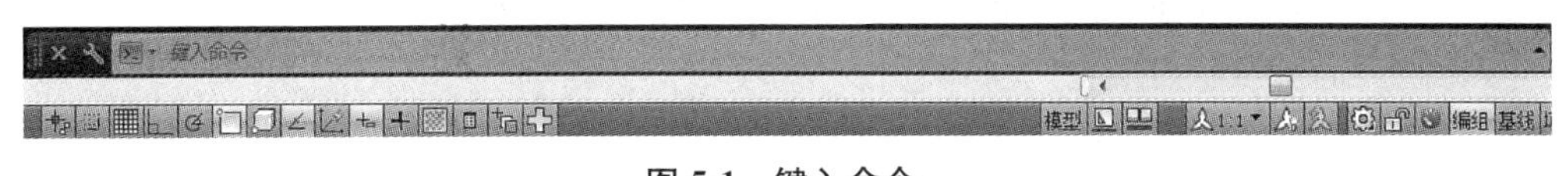

图 5-1　键入命令

另一个体现则是十字光标的显示状态，在如图 5-2 所示的条件下表示可以键入命令。

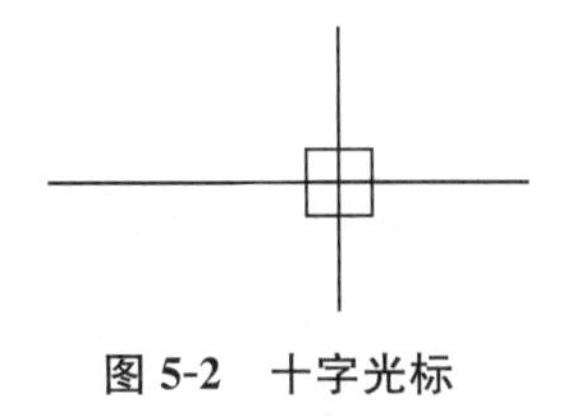

图 5-2　十字光标

5.1.2　指定点

在执行很多命令时，命令提示窗口都会有“指定点”的提示，比如绘制直线时会出现“指定起点”，“指定下一点”的提示；在绘制矩形时，会出现“指定第一个角点”“指定对角点”的提示；在定义图块时，要指定基点。

指定点的方式有两种:一种是利用 AutoCAD 的四种坐标体系,键盘输入坐标的方式;另一种则是利用鼠标左键点击相应位置,可以依靠对象捕捉,对象捕捉追踪等功能实现精确定位。

5.1.3 指定距离

在第二章的学习中,通过一个任意半径的圆和一个确定半径的圆来学习了圆的绘制。事实上这是采用了两种指定距离的方式:鼠标指定和键盘输入。

如图 5-3 所示,在绘制圆时,提示指定半径时,会出现一条颜色较浅的线,鼠标移动时,这条线会随之变化,可以依靠对象捕捉等命令准确确定半径。也可在提示指定半径时输入半径的确切值来确定半径。

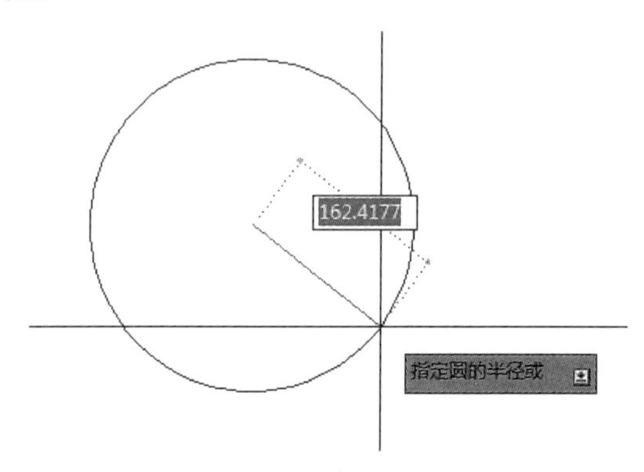

图 5-3 指定半径绘制圆

在执行偏移命令时,也会提示指定偏移距离,下面通过实例来练习:

如图 5-4 所示,我们需要将直线 3 向右上方偏移,偏移距离与直线 1、2 之间的距离相同。

图 5-4 偏移

方法一:执行"DI"测量命令,依次鼠标左键单击直线 1、2 左侧端点,命令行会显示距离=100。执行"O"偏移命令,提示指定偏移距离,输入 100,确定,如图 5-5 所示,选择直线 3,向上移动鼠标点击任意点,确定,完成偏移。

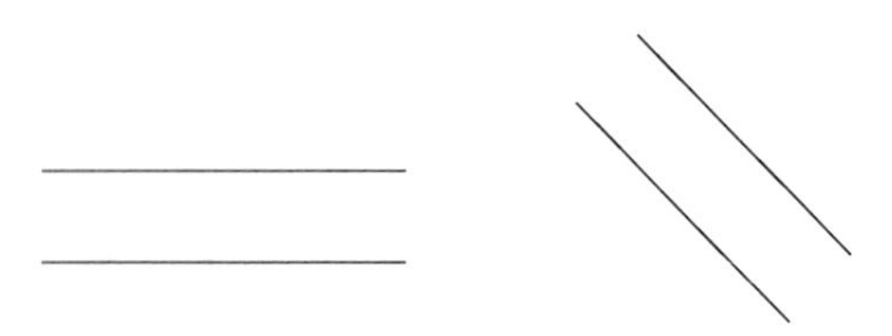

图 5-5 查询距离方式偏移

方法二：执行“O”偏移命令，提示指定偏移距离，此时移动鼠标，直接点击直线 1 左侧的端点，再移动鼠标，会出现了一条浅色的线，如图 5-6 所示，再点击直线 2 左侧的端点，提示选择要偏移的对象，选择直线 3，向上移动鼠标点击任意点，完成偏移。

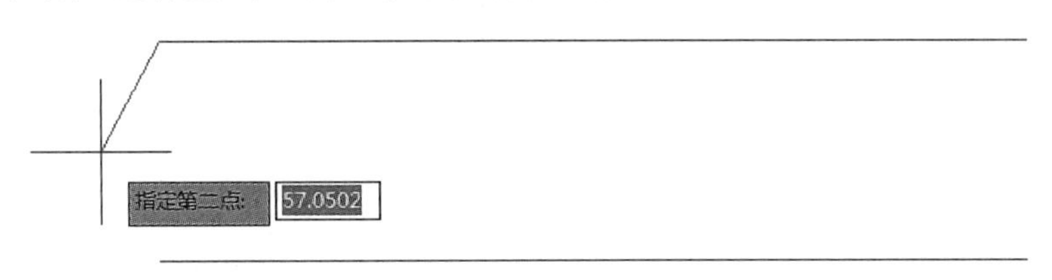

图 5-6 指定距离方式偏移

5.1.4 插入命令

大多数命令在执行的过程中还需要输入其他的选项，如在绘制直线的过程中，到第 3 步之后出现如图 5-7 所示提示，在“或”字前面的是默认的操作方式，而在“或”字后面则是插入命令，如果要执行“放弃”，输入 “U”，确认即可。

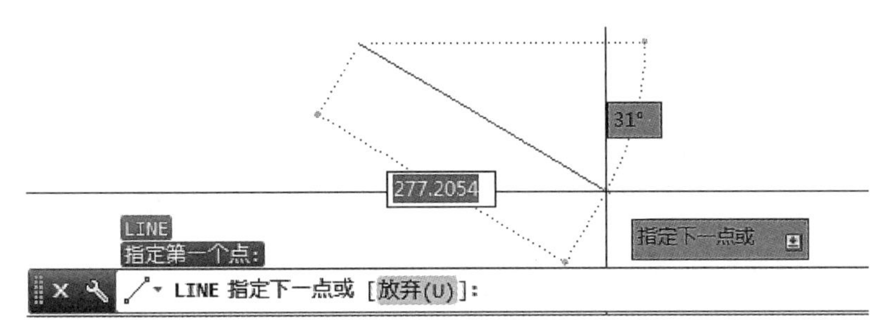

图 5-7 命令提示行提示

在绘制有些图形时，如果按照常规的步骤是绘制不出来的，必须使用插入命令选择其他的方式，这在制作“门”图块，绘制圆弧的时候就已经用过了。

5.1.5 “[ ]”

在绘制图形过程中，常常会遇到如图 5-7 所示命令提示行中出现“[××]”的提示，这个方括号表示插入其他命令，当提示方括号内容时，表示可以执行括号内的命令，如图 5-8 所示，在绘制圆时，键盘输入“C”，确定，会发现命令提示行提示“指定圆的圆心或 [三点(3P)/两点(2P)/切点、切点、半径(T)]”，用户可以直接确定，然后指定圆心，指定半径画圆；也可以输入方括号里面的提示内容，比如再输入“T”，则是按照“切点、切点、半径”方式画圆，即分别指定两个切点，再指定一个半径长度的方式，按照命令提示行提示操作，如图 5-9～图 5-12所示，完成绘制。

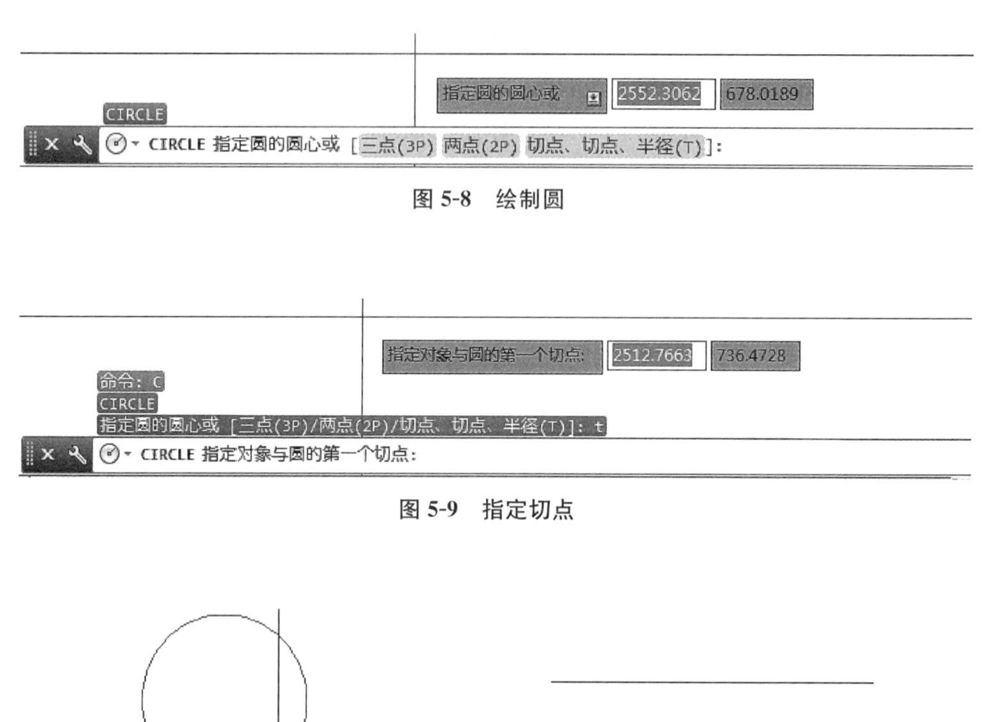

图 5-8　绘制圆

图 5-9　指定切点

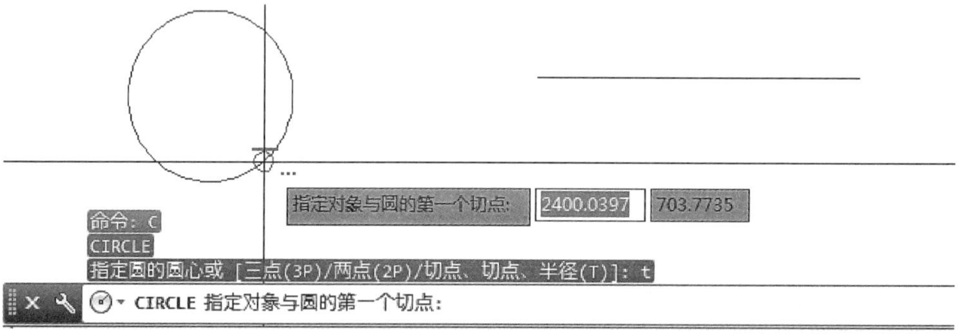

图 5-10　指定切点

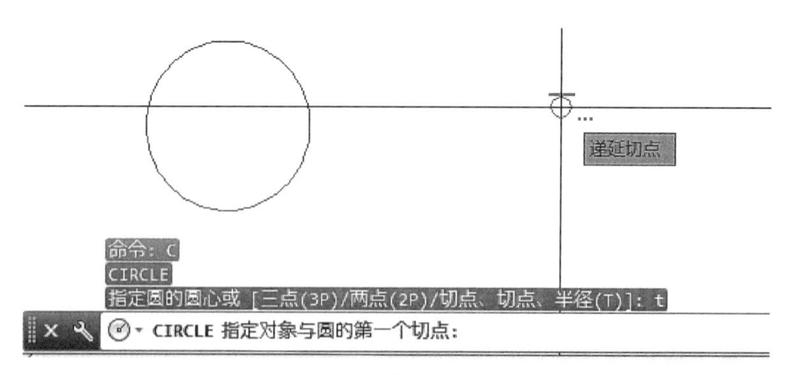

图 5-11　指定切点

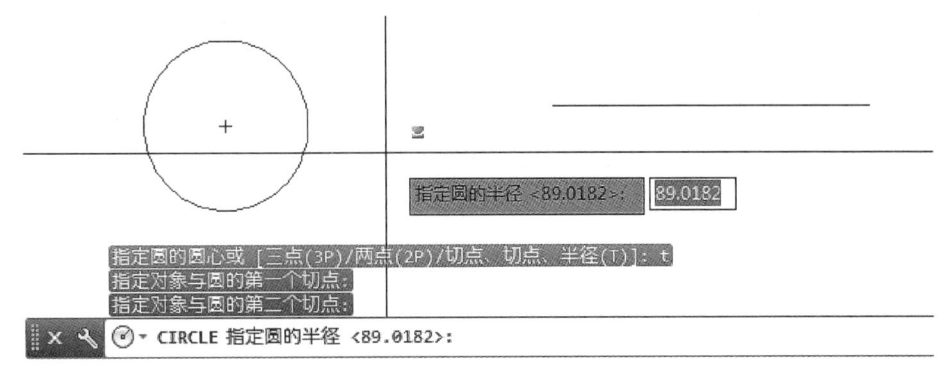

图 5-12　指定半径

5.1.6 “＜　　＞”

在绘制图形执行命令的时候，用户还经常会遇到如图 5-12 所示命令提示行中提示有“＜××＞”形式的命令提示，上一小节中讲到方括号表示可以插入方括号内的命令，而“＜　＞”则表示，若用户不输入任何命令，直接通过空格键或“Enter”键确定时，AutoCAD 2014 将默认执行尖括号内的命令。

如图 5-13 所示，执行“O”偏移命令，命令提示行提示“指定偏移距离或[通过(T)/删除(E)/图层(L)]＜通过＞”，先不管尖括号里的内容，直接输入要偏移的距离，比如输入 30，选择偏移对象，偏移方向，完成偏移，如图 5-14 所示。

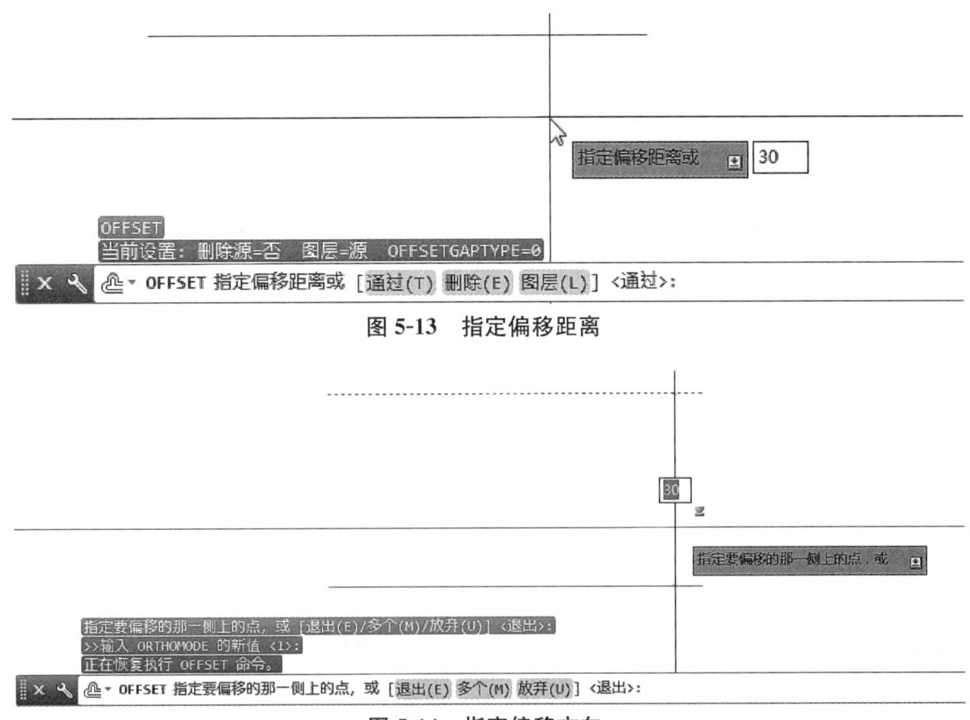

图 5-13　指定偏移距离

图 5-14　指定偏移方向

再次键入"O"偏移命令，如图 5-15 所示，会发现命令提示行提示："指定偏移距离或［通过(T)/删除(E)/图层(L)］<30.0000>"，与图 5-13 相比，会发现提示内容中尖括号内的内容发生了改变，由"通过"变成了"30"，由此想到，尖括号中的内容是继承了该命令前一次使用时的设置和数据。这样就可以使用户更加快速方便地操作。

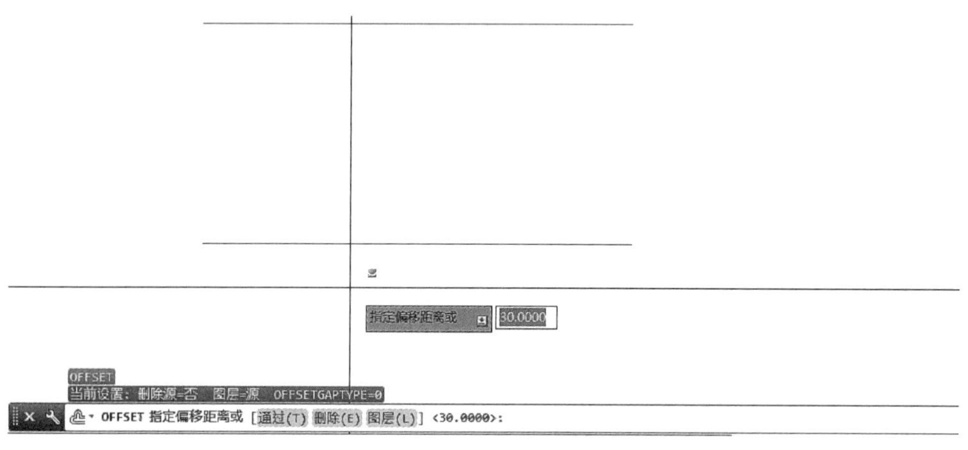

图 5-15　偏移

5.2　部分命令深入讲解

前面章节讲了基础的命令术语，接着学习命令的深入理解，这里只讲解部分命令，通过对这些命令的深入理解，读者就可以自行探索学习其他命令的深入功能。

5.2.1　矩形 REC (Rectang)

执行"REC"矩形命令，如图 5-16 所示，命令提示行提示："指定第一个角点或［倒角(C)/标高(E)/圆角(F)/厚度(T)/宽度(W)］"，中括号中这五个可选项中标高和厚度这两个是三维图形中使用的，这里不做讲解，其他三个都是二维图形中常用的一些命令。

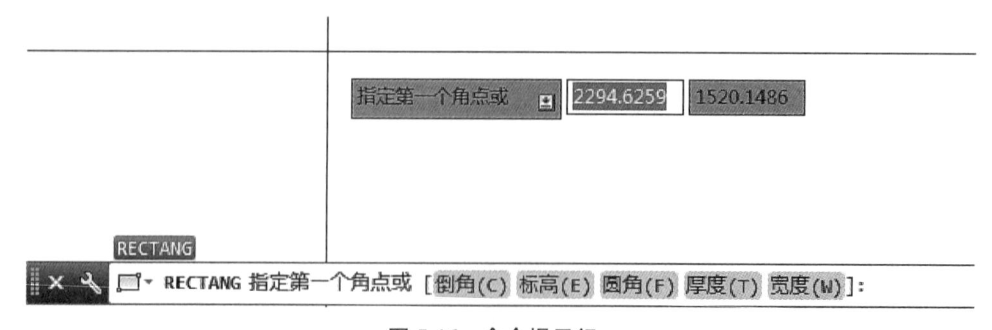

图 5-16　命令提示行

利用矩形命令，可以绘制如图 5-17 所示的四种图形，方法是执行矩形命令过程中，通过选取子命令来设置矩形的倒角、圆角、线宽等步骤。

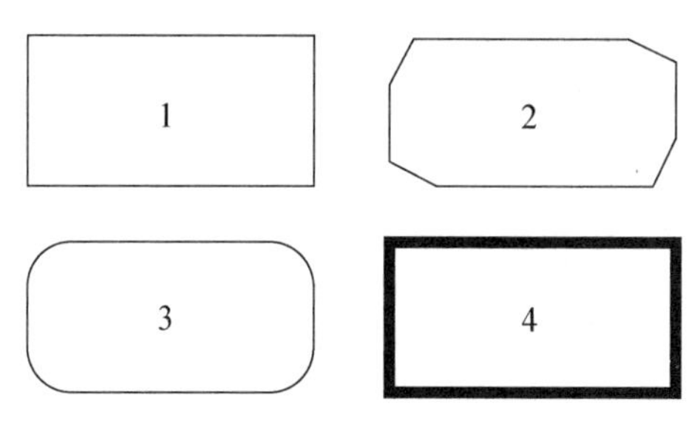

图 5-17　矩形绘制四种图形

(1) 命令行输入“REC”，确定，指定第一角点，任意给定，然后指定对角点，输入对角点坐标(600,300)，就可以得到如图 5-17 所示的 1 图。

(2) 重复执行命令，直接按空格键，先不要指定第一角点，而是先输入“W(Width)”，确定，更改线宽，输入值 30，确定。然后指定第一角点，任意给定，再指定对角点，输入对角点坐标(600,300)，就可以得到如图 5-17 所示的 4 图。

(3) 按空格键，再次重复矩形命令，输入“W”(Width)，更改线宽为 0，确定，然后输入“C”(Chamfer)，确定，指定切角的第一段距离，输入 100，确定，指定切角的第二段距离，默认也是 100，改为 50，确认。指定第一角点，任意给定，然后指定对角点，输入对角点坐标(600,300)，就可以得到如图 5-17 所示的 2 图。

(4) 继续重复矩形命令，输入“F”(Fillet)，确定，设置圆角，指定圆角的半径，输入 100，确定。指定第一角点，任意给定，然后指定对角点，输入对角点坐标(600,300)，就可以得到如图 5-17 所示的 3 图。

5.2.2　多段线 PL (Pline)

“PL”(Pline 多段线)的应用较广，可以绘制多种图形，这里列举了五种常用类型，很多图案的绘制要输入子命令，在执行命令过程中，选择合适的子项目，进行设置后才可以绘制不同样式的图形，如图 5-18 所示。

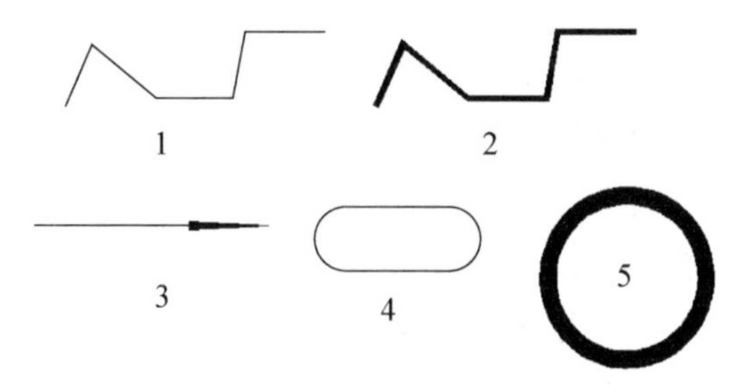

图 5-18　多段线

(1) 命令行输入“PL”，确定，要求指定图形的点，任意给定几个点就可以得到如图 5-18

所示的 1 图。

(2) 重复执行“PL”命令,任意给定第一点,然后输入“W”(Width),设置线的宽度。请注意,一条线段有两个点,起点和终点,那么确定线的宽度就会有起点宽度和终点宽度,因而接着给定起点宽度比如 10,确定,终点宽度也是 10,确定,这样就可以继续给定任意几个点而得到如图 5-18 所示的 2 图。

(3) 重复执行“PL”命令,任意给定第一点,输入“W”(Width),确定,更改线宽为 0,确定,打开正交模式,指定下一点输入 800,然后再输入“W”(Width),确定,设置宽度,起点宽度输入 30,确定,端点宽度为 0,确定,然后向起点方向指定另外一点输入 600,形成如图 5-18 所示的 3 图的箭头样式,确定。注意此时要保证在正交模式打开的情况下绘制图形。

(4) 重复执行“PL”命令,任意给定第一点,输入“W”(Width),更改线宽为 0,确定,画一段 3000 长的水平线段,再输入“A”(Arc),确定,此时多段线成为圆弧段,指定圆弧的下一点输入(@0,-1000),然后再输入“L”(Line),确定,指定下一点输入 3000,绘制直线段,再次输入“A”(Arc),捕捉起点作为圆弧的结束点,回车结束得到如图 5-18 所示的 4 图。

(5) 重复执行“PL”命令,任意给定第一点,输入“W”,确定,更改线宽为 30,确定,指定起点,然后输入“A”,确定,给定圆弧终点输入(@0,-2000),然后捕捉起点,确定。这样就可以得到如图 5-18 所示的 5 图。

5.2.3 正多边形 POL (Polygon)

前面学过,正多边形“POL”命令是创建等边闭合多段线。用户可以指定多边形的各种参数,包含边数。如图 5-19 所示显示了内接和外切选项间的差别。

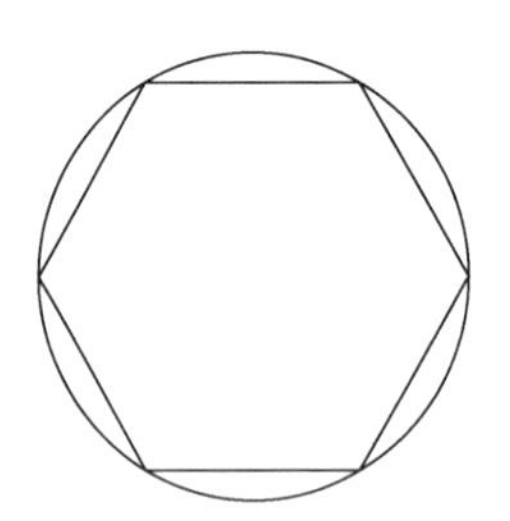
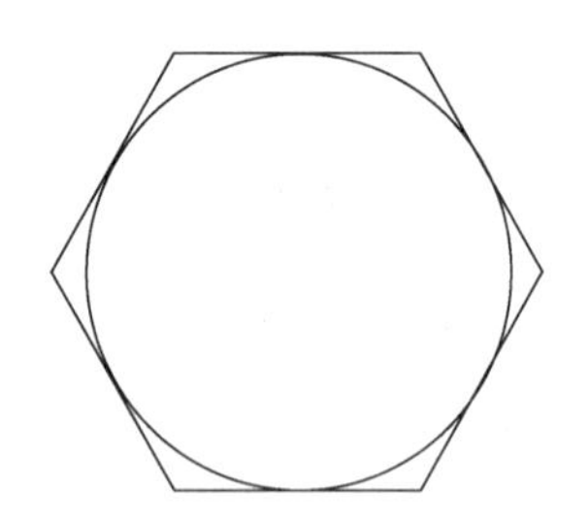

图 5-19 正多边形

执行正多边形“POL”命令,如图 5-20 所示,命令提示行提示指定多边形的边数,这个边数范围是 3~1024,输入 6,绘制正六边形,会提示指定正多边形的中心点或边,如图 5-21 所示。在知道正多边形边长的情况下可以选择“边”的命令,但大多数情况是不知道正多边形的边长的,一般是借助圆来绘制正多边形。继续上面的绘制,通过指定中心点的方式绘制正多边形。如图 5-22 所示,通过捕捉圆心,指定中心点,然后命令提示行提示将要绘制的正多边形与圆的关系:内接还是外切,如图 5-23 所示,选择内接于圆,确定,命令提示行这时候会提示指定圆的半径。指定圆半径的方式有两种,一种是通过鼠标点击,捕捉圆周上的点指定半径，用这种定点指定半径的方式，可以决定正多边形的旋转角度和尺寸，如图 5-24 所示。

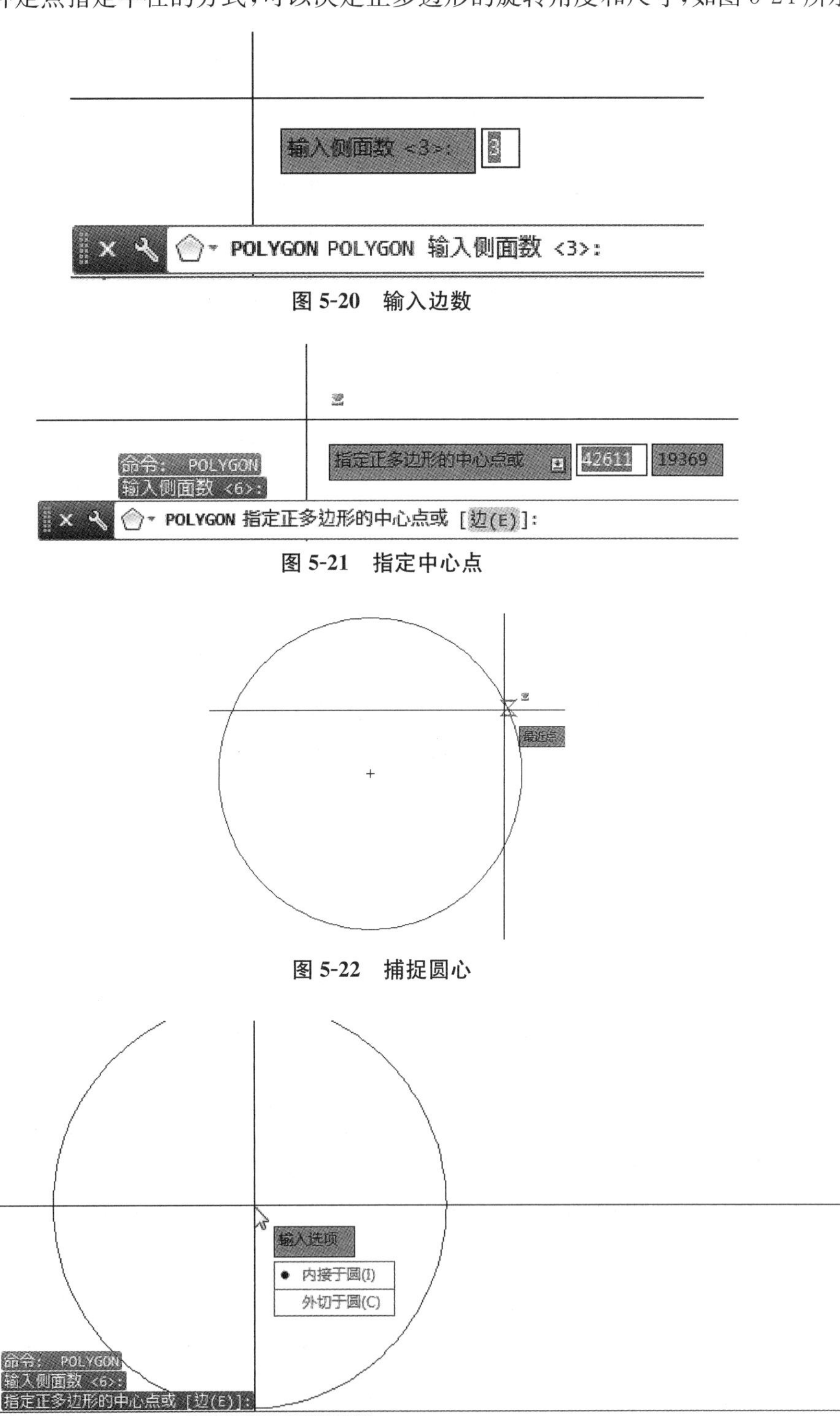

图 5-20　输入边数

图 5-21　指定中心点

图 5-22　捕捉圆心

图 5-23　输入选项

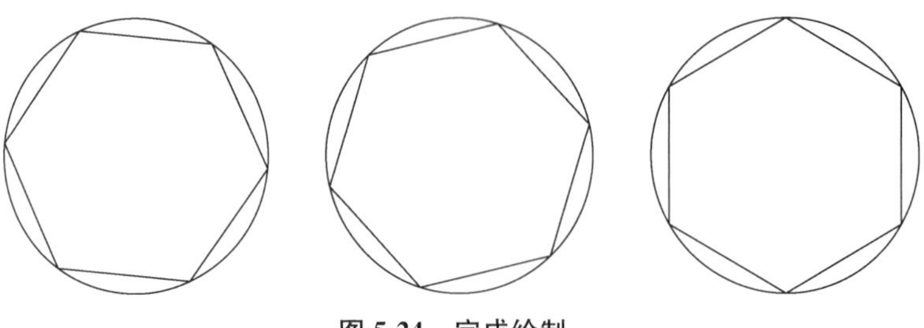

图 5-24　完成绘制

指定圆半径的另一种方式是直接输入半径，如图 5-25 所示，输入圆的半径 600，确定，完成绘制正六边形，如图 5-26 所示。

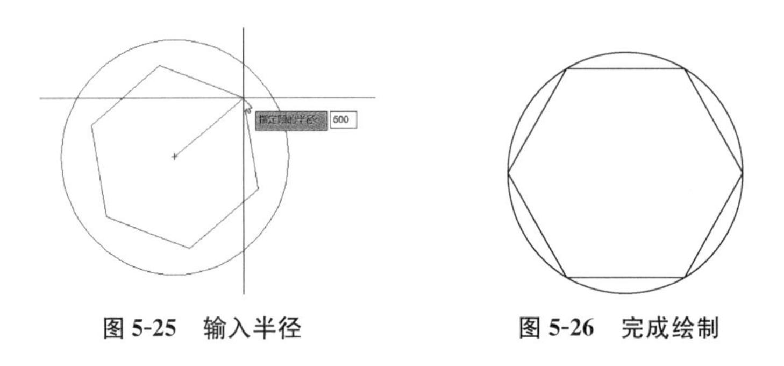

图 5-25　输入半径　　　　图 5-26　完成绘制

通过这两种指定圆半径的方式可以看出，通过指定点的方式可以确定正多边形的旋转角度和半径；通过输入半径的方式则只能指定正多边形的尺寸，不能确定正多边形的旋转角度。

5.2.4　多段线编辑 PE (Pedit)

多段线是 AutoCAD 提供的一种特殊线条，前面已经讲解过多段线的绘制方法。作为图形对象，可以对多段线执行移动、复制等基本编辑命令，但是这些命令却不能编辑多段线特性。所以 AutoCAD 提供了“PE”(Pedit)多段线编辑命令，可以实现对多段线的特性修改，也可以将首尾相连的多条线段合并成为多段线。

命令行输入“PE”，确定，选择需要编辑的多段线、直线或圆弧，如果选择的是多段线，则看到提示“输入选项 [闭合(C)/合并(J)/宽度(W)/编辑顶点(E)/拟合(F)/样条曲线(S)/非曲线化(D)/线型生成(L)/ 反转(R)/放弃(U)]”，如图 5-27 所示，使用这些选项，可以完成多段线的修改。

(1) 闭合(C)，如果正在编辑的多段线是非封闭的，上述提示中会出现“闭合(C)”选项，可使用该选项封闭，如图 5-28 所示。同样如果是一条闭合的多段线，则上述提示中第一个选项不是封闭而是打开，使用“打开(O)”选项可以打开闭合的多段线。再对如图 5-28 所示的多段线进行“打开(O)”，则它又恢复成如图 5-27 所示。

(2) 合并(J)，使用“合并(J)”选项，可以将其他的多段线、直线或圆弧连接到正在编辑的多段线上，从而形成一条新的多段线。将如图 5-27 所示的图形复制一个，如图 5-29 所示，执行“PE”命令，选择第一个图形，选择“合并”命令，拾取第二个多段线，如图 5-30 所示，确定，合并成一条多段线，如图 5-31 所示。

(3) 宽度(W)，“宽度(W)”选项，可以改变多段线的宽度，该命令只能设置统一的宽度。执行“PE”命令，选择如图 5-31 所示的多段线图形，选择宽度 W，输入 10，确定，如图 5-32 所示，多段线上的所有图形都有了 10 单位宽度。

(4) 拟合(F)/样条曲线(S)/非曲线化(D)，“拟合(F)”对多段线进行曲线拟合，就是通过多段线的每一个顶点建立一些连续的圆弧，这些圆弧彼此在连接点相切。“样条曲线(S)”以原多段线的顶点为控制点生成样条曲线。“非曲线化(D)”可以将曲线化的多段线变为直线。执行“PE”命令，选择如图 5-32 所示的多段线，选择“样条曲线(S)”，确定，得到如图 5-33 所示的样条曲线。

(5) 线型生成(L)，“线型生成(L)”选项用来控制多段线为非实线状态时的显示方式，比如虚线或者点划线等的多段线相交点的连续性。

(6) 反转(R)，输入“R”(反转)，反转多段线顶点的顺序。

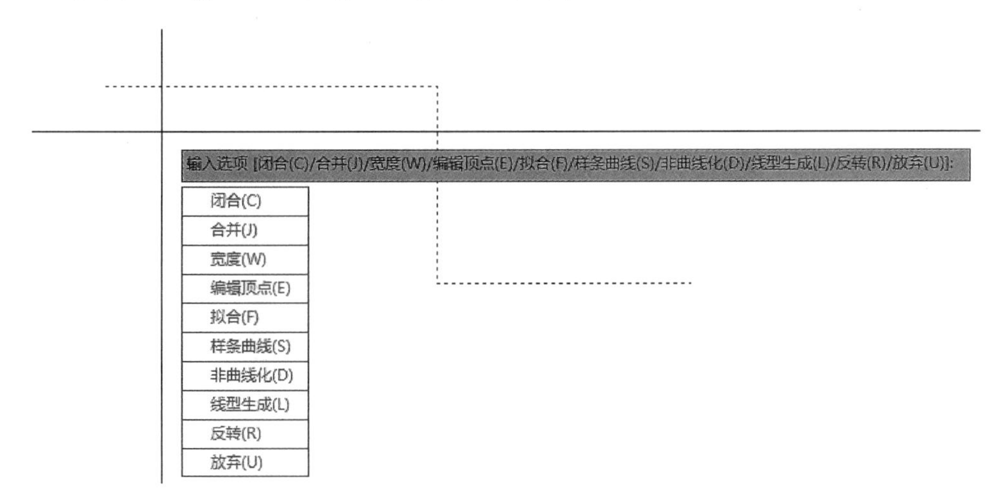

图 5-27　输入选项

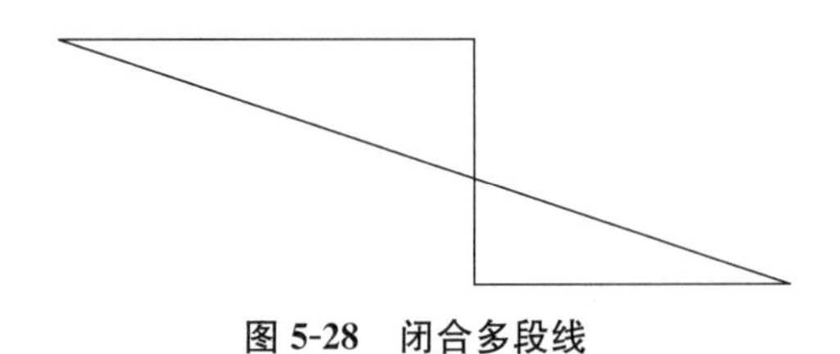

图 5-28　闭合多段线

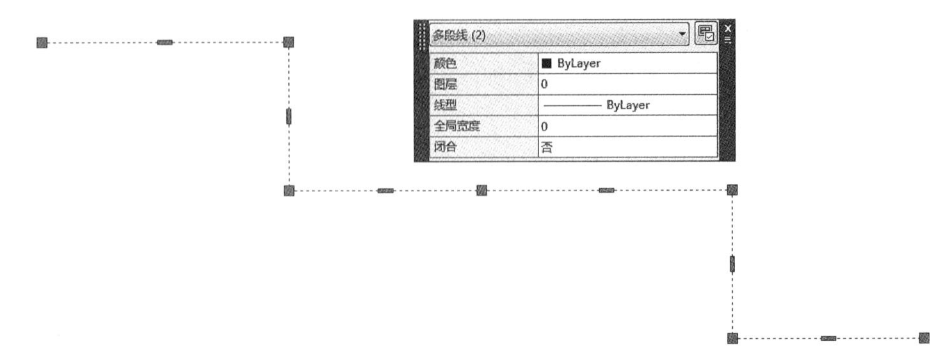

图 5-29　合并多条多段线

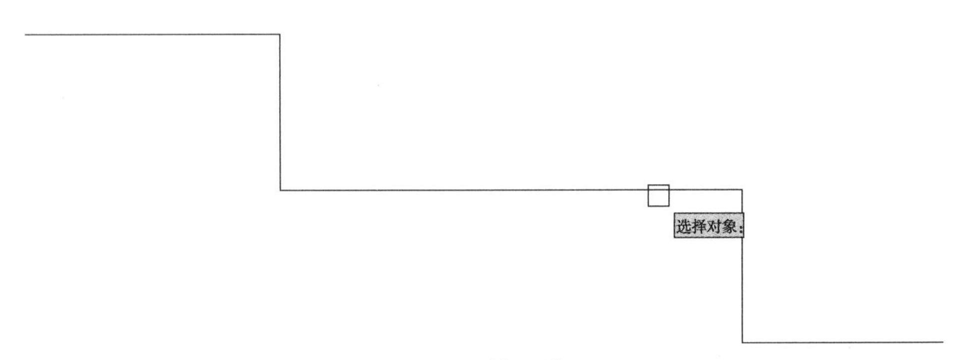

图 5-30　选择对象

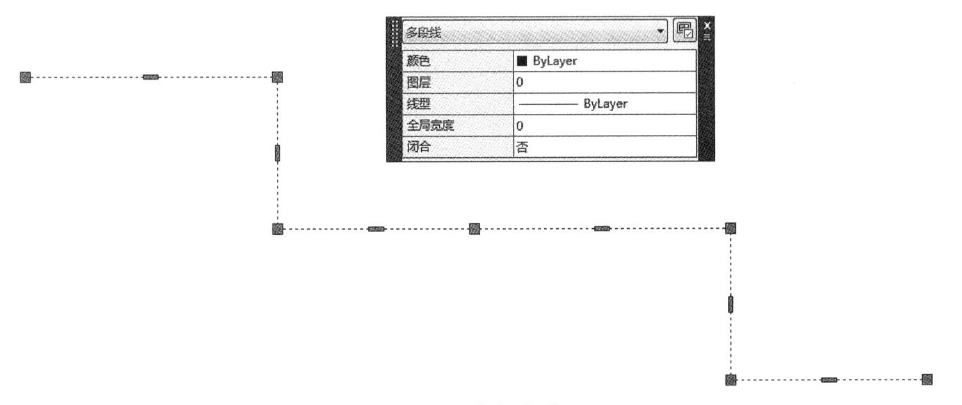

图 5-31　合并完成

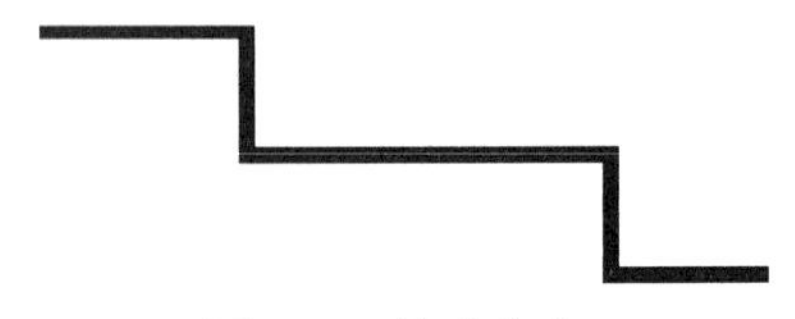

图 5-32　修改宽度

图 5-33　样条曲线

如果选择的线不是多段线时，AutoCAD 命令提示行将出现提示：

对象不是多段线

是否将其转换为多段线？＜Y＞

如果是用默认选项“Y”，如图 5-34 所示，则把选定的直线或者圆弧转变为多段线，然后继续出现上述的提示内容进行编辑修改。

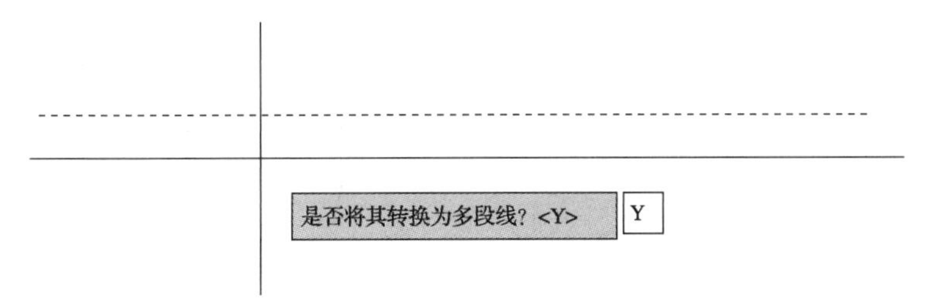

图 5-34　转换为多段线

5.2.5　圆 C（Circle）

“C”为创建圆的命令，执行圆“C”命令，确定，如图 5-35 所示命令提示行提示“指定圆的圆心或［三点(3P)/两点(2P)/切点、切点、半径(T)］”，在绘图区随意点击一点，确定圆心，如图 5-36 所示，然后指定半径或直径，输入圆的半径 500，如图 5-37 所示，完成圆的创建。

CIRCLE 指定圆的圆心或 [三点(3P) 两点(2P) 切点、切点、半径(T)]:

图 5-35　命令提示行

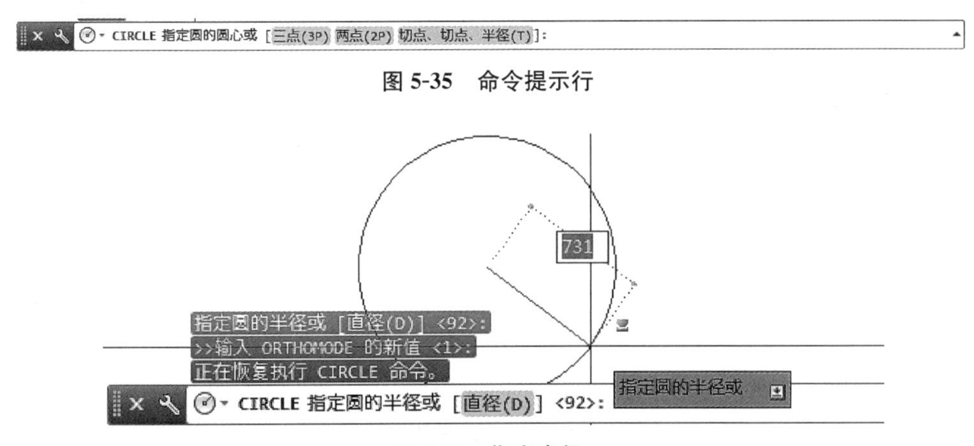

图 5-36　指定半径

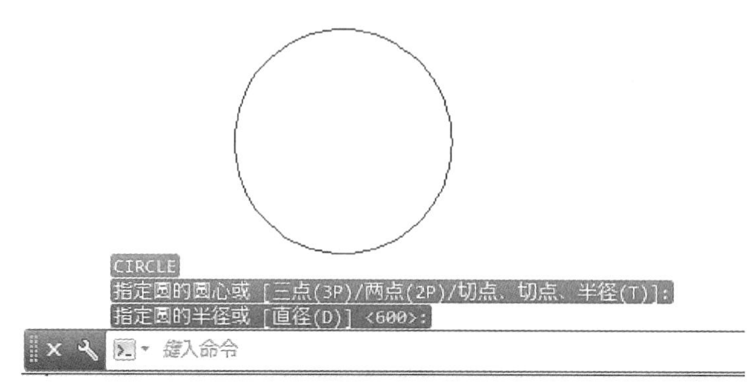

图 5-37　完成绘制

如果已知三个圆,需在再绘制一个圆与这三个圆相切,如图 5-38 所示,那么使用常规的绘制方法不能够实现。

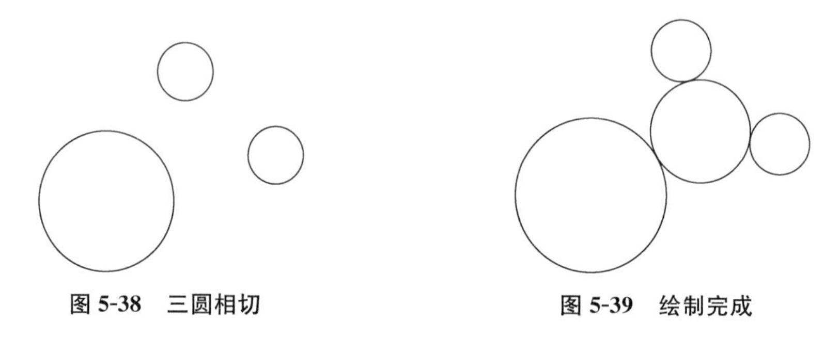

图 5-38　三圆相切　　　　图 5-39　绘制完成

根据分析可知三个切点,那么可以使用"三点"的绘制方式。

执行"C"圆命令,输入"3P",确定,使用对象快捷捕捉依次捕捉三个圆的切点,即可完成这个圆的绘制,如图 5-39 所示。

5.2.6　修剪 TR (Trim)与延伸 EX (Extend)

延伸"EX"与修剪"TR"的操作方法相同。可以延伸对象,使它们精确地延伸至由其他对象定义的边界。

下面通过一组实例来练习这两个命令,如图 5-40 所示,将左侧两组直线"相交"起来。

如图 5-40 所示的线段 2 延伸后可以直接与线段 1 相交,所以可以执行延伸命令,让线段 2 与线段 1 延伸相交,再执行剪切命令。

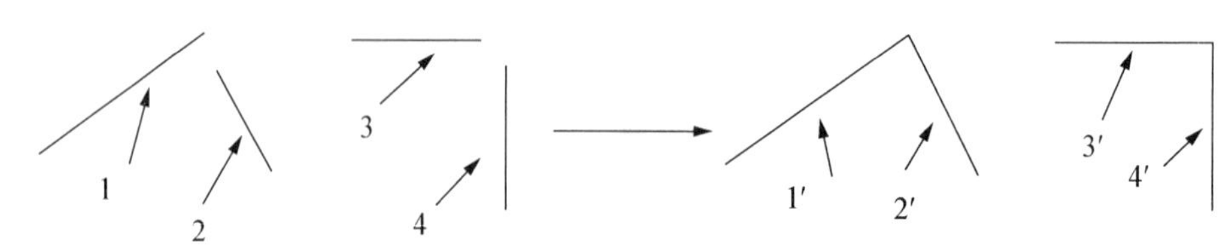

图 5-40　线段相交

命令行输入“EX”延伸命令，确定，选择延伸到的边界，这里选择线段 1，确定，然后鼠标左键单击需要延伸的线段 2(注意单击的位置要靠近延伸的一侧)。

线段 3 和 4 如果延伸某一条线段无法直接相交，如果要使用延伸命令，那么必须再作一条辅助线，如图 5-41 所示，然后再执行“EX”延伸命令，再执行“TR”剪切后得到 3′和 4′相交的结果。

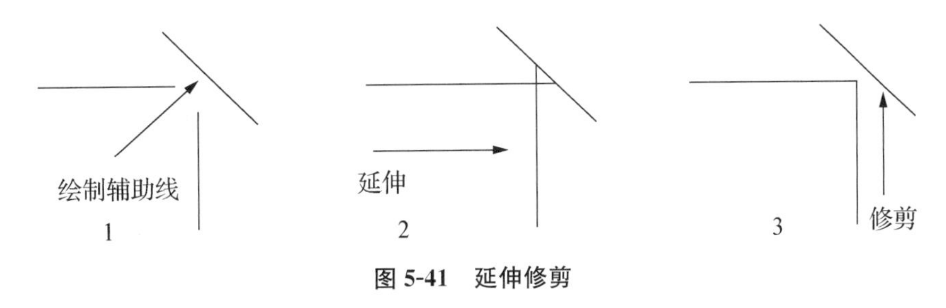

图 5-41　延伸修剪

如果只是用延伸命令和修剪命令能实现吗?

如图 5-41 所示，执行“EX”延伸命令，选择线段 3，确定，输入“E(边)”，确定，如图 5-48 所示，默认为不延伸，先不做更改，直接确定，选择要延伸的对象，选择线段 4，确定，会发现线段 4 并没有延伸到线段 3 上，原因是线段 4 的延长线与线段 3 并无交点，“边”选项中不延伸是指指定对象只延伸到在与其实际相交的边界对象。再次执行“EX”延伸命令，选择线段 3，确定，选择“边 E”，选择延伸，确定，再选择要延伸的对象，选择线段 4，确定，会发现线段 4 延伸到与线段 3 延长线的交点处，如图 5-42 所示。“边”选项中延伸是指指定对象延伸到在与其实际相交的边界对象的延长线上。

仔细观察和比较延伸和修剪命令，会发现在执行延伸命令时，提示行有提示“选择要延伸的对象，或按住“Shift”键选择要修剪的对象，或”，而在执行修剪命令时也有提示“选择要修剪的对象，或按住“Shift”键选择要延伸的对象，或”。这就是说明这两个命令可以相互通用，延伸命令可以修剪，只需要在选择对象时按住“Shift”键，修剪命令也可以延伸，也是在选择对象时按住“Shift”键。

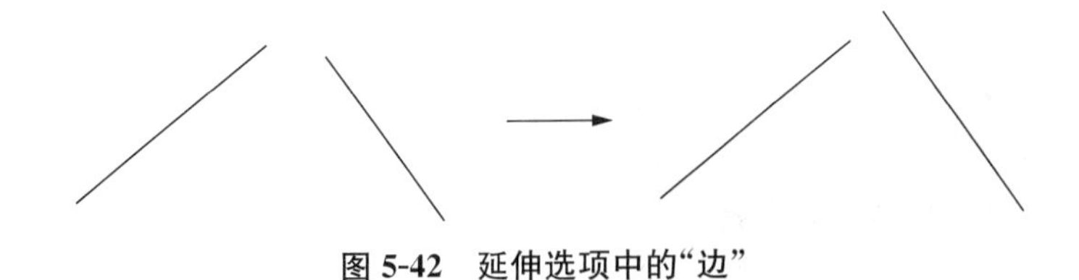

图 5-42　延伸选项中的“边”

5.2.7　填充 H (Hatch)

在本书第二章讲过拼花图案的制作，通过填充不同的图案，制作拼花图案。在这里，会对填充命令“H”(Hatch)进行部分深入讲解:填充关联和孤岛检测。

1. 填充关联

执行“REC”矩形命令，确定，绘制一个 600×800 的矩形，执行“H”填充命令，如图 5-43 所示，会发现在 Ribbon 功能区的面板上有填充图形的多个选项，这时候“关联”选项是打开的，点击 关联 将其关闭，然后拾取矩形内的任意一点，将其填充，如图 5-44 所示。

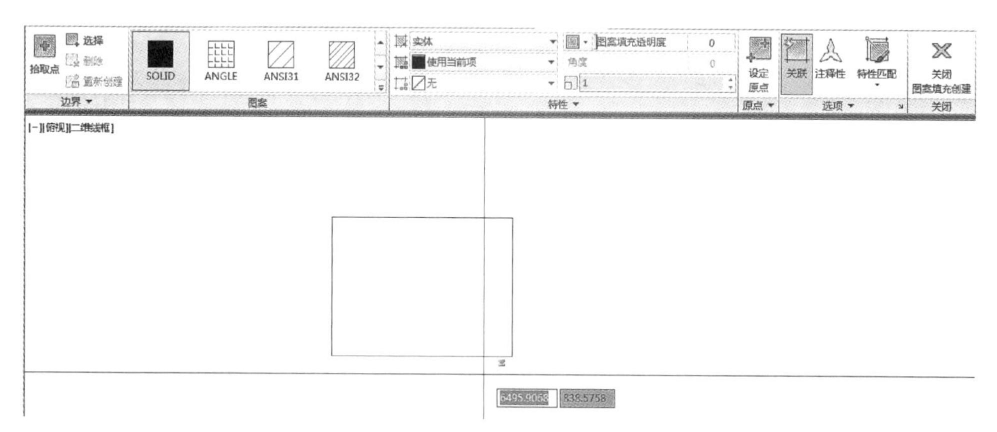

图 5-43 绘制矩形

图 5-44 填充

选择之前绘制的矩形，如图 5-45 所示，点击其右上角点，移动鼠标，如图 5-46 所示，点击周围任意一点，松开鼠标，会发现之前绘制的矩形已经变形了，而之前填充的图案还是原样，如图 5-47 所示，这是因为填充的图案和图形未进行关联。

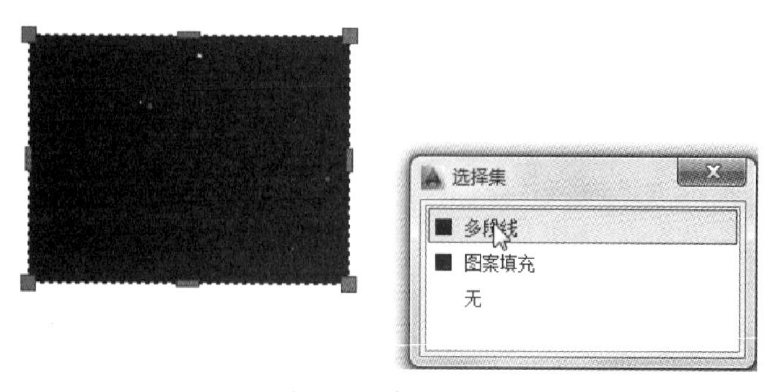

图 5-45 选择边框

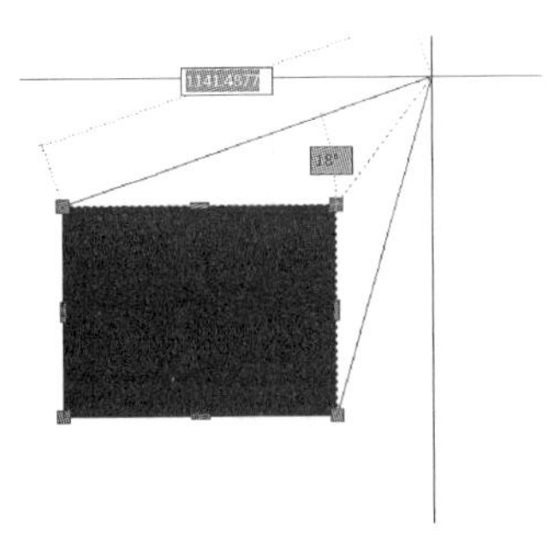

图 5-46 修改边框

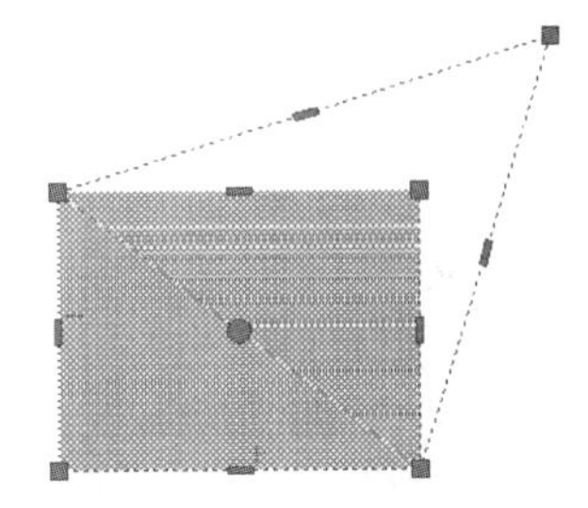

图 5-47 修改后

再次执行“REC”矩形命令，绘制一个 600×800 的矩形，执行“H”填充命令，打开 Ribbon 功能区的面板上的“关联”选项，如图 5-48 所示，点击拾取刚才绘制的矩形内任意一点，对矩形进行关联填充，如图 5-49 所示，选中矩形，点击其右上角点，移动鼠标至空白处任意位置点击，如图 5-50 所示，矩形形状变了，其内部的填充形状也跟随外部的矩形形状变化而变化，多次改变矩形形状，其内部的填充图案始终与其关联，随之改变，如图 5-51 和图 5-52 所示。这就是关联填充，关联的图案填充或填充在用户修改其边界对象时将会更新。

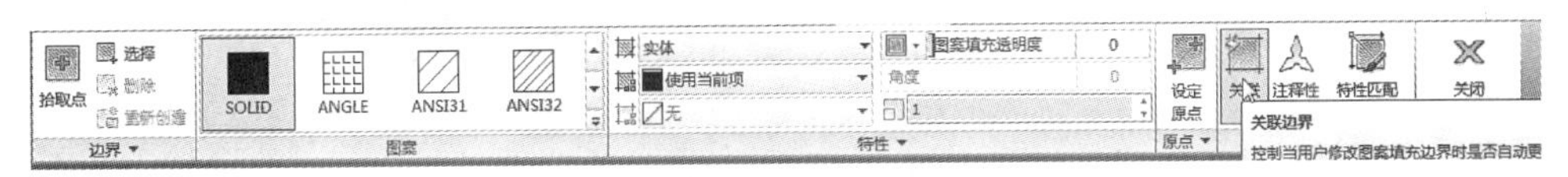

图 5-48 填充面板

图 5-49 修改边界

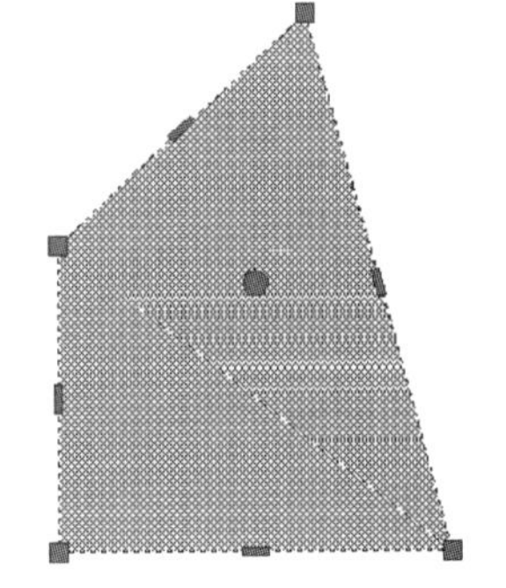

图 5-50 修改后

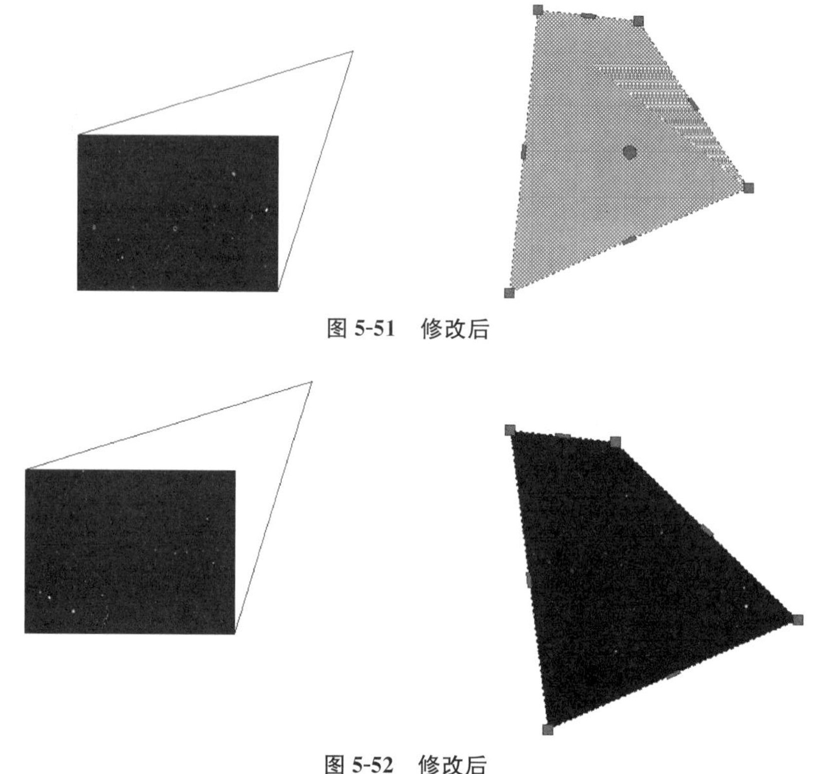

图 5-51 修改后

图 5-52 修改后

2. 孤岛检测

在进行图形填充命令时经常会遇到“孤岛检测”的问题，位于图案填充边界内的封闭区域或文字对象将视为孤岛。

利用之前学的矩形和圆的命令，绘制如图 5-53 所示的图形，连续复制三个。执行“H”填充命令，点击 Ribbon 功能区填充面板上“选项”的下拉按钮，找到“孤岛检测”，选择“普通孤岛检测”，如图 5-54 所示，然后拾取第一个图形最外面矩形内部一点，如图 5-55 所示，确定，完成填充，如图 5-56 所示。

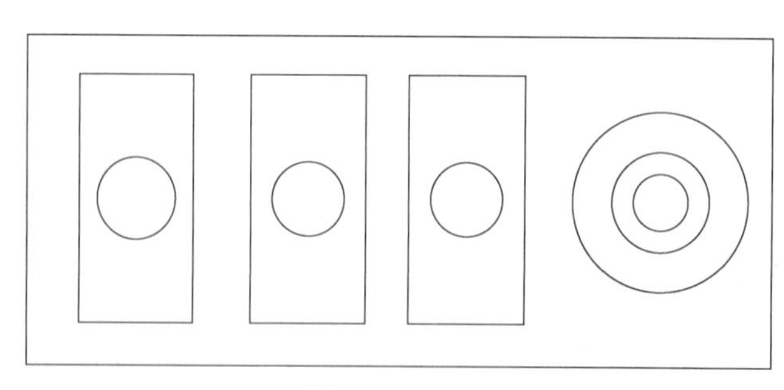

图 5-53 图形

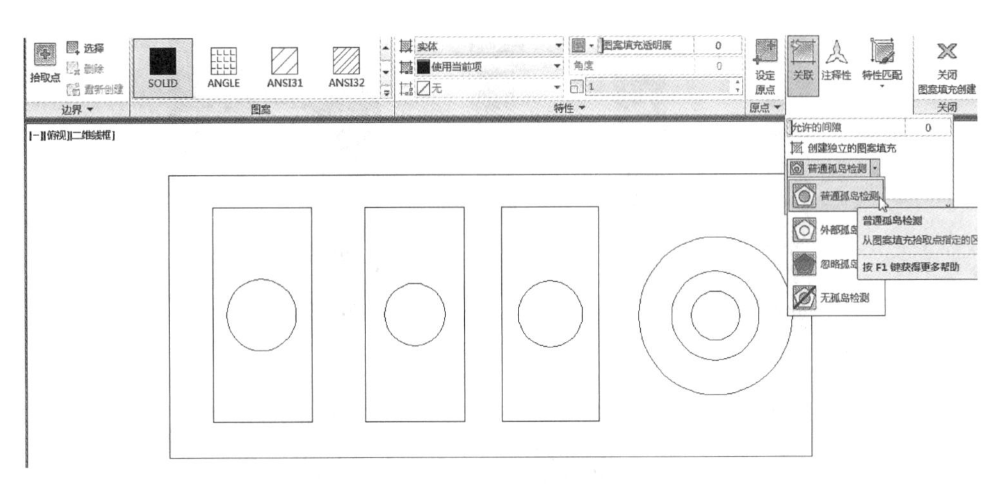

图 5-54　普通孤岛检测

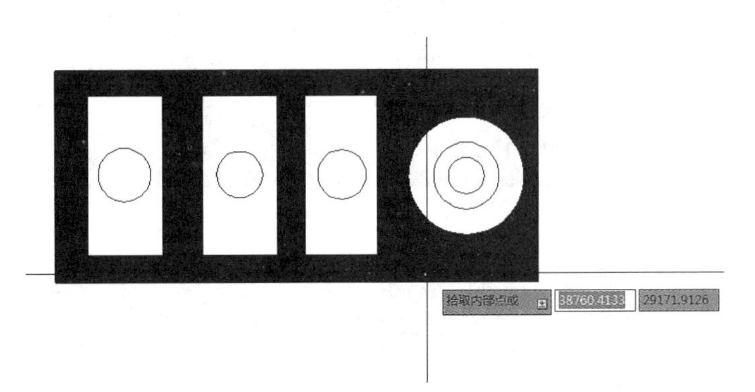

图 5-55　拾取填充

图 5-56　填充完成

再次执行“H”填充命令，点击 Ribbon 功能区填充面板上“选项”的下拉按钮，找到“孤岛检测”，选择“外部孤岛检测”，拾取第二个图形中最外面矩形内部一点，确定，完成填充，如图 5-57 所示。再次填充第三个图形，选择“忽略孤岛检测”，拾取点，填充，如图 5-58 所示；继续填充第四个图形，选择“无孤岛检测”，拾取点，填充，如图 5-59 所示。

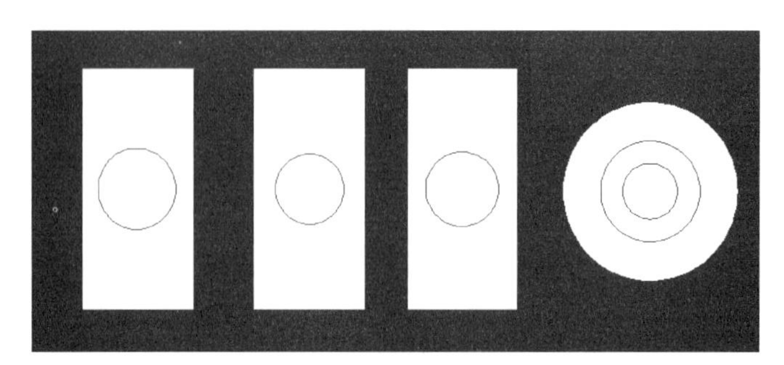

图 5-57　无孤岛检测

图 5-58　拾取填充

图 5-59　填充完成

如图 5-60 所示，用四种孤岛检测方式填充时有不同的效果。

使用“普通孤岛检测”时，如果在指定图形的内部拾取点，则孤岛保持为不进行图案填充，而孤岛内的孤岛将进行图案填充；

使用“外部孤岛检测”时，如果在指定图形的内部拾取点，则孤岛保持为不进行图案填充，孤岛内的孤岛也不进行图案填充；

使用“忽略孤岛检测”和“无孤岛检测”时，如果在指定图形的内部拾取点，则孤岛也进行图案填充，孤岛内的孤岛同样进行图案填充。

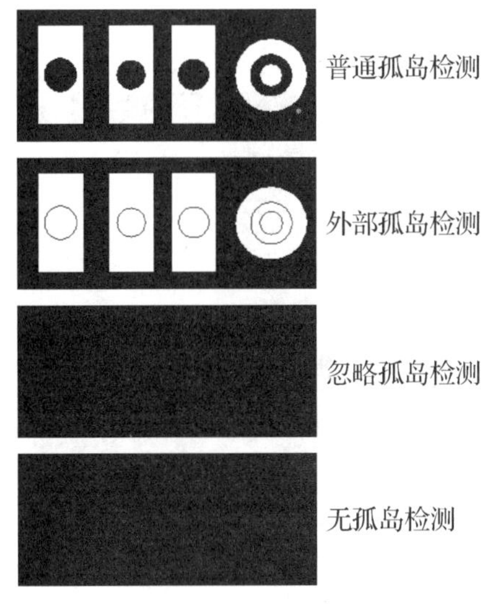

图 5-60　分别对比

5.2.8　阵列 AR（Array）

阵列命令是一个比较常用的命令，通过阵列命令，可以快速高效地绘制图形。在前面第四章讲过极轴阵列，除了极轴阵列外还有矩形阵列。

执行阵列“AR”命令，确定，选择对象，如图 5-61 所示，选择矩形阵列，如图 5-62 所示，然后会自动生成如图 5-63 所示的图形，然后在 Ribbon 功能区的面板上修改阵列的数据，调节要阵列的行数和列数，如图 5-64 所示，将其修改为 6 行 4 列，确定，生成如图 5-65 所示的图形。

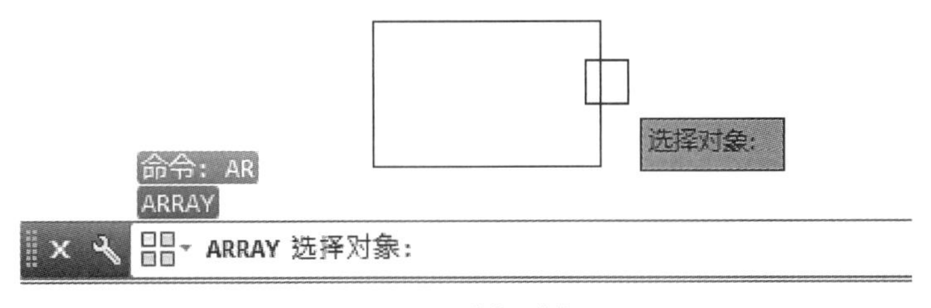

图 5-61　选择对象

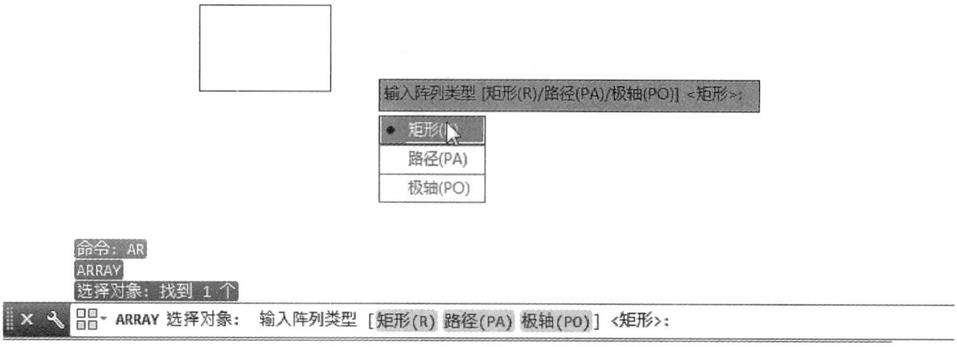

输入阵列类型 [矩形(R)/路径(PA)/极轴(PO)] <矩形>:

矩形(R)
路径(PA)
极轴(PO)

命令: AR
ARRAY
选择对象: 找到 1 个
ARRAY 选择对象: 输入阵列类型 [矩形(R) 路径(PA) 极轴(PO)] <矩形>:

图 5-62　输入阵列类型

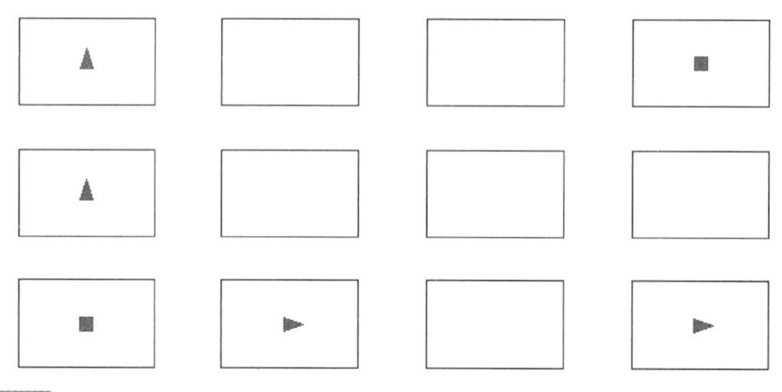

选择对象: 找到 1 个
选择对象: 输入阵列类型 [矩形(R)/路径(PA)/极轴(PO)] <矩形>: R
类型 = 矩形　关联 = 是
ARRAY 选择夹点以编辑阵列或 [关联(AS) 基点(B) 计数(COU) 间距(S) 列数(COL) 行数(R) 层数(L) 退出(X)] <退出>:

图 5-63　阵列选项

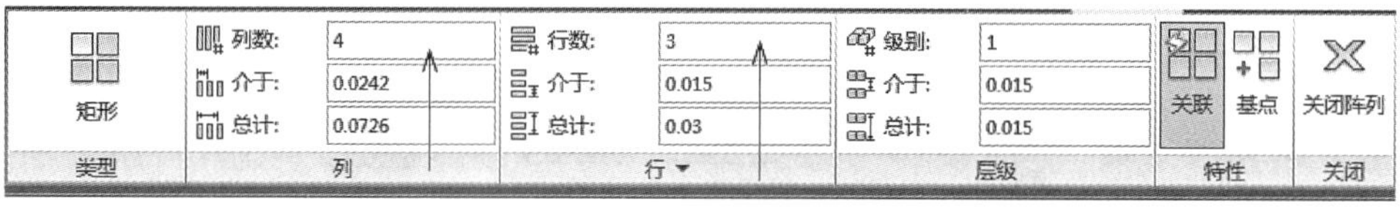

矩形 | 列数: 4 | 介于: 0.0242 | 总计: 0.0726 | 行数: 3 | 介于: 0.015 | 总计: 0.03 | 级别: 1 | 介于: 0.015 | 总计: 0.015 | 关联 | 基点 | 关闭阵列
类型 | 列 | 行 | 层级 | 特性 | 关闭

图 5-64　阵列面板

图 5-65　阵列完成

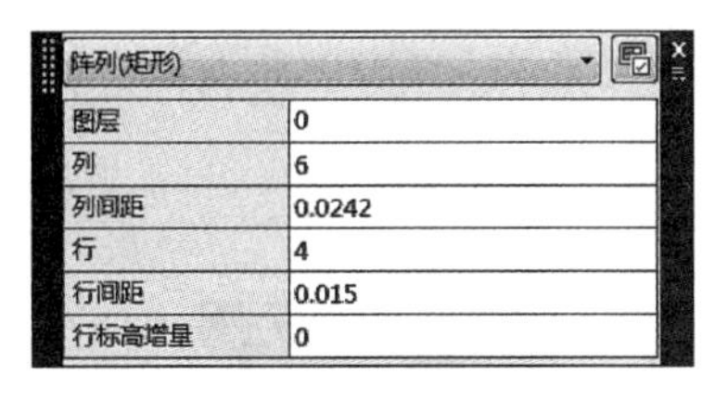

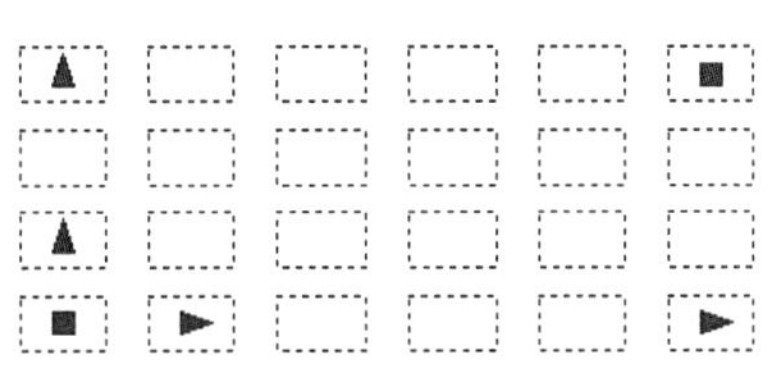

图 5-66　完成图形

选择已阵列完成的图形，会发现阵列后形成的是一个完整的图形，选中后仍可以继续修改阵列的参数，也可以通过"编辑来源"来修改源图形，如图 5-66 所示。

如果想要编辑某个单独对象，需要执行"X"分解命令，将阵列的对象分解。

5.2.9　查询 Di(Dist)

Dist 用于测量两点之间的距离和角度。通常，"Di"命令会报告模型空间中的三维距离以及图纸空间中布局上的二维距离。

执行"Di"命令，命令提示行会提示指定第一点，如图 5-67 所示，分别指定直线的两个端点，如图 5-68 所示，然后系统会将线段的一些信息查询出来，如图 5-69 所示，包括距离、增量、夹角等信息。

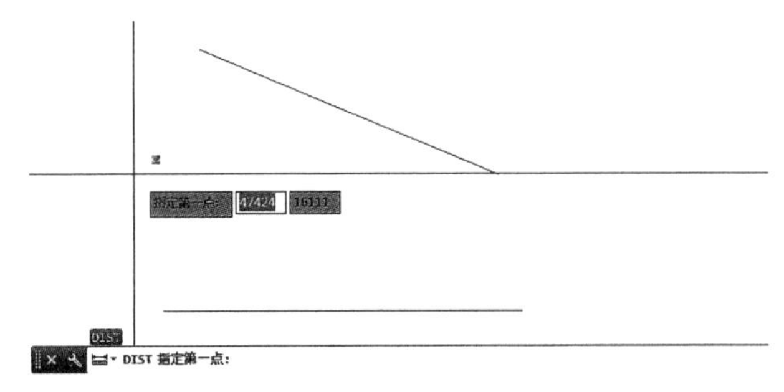

图 5-67　指定第一点

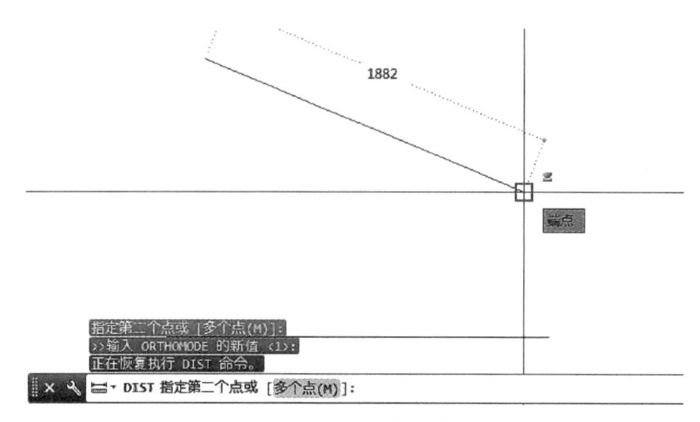

图 5-68　指定第二点

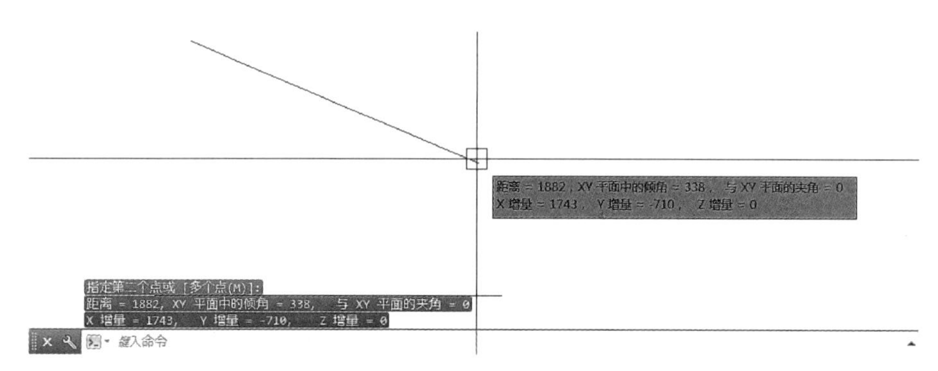

图 5-69　查询

5.2.10　倒角 CHA（Chamfer）

倒角命令可以倒角直线、多段线、射线和构造线。用矩形命令绘制一个 1500×2000 的矩形，如图 5-70 所示，输入“CHA”倒角命令，确定，输入“D”（距离），确定，给定第一段倒角距离，比如 500，确定，再给定第二段倒角距离，默认也是 500，改为 1000，确定，然后按顺序分别选择需要倒角的两条边 1 和 2，确定，得到如图 5-71 所示图形。需要注意的是，两个倒角距离的和应不大于矩形短边的边长。

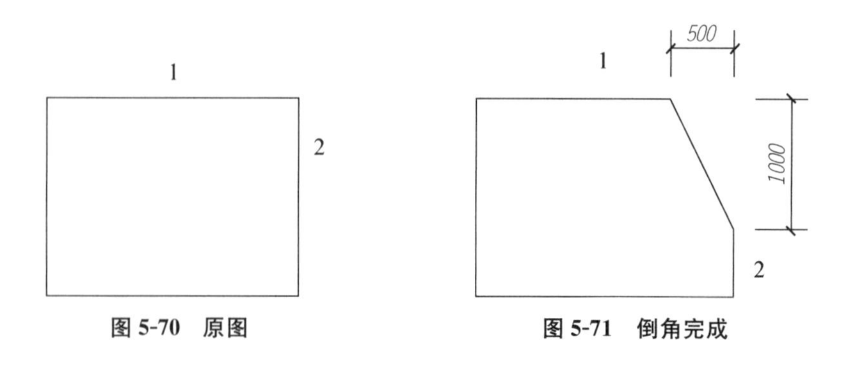

图 5-70　原图　　图 5-71　倒角完成

倒角的另一个作用就是可以将两条不平行的线段延伸至相交。

执行“CHA”倒角命令，确定，输入“D”，指定第一段倒角距离为 0，指定第二段倒角距离为 0(如果默认为 0，可以不进行设置)，然后选择线段 1，再选择线段 2，就可以得到 1′和 2′的图案。同样的方法可以连接线段 3 和 4，如图 5-72 所示。

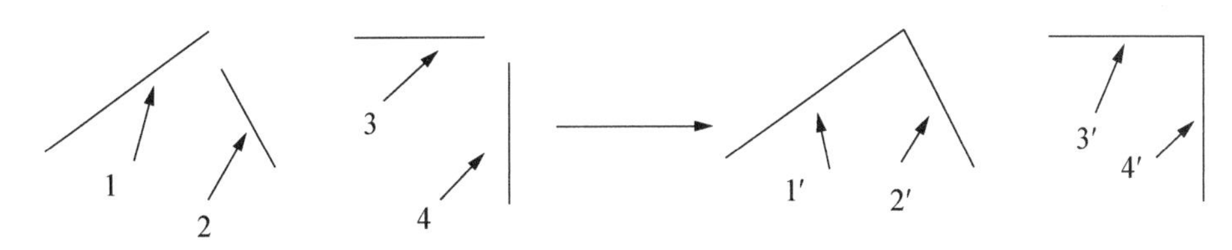

图 5-72 倒角相交

5.2.11 圆角 F (Fillet)

圆角命令可以对圆弧、圆、椭圆、椭圆弧、直线、多段线、射线、样条曲线和构造线执行圆角操作。

执行矩形命令，绘制一个如图 5-70 所示的矩形，执行“F”圆角命令，确定，输入“R”(半径)，确定，给定圆角半径，比如 500，确定，然后选择两条相交边，完成如图 5-73 所示的图形。

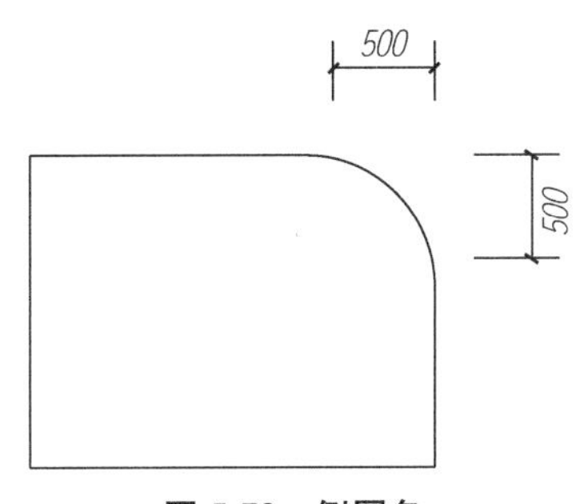

图 5-73 倒圆角

圆角的另一个作用就是可以将两条不平行的线段延伸至相交。

如图 5-72 所示，执行“F”圆角命令，确定，输入 R，指定半径为 0(如果默认半径为 0，可以不进行设置)，然后选择线段 1，再选择线段 2，就可以得到 1′和 2′的图案。同样的方法可以连接线段 3 和 4，如图 5-72 所示。

5.3 部分功能深入讲解

5.3.1 选择对象的方式

AutoCAD 绘制命令作出的图形并不是每次都能直接达到要求，大多情况下需要再对图形对象进行修改编辑，比如复制、移动等，而执行编辑修改的关键就在于怎样选择图形对象进行编辑。

通常选择对象的方式有五种:点选、窗口选择、交叉窗口选择、栏选和 ALL 全选。

点选对象:在 AutoCAD 中输入某一个修改编辑命令执行,比如“E”(Erase)删除命令,系统提示选择对象时,我们会发现十字光标就变成了拾取框,鼠标左键直接单击需要修改编辑的对象后,被选中的对象会变成虚线图形。实际上在上一章执行“TR”剪切命令和“E”(Erase)删除命令时已经使用过。

对于窗口选择和交叉窗口选择之前已经学过,这里不再说明。

栏选是选择与选择栏相交的所有对象。选择栏是一系列临时线段,它们是用两个或多个栏选点指定的。选择栏不构成闭合环。选择步骤是首先在“选择对象”提示下,输入“F”(栏选),然后指定若干点创建经过要选择对象的选择栏,再按“Enter”键或空格键完成选择。

例如在 CAD 绘图区绘制任意图形,执行“CO”复制命令,如图 5-74(a)所示,提示选择对象,键盘输入“F”,确定,如图 5-74(b)所示,提示指定第一个栏选点,点击所要选择对象附近一点,开始栏选,当绘制的虚线选择栏经过所有想要选择的对象时,如图 5-74(c)所示,键盘输入“Enter”或空格键确定,会发现已经选择了选择栏经过的所有图形。再继续进行复制操作。

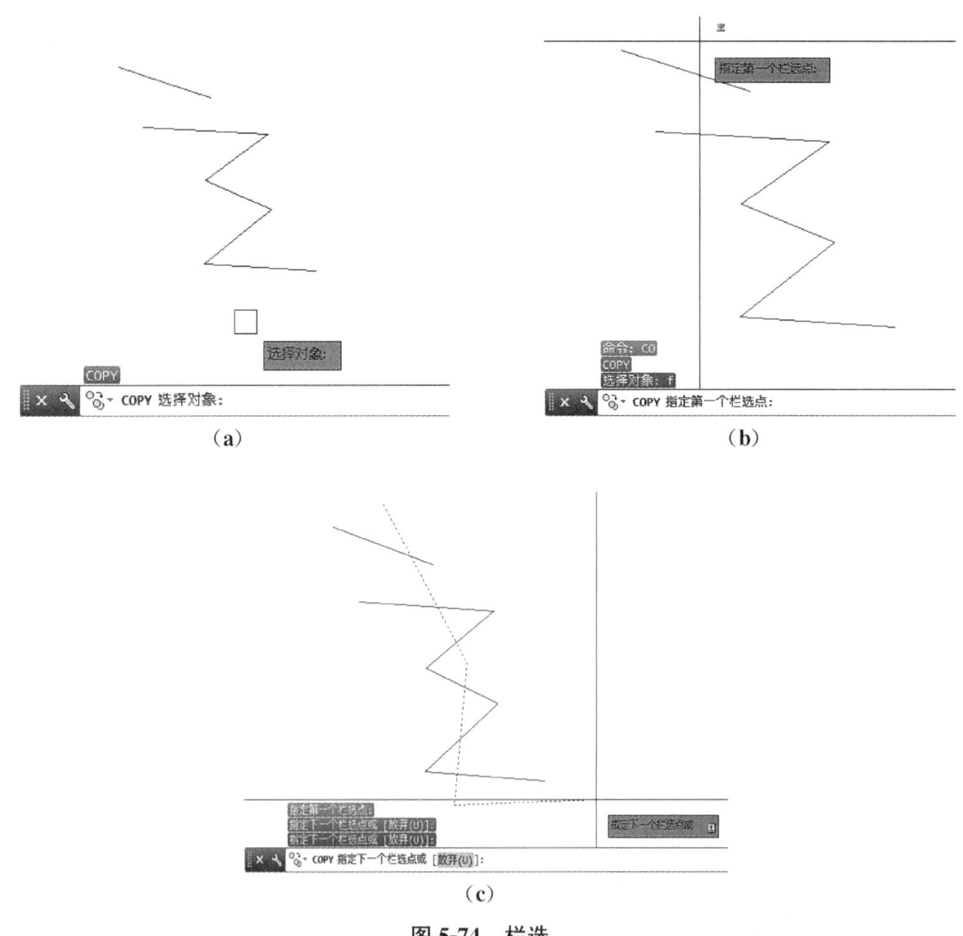

图 5-74 栏选

ALL 全选是在选择时键盘输入“ALL”，将工作区内的所有图形全部选中，如图 5-75 所示，执行“CO”复制命令，确定，提示选择对象，键盘输入“ALL”，确定，将工作区所有图形全部选中，再进行其他操作。

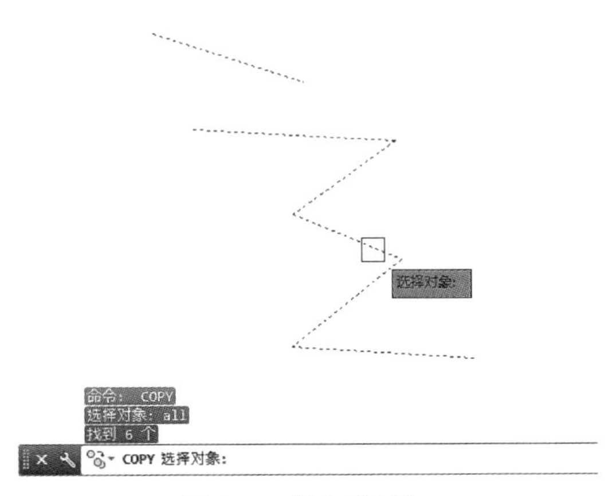

图 5-75　“ALL”全选

5.3.2　对象捕捉 F3

控制对象捕捉设置，如图 5-76 所示。使用执行对象捕捉设置（也称为对象捕捉），可以在对象上的精确位置指定捕捉点。选择多个选项后，将应用选定的捕捉模式，以返回距离靶框中心最近的点。按“Tab”键以在这些选项之间循环。

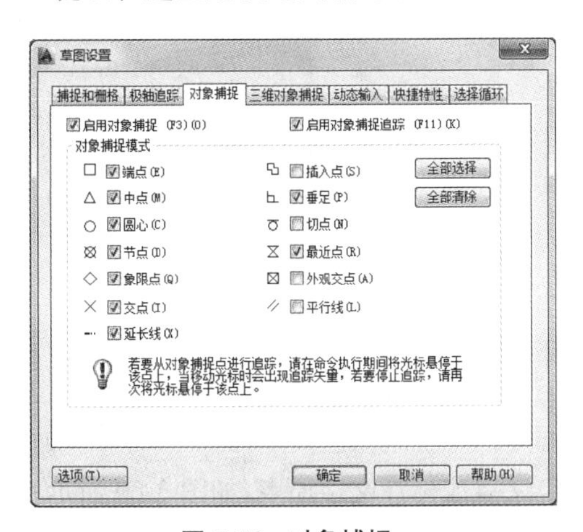

图 5-76　对象捕捉

如图 5-76 所示，列出可以在执行对象捕捉时打开的对象捕捉模式。

端点：

捕捉到几何对象的最近端点或角点，如图 5-77 所示。

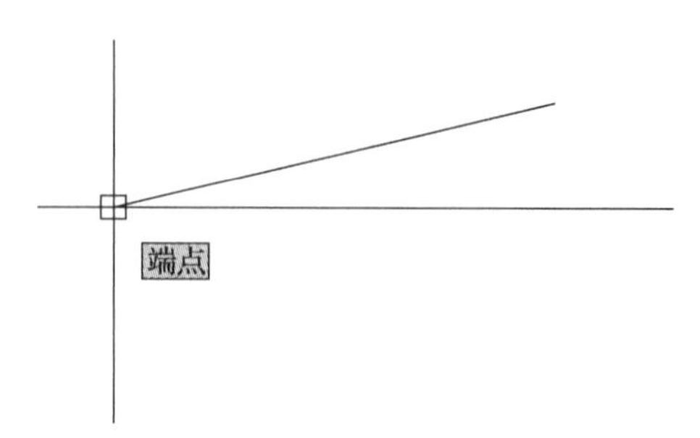

图 5-77　端点

中点：

捕捉到几何对象的中点，如图 5-78 所示。

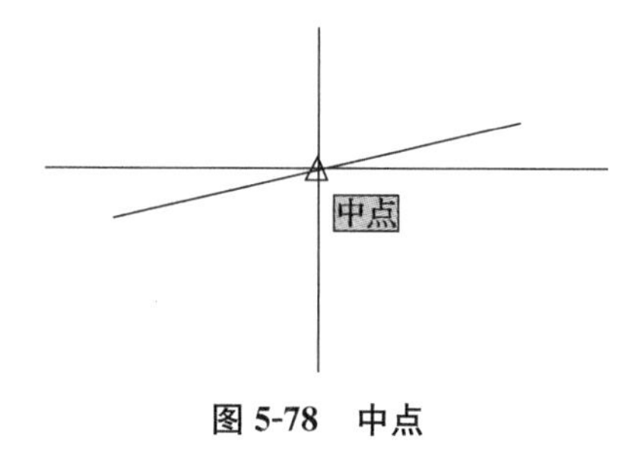

图 5-78　中点

圆心：

捕捉到圆弧、圆、椭圆或椭圆弧的圆心，如图 5-79 所示。

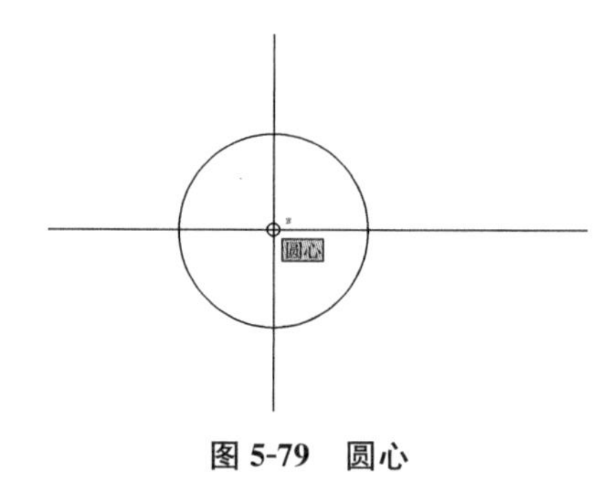

图 5-79　圆心

节点：

捕捉到点对象、标注定义点或标注文字原点，如图 5-80 所示。

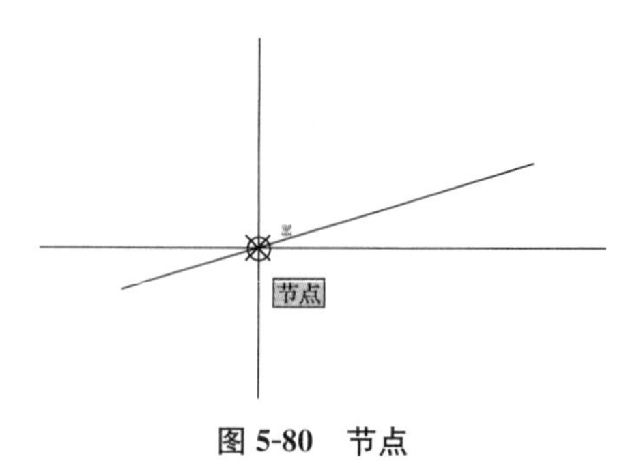

图 5-80　节点

象限点：

捕捉到圆弧、圆、椭圆或椭圆弧的象限点，如图 5-81 所示。

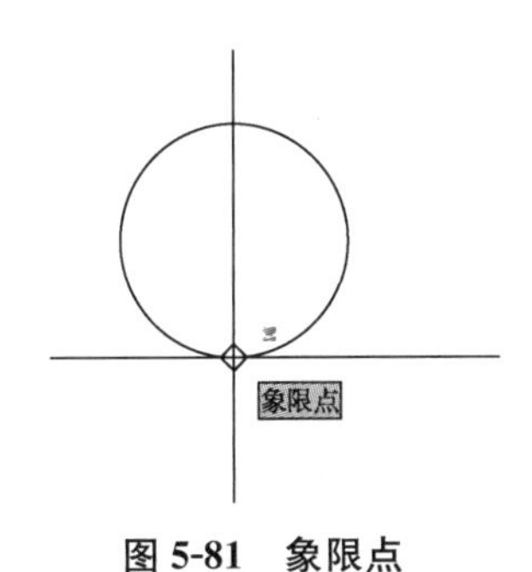

图 5-81　象限点

交点：

捕捉到几何对象的交点，如图 5-82 所示。

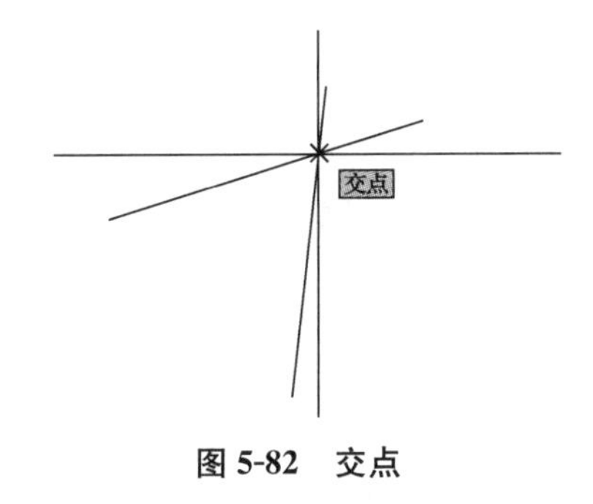

图 5-82　交点

延长线：

当光标经过对象的端点时，显示临时延长线或圆弧，以便用户在延长线或圆弧上指定点，如图 5-83 所示。

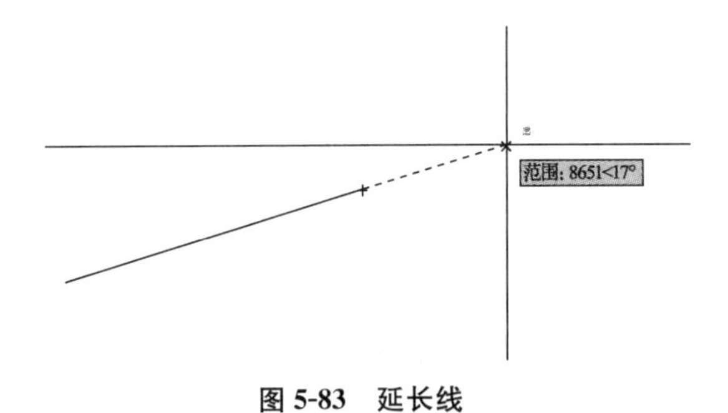

图 5-83　延长线

插入点：

捕捉到对象（如属性、块或文字）的插入点，如图 5-84 所示。

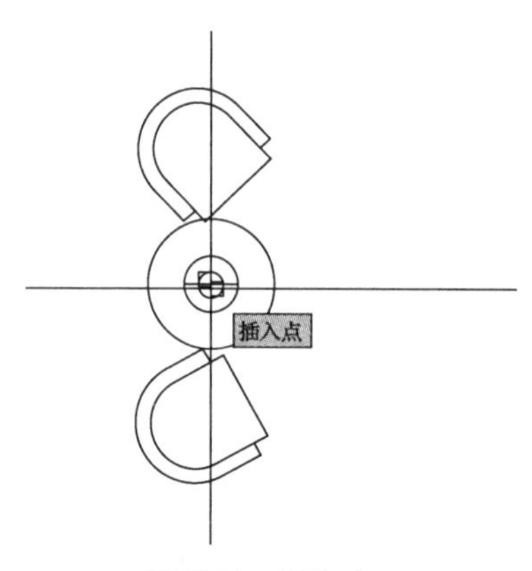

图 5-84　插入点

垂足：

捕捉到垂直于选定几何对象的点，如图 5-85 所示。

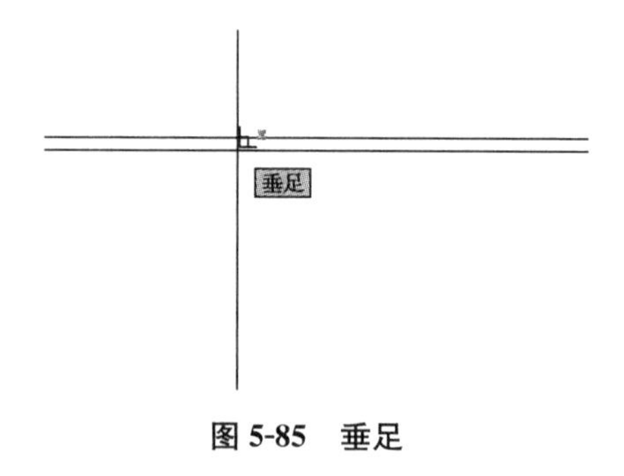

图 5-85　垂足

切点：

捕捉到圆弧、圆、椭圆、椭圆弧、多段线圆弧或样条曲线的切点，如图 5-86 所示。

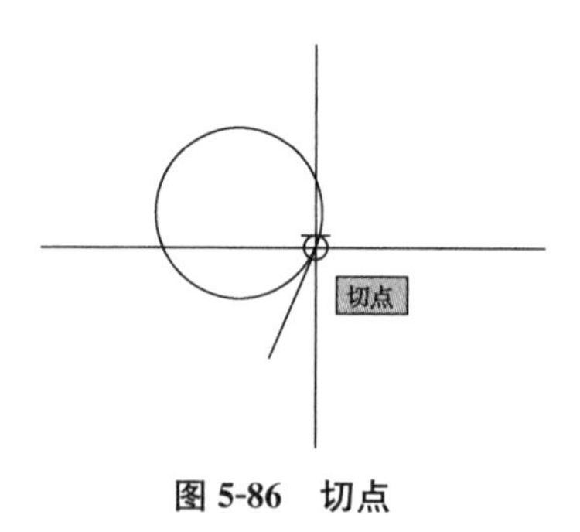

图 5-86　切点

最近点：

捕捉到对象（如圆弧、圆、椭圆、椭圆弧、直线、点、多段线、射线、样条曲线或构造线）的最近点，如图 5-87 所示。

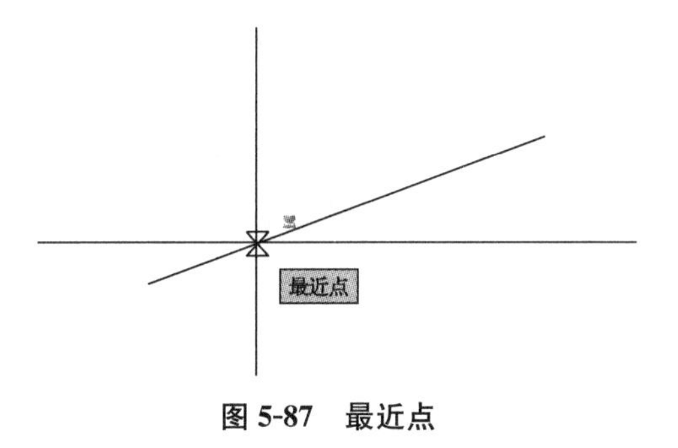

图 5-87　最近点

外观交点：

捕捉在三维空间中不相交但在当前视图中看起来可能相交的两个对象的视觉交点。

“延伸外观交点”捕捉到对象的假想交点，如果这两个对象沿它们的自然方向延伸，这些对象看起来是相交的，如图 5-88 所示。

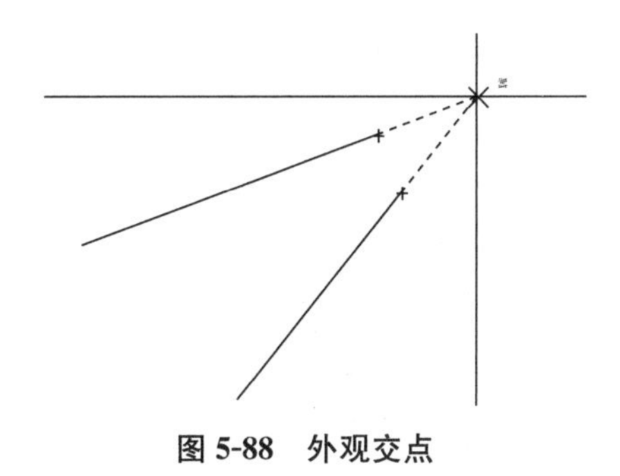

图 5-88　外观交点

平行：

可以通过悬停光标来约束新直线段、多段线线段、射线或构造线以使其与标识的现有线性对象平行，如图 5-89 所示。

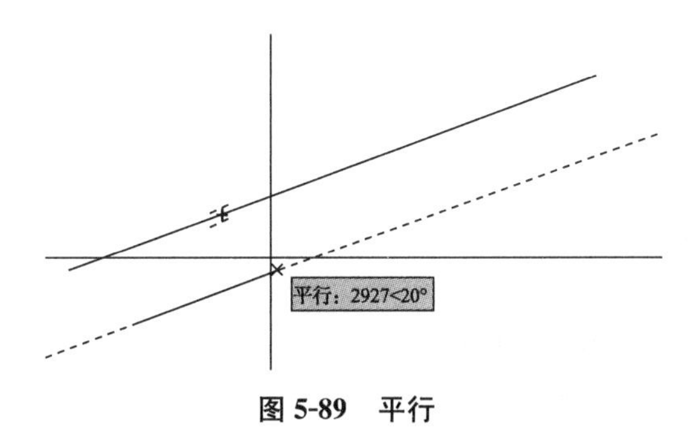

图 5-89　平行

全部选择：

打开所有执行对象捕捉模式。

全部清除：

关闭所有执行对象捕捉模式。

5.3.3 对象快捷捕捉

当临时需要捕捉某点时，可先按住“Ctrl”或“Shift”键再单击鼠标右键，就会在屏幕上出现捕捉的快捷菜单，用鼠标左键选择所要捕捉的某类型的点，即可实现临时捕捉，如图 5-90 所示。

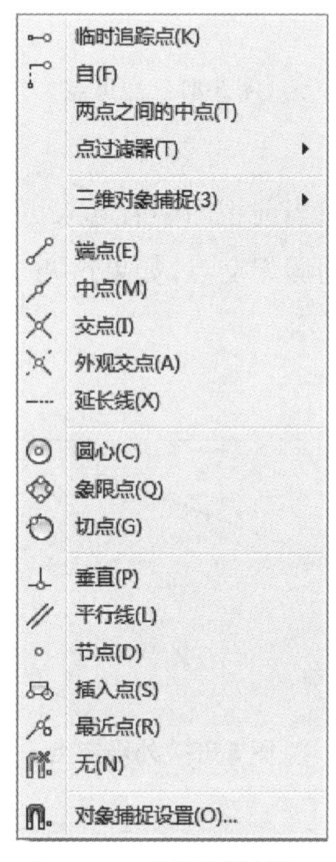

图 5-90　对象快捷捕捉

5.3.4 对象捕捉追踪 F11

对象捕捉追踪可以沿指定方向(称为对齐路径)按指定角度或与其他对象的指定关系创建对象。

使用对象捕捉追踪，可以沿着基于对象捕捉点的对齐路径进行追踪。已获取的点将显示一个小加号（+），一次最多可以获取七个追踪点。获取点之后，当在绘图路径上移动光标时，将显示相对于获取点的水平、垂直或极轴对齐路径。例如，可以基于对象端点、中点或者对象的交点，沿着某个路径选择一点。如图5-91 所示。

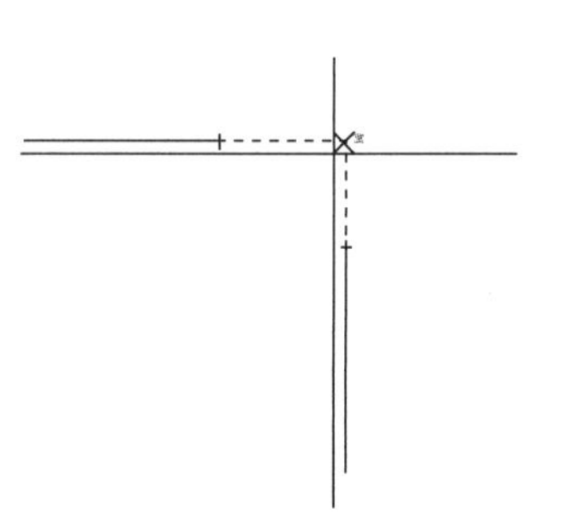

图 5-91　对象捕捉追踪

5.3.5　正交模式 F8

在状态栏上，单击“正交”按钮，或按“F8”键，打开或关闭正交模式。通过正交模式，可以将光标限制在水平或垂直方向上移动，以便于精确地创建和修改对象。如图 5-92 和图 5-93所示。

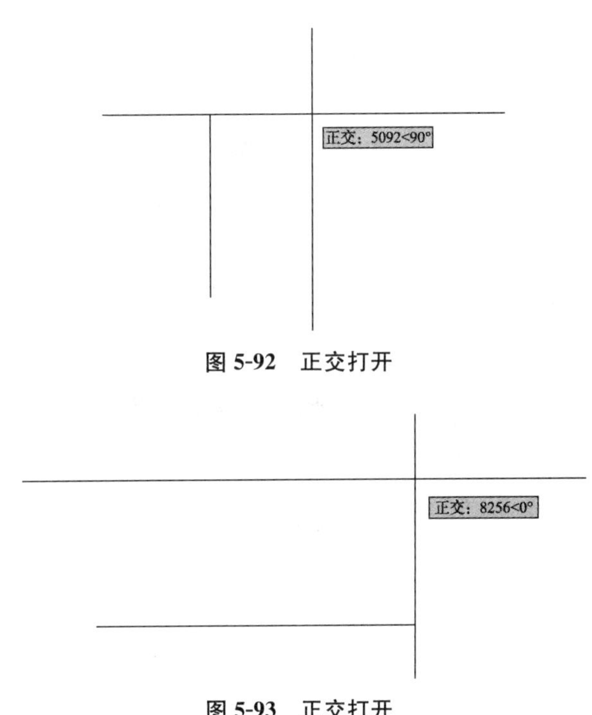

图 5-92　正交打开

图 5-93　正交打开

5.3.6　动态输入 F12

动态输入，在绘图区域中的光标附近提供命令界面，通过点击状态栏上的或者使用快捷键“F12”可以打开或关闭动态输入。

动态工具提示提供另外一种方法来输入命令。当动态输入处于启用状态时，工具提示将在光标附近动态显示更新信息。当命令正在运行时，可以在工具提示文本框中指定选项和值。如图 5-94 所示。

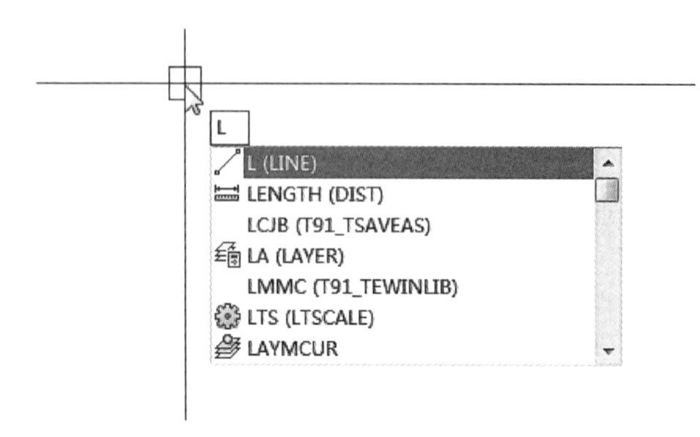

图 5-94 动态输入

完成命令或使用夹点所需的动作与命令提示中的动作类似。如果“自动完成”和“自动更正”功能处于启用状态，程序会自动完成命令并提供更正拼写建议，就像它在命令行中所做的一样。区别是用户的注意力可以保持在光标附近。

5.4 常用快捷键附录表

表 5-1 特性快捷命令

快捷命令	命令全称	命令意义
PR,CH,MO	* Properties	修改特性“Ctrl+1”
DC	* Design Center	设计中心“Ctrl+2”
TP	* Tools Option	工具选项“Ctrl+3”
MA	* Matchprop	属性匹配
ST	* Style	文字样式
COL	* Color	设置颜色
LA	* Layer	图层操作
LT	* Linetype	线型
LTS	* Ltscale	线型比例
LW	* Lweight	线宽
UN	* Unit	图形单位
ATT	* Attdef	属性定义
BO	* Boundary	边界创建
AL	* Align	对齐
EXP	* Export	输出其他格式文件

续表

快捷命令	命令全称	命令意义
IMP	* Import	输入文件
OP	* Option	自定义 CAD 设置
PU	* Purge	图形清理
R	* Redraw	重新生成
V	* View	命名视图
AA	* Area	面积
DI	* Dist	距离
LI	* List	显示图形数据信息

表 5-2　绘图快捷命令

快捷命令	命令全称	命令意义
A	* Arc	圆弧
B	* Block	图块制作
C	* Circle	圆
DO	* Donut	圆环
L	* Line	直线
XL	* Xline	射线
PL	* Pline	多段线
ML	* Mline	多线
SPL	* Spline	样条曲线
PO	* Point	点
POL	* Polygon	正多边形
REC	* Rectang	矩形
EL	* Ellipse	椭圆
REG	* Region	面域
T	* Mtext	多行文本
DT	* Dtext	单行文本
I	* Insert	插入块
W	* Wblock	定义块文件
DIV	* Divid	等分
H	* Hatch	填充

表 5-3　修改快捷命令

快捷命令	命令全称	命令意义
CO	* Copy	复制
MI	* Mirror	镜像
AR	* Array	阵列
O	* Offset	偏移
RO	* Rotate	旋转
M	* Move	移动
E	* Erase	删除
X	* Explode	分解
J	* Join	合并
TR	* Trim	修剪
EX	* Extend	延伸
S	* Stretch	拉伸
LEN	* Lengthen	直线拉长
SC	* Scale	比例缩放
BR	* Break	打断
CHA	* Chamfer	倒角
F	* Fillet	倒圆角
PE	* Pedit	多段线编辑
ED	* Ddedit	修改文本

表 5-4　视图缩放快捷命令

快捷命令	命令全称	命令意义
P	* Pan	视图平移
Z	* Zoom	视图缩放
Z+A	* Zoom All	显示全部图形
Z+E	* Zoom Extents	充满显示
Z+P	* Zoom Previous	显示前一视图
Z+空格	* Zoom Real Time	实时缩放视图

表 5-5　尺寸标注快捷命令

快捷命令	命令全称	命令意义
DLI	* Dimlinear	直线标注
DAL	* Dimaligned	对齐标注
DRA	* Dimradius	半径标注
DDI	* Dimdiameter	直径标注
DAN	* Dimangular	角度标注
DCE	* Dimcenter	中心标注
DOR	* Dimordinate	点标注
TOL	* Tolerance	标注形位公差
LE	* Qleader	快速引出标注
DBA	* Dimbaseline	基线标注
DCO	* Dimcontinue	连续标注
D	* Dimstyle	标注样式
DED	* Dimedit	编辑标注
DOV	* Dimoverride	替换标注系统变量

表 5-6　功能键快捷命令

功能键	命令含义	功能键	命令含义
F1	帮助	F7	栅格开关
F2	打开文本窗口	F8	正交开关
F3	对象捕捉开关	F9	捕捉开关
F4	数字化开关	F10	极轴开关
F5	等轴侧平面转换	F11	对象追踪开关
F6	坐标转换开关	F12	动态输入开关

表 5-7 "Ctrl"类快捷命令

快捷命令	命令全称	命令意义
Ctrl+0	* Clean Screen ON	切换"全屏显示"
Ctrl+1	* Properties	切换"特性"选项板
Ctrl+2	* Design Center	切换"设计中心"
Ctrl+3	* Tools Option	切换"工具选项"
Ctrl+4	* Sheet Set	切换"图纸集管理器"
Ctrl+6	* DbConnect	切换"数据库连接管理器"
Ctrl+7	* Markup	切换"标记集管理器"
Ctrl+8	* Quickcalc	切换"快速计算器"选项板
Ctrl+9	* Commandlinehide	切换"命令行"窗口
Ctrl+A	* Select All	选择图形所有对象
Ctrl+B	* Snap	栅格捕捉
Ctrl+C	* Copyclip	复制
Ctrl+F	* Osnap	切换对象捕捉
Ctrl+G	* GRrid	切换栅格
Ctrl+H	* Pickstyle	切换 Pickstyle 值
Ctrl+I	* Coords	切换坐标显示
Ctrl+L	* Ortho	切换正交
Ctrl+N	* New	新建文件
Ctrl+O	* Open	打开文件
Ctrl+P	* Plot	打印文件
Ctrl+Q		退出
Ctrl+S	* Save	保存文件
Ctrl+U	* Polar	切换极轴
Ctrl+W	* Otrack	切换对象捕捉追踪
Ctrl+V	* Pasteclip	粘贴
Ctrl+X	* Cutclip	剪切
Ctrl+Y	* Mredo	取消前面的"放弃"动作
Ctrl+Z	* Undo	放弃
Ctrl +Shift+A		切换组
Ctrl + Shift+C	* Copybase	指定基点复制对象到剪贴板
Ctrl + Shift+P		切换"快捷特性"界面
Ctrl + Shift+S	* Saveas	显示"另存为"对话框
Ctrl + Shift+V	* Pasteblock	将剪贴板中的数据作为块粘贴

第六章　注释性文字与标注

【学习提示】建筑制图的注释性标注是建筑图纸的重要组成部分，是表示建筑的尺寸以及必要文字说明、符号说明等对象，这些注释内容与建筑物本身是没有关系的，而与图纸的输出比例有密切的关系，如果想要学好建筑的注释，那么必须充分理解比例的问题，在本章中，对此将细致讲解。

6.1　Text 文字

建筑制图中，经常会使用单行文字和多行文字创建技术，以帮助用户方便快捷地创建相关的一些说明、标题等文字。下面就为大家详细地介绍一下单行文字和多行文字的创建与使用。

6.1.1　文字样式的创建

在书写文字之前需要首先创建或修改文字样式。

1. 注释性文字的创建

执行“ST”文字样式命令，弹出“文字样式”对话框，如图 6-1 所示。

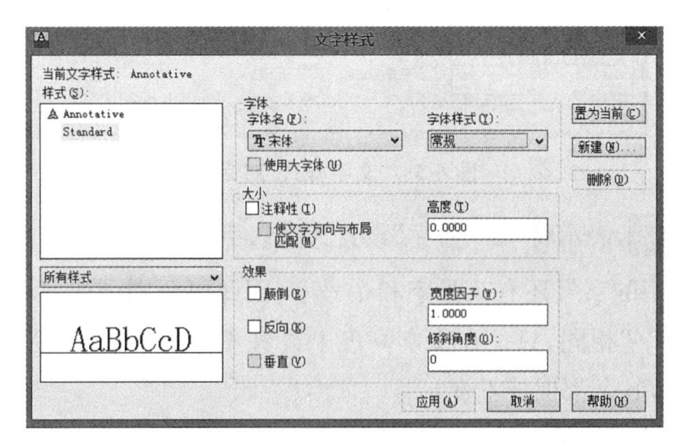

图 6-1　“文字样式”对话框

1. 默认文字高度为0.000，不是书写时的文字高度为0，而是在书写文字时可以进行调整文字高度，如果改变为其他的高度，在书写文字时就不能更改文字高度。

2. 宽度因子指的是单个文字的宽度和高度的比值，由于建筑中采用的是长仿宋字体，所以我们将宽度因子改为0.7。

根据建筑制图规范要求，书写字体要采用长仿宋样式。可以直接将默认的文字样式“Standard”样式更改，也可以新建一个文字样式。这里采用新建文字样式的方法。

步骤一：点击 新建(N)... ，弹出“新建文字样式”对话框，将文字样式名称更改为“3.5号字”，如图6-2所示，点击确定，产生新的文字样式。

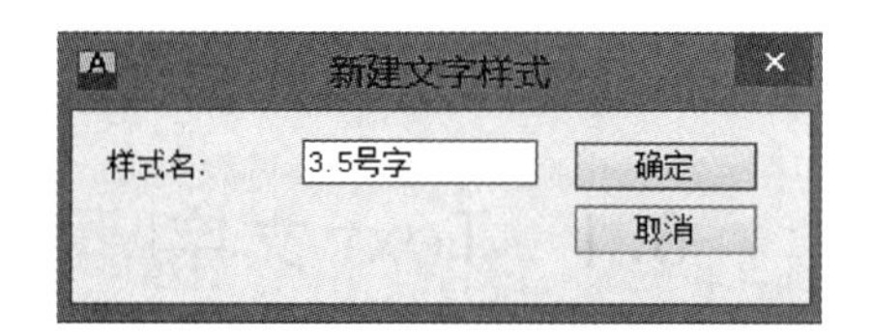

图6-2 “新建文字样式”对话框

步骤二：调整字体名为：仿宋，将其高度设置为3.5，宽度因子改为0.7，勾选注释性，如图6-3所示。

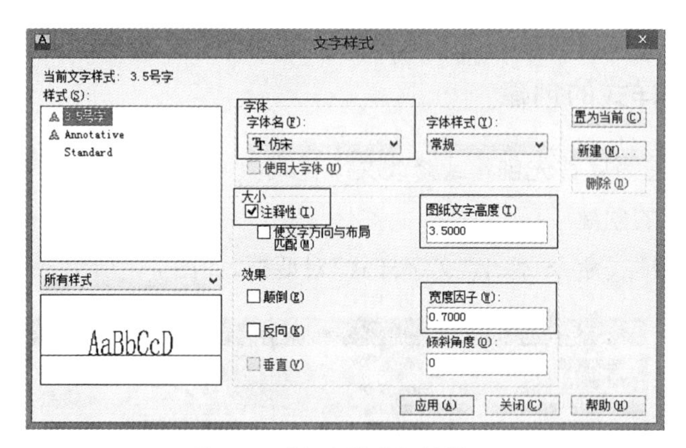

图6-3 “文字样式”对话框

点击 置为当前(C) ，表示将“3.5号字”设置为默认字体，然后关闭“文字样式”对话框。

建筑制图中常用的字号还有5号字和7号字，因此要分别创建“5号字”和“7号字”，其创建方法和“3.5号字”相同，只是在文字高度上设置不同，“5号字”设置的字高为5，“7号字”设置的字高为7，其余都保持不变。

2. 非注释性文字的创建

在AutoCAD 2014中，不是所有文字都使用注释性，有些文字需要使用非注释性，例如某建筑墙体上面的装饰性文字，这些文字与建筑是一体的，其大小的改变随建筑整体的缩放而改变。

其创建方法如下：

执行“ST”文字样式命令，弹出“文字样式”对话框，如图 6-4 所示。

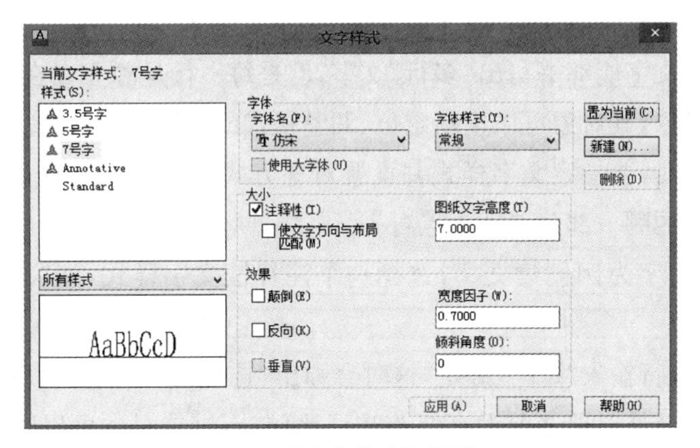

图 6-4　“文字样式”对话框

步骤一：点击 新建(N)... ，弹出“新建文字样式”对话框，将文字样式的名称更改为“非注释性文字”，如图 6-5 所示，点击确定，产生新的文字样式。

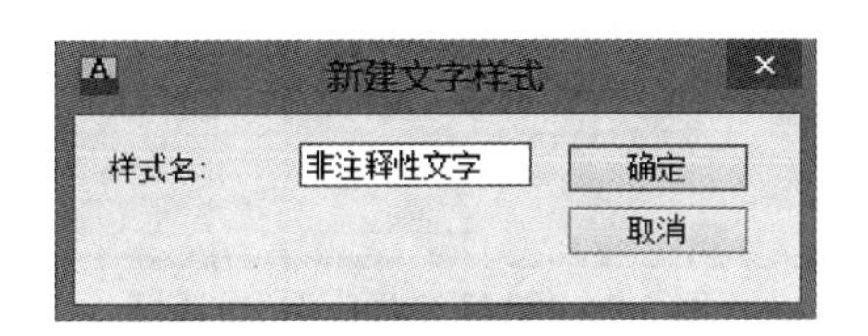

图 6-5　“新建文字样式”对话框

步骤二：调整字体名为“仿宋”或其他字体，宽度因子改为 0.7，其余默认不变，如图 6-6 所示。

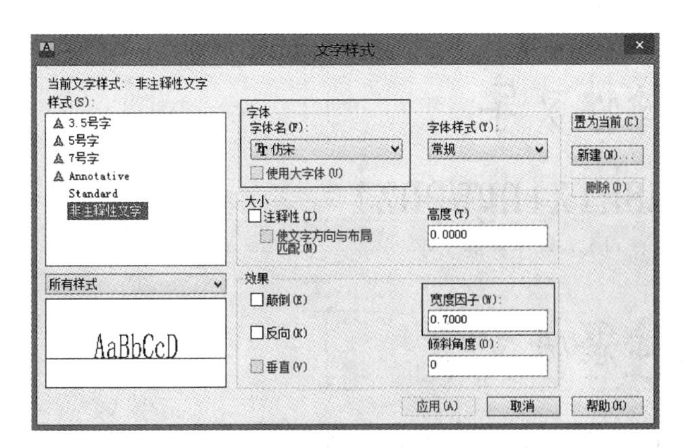

图 6-6　“文字样式”对话框

6.1.2 DT (Dtext)单行文字

在使用单行文字书写完成一行时，按一次回车键，代表换行，再按一次回车键代表书写完成。

即使使用单行文字能够书写出“多行”文字，但是每一行是独立存在的，即每一行文字是一个独立存在的对象，其对象可以重新定位、调整格式或进行其他修改。

创建单行文字时，要指定文字样式并设置对齐方式。文字样式设置文字对象的默认特征。对齐决定字符的哪一部分与插入点对齐。

1. 以注释性文字为例创建文字，选择一个注释性文字样式，如“3.5 号字”，具体步骤如下：

第一步：在命令行输入“DT”，确定，这时会弹出“选择注释比例”对话框，如图 6-7 所示，这是因为在使用注释性对象之前没有修改注释比例，不过这时也可以直接在这里修改注释比例，修改比例后点击 确定 即可，这里先以 1∶1 为例书写文字。

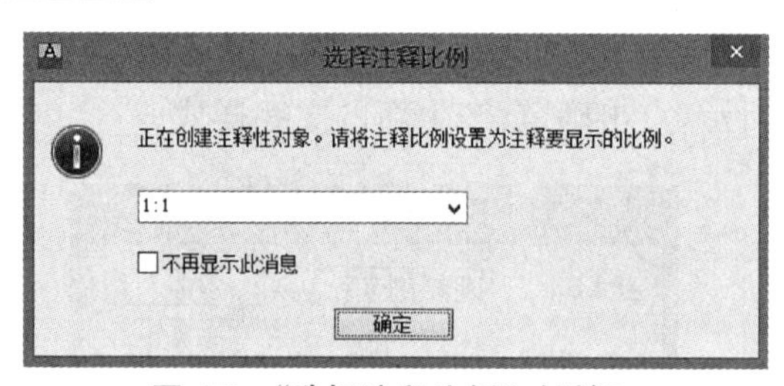

图 6-7 “选择注释比例”对话框

注释性文字 3.5
zhushixingwenzi
(a) 3.5 号注释性文字

注释性文字 7
zhushixingwenzi
(b) 7 号注释性文字

非注释性文字 7
feizhushixingwenzi
(c) 7 号非注释性文字

图 6-8 注释性文字与非注释性文字

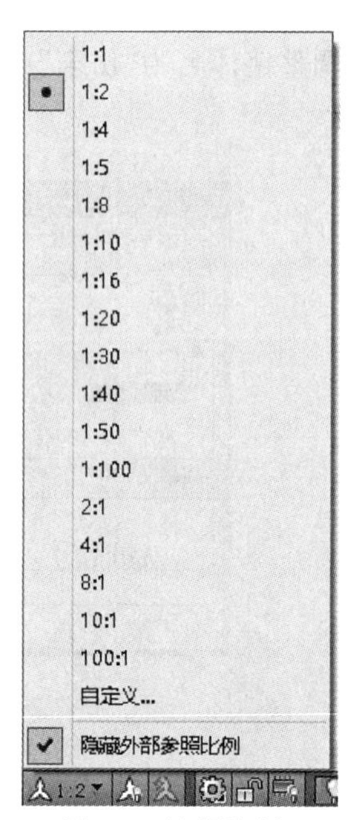

图 6-9 注释比例

第二步：指定文字的起点，单击书写文字的位置。

第三步：指定文字的旋转角度，默认为 0 度。

第四步：输入书写的文字内容，中文英文都可以，如图 6-8(a)所示，在使用单行文字书写完成一行时，按一次回车键，代表换行。在书写完成时，按两次回车键，这样就可以结束书写命令，也可以单击屏幕其他位置，然后会出现再需要书写文字，如果还要再书写文字，可以继续书写，如果要结束书写文字，按“Esc”键即可结束。

再以注释比例为 1∶2 的比例书写文字，这时需要修改注释比例，注释比例的修改在状态栏的右边，点击 1:1 ，如图 6-9 所示，选择注释比例为 1∶2，再次进行以上四个步骤，如图6-8(b)所示。

2. 以非注释性文字为例创建文字，具体步骤如下：

第一步：执行文字样式“ST”命令，将“非注释性文字”样式置为当前。

第二步：执行文字书写“DT”命令，按照提示指定文字的起点，单击书写文字的位置即可。

第三步：指定文字高度，这需要视情况而定，依据出图比例确定字体高度，正常文字高度为 3.5，如果出图比例为 1∶2，则应设置文字高度为 7，以此类推，这里设置文字高度为 7，这就相当于以注释性文字样式“3.5 号字”书写文字时，注释比例调为 1∶2，这里就可以看出来注释性文字的优越性。

第四步：指定文字的旋转角度，默认为 0 度。

第五步：输入书写的文字内容，中文英文都可以，如图 6-8(c)所示。

> 如要使用的注释比例不在如图 6-9 所示的列表中，可以选择自定义，自行设置其他比例。

6.1.3　MT (Mtext)多行文字

对于段落性文字的书写，如果采用单行文字，由于它的每一行都是单独存在的所以并不好编辑与修改，所以现在应该采用多行文字命令。

首先调整注释比例，然后在命令行输入“MT”，确定，指定文本框的第一角点，再指定文本框的对角点，就会弹出如图 6-10 所示的文字编辑器。

“多行文字” 功能区上下文选项卡包含大量的文字参数。

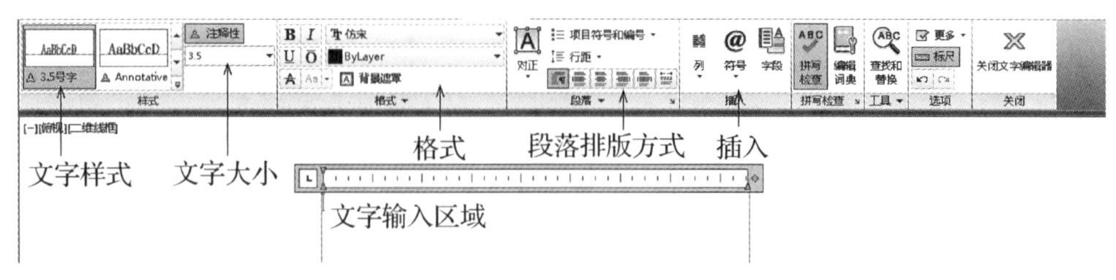

图 6-10　多行文字编辑器

文字的大多数特征由文字样式控制。若前面已经在文字样式里面将 3.5 号字设置为当前样式，输入多行文字命令的时候就会默认的以 3.5 号字样式为当前文字样式。大家就可以直接进行文字的输入。

在多行文字对象中，可以通过将格式(如字体、下划线、粗体和不同的字体)应用到单个字符来替代当前文字样式。

比如选择字体，可以在如图 6-10 所示的“格式”位置选择。

通过插入工具，可以插入以“ASCII”或“RTF”格式保存的文件中的文字。也可以在多行文字中插入字段。

在本例中，设置样式为“建筑文字”，字体高度为 3.5(注意：更改完成高度必须点击回车键确定，否则不能更改)，书写以下文字，点击功能区右侧关闭文字编辑器，或鼠标点击绘图区域其他位置完成多行文字的书写，如图 6-11 所示。

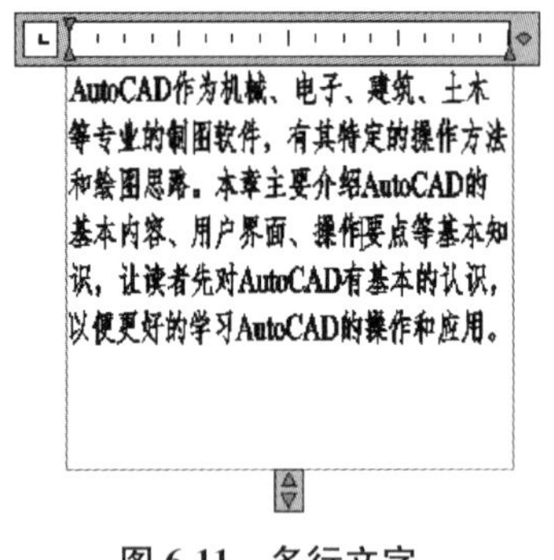

图 6-11　多行文字

如果对已经书写完成的文字进行修改，只需要双击文字即可。

6.2　Dimension 尺寸标注

6.2.1　对尺寸标注的认识

要想正确设置尺寸标注样式，首先要认识尺寸标注的各个组成部分，下面先通过一个图例来认识一下尺寸标注的基本组成部分，如图 6-12 所示。

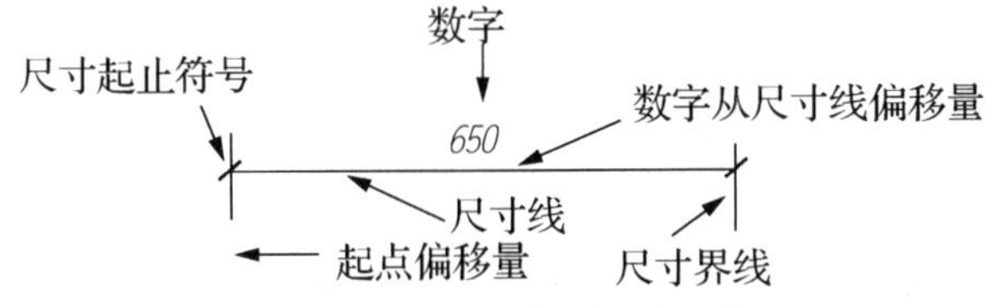

图 6-12　长度尺寸标注的组成

图样上的尺寸由尺寸界线、尺寸线、尺寸的起止符号和尺寸数字等组成。尺寸界线用细实线绘制，一般应与被注长度垂直，其一端离开图样的轮廓线不小于 2 mm，另一端宜超出尺寸线 2～3 mm。尺寸线应用细实线绘制，应与被注长度平行。图样本身的任何图线均不得用作尺寸线。尺寸起止符号用中粗斜短线绘制，其倾斜方向应与尺寸界线成顺时针 45 度角，长度宜为 2～3 mm。尺寸数字宜采用 3.5 号字；半径、直径、角度与弧长的尺寸起止符号，宜用箭头表示，如图 6-13 所示。

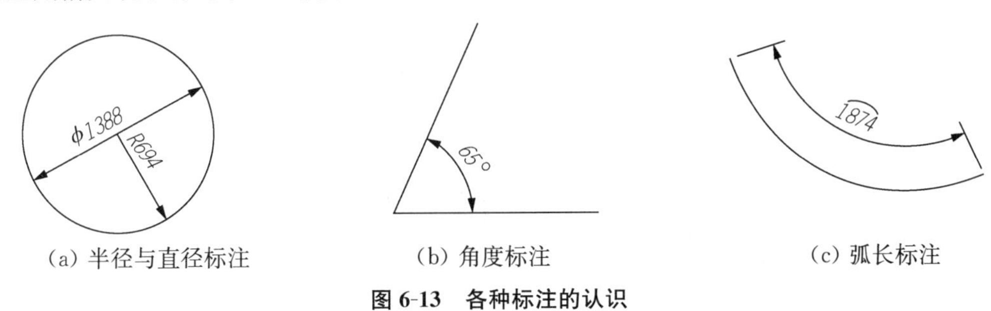

图 6-13　各种标注的认识

6.2.2　标注样式的创建

1. 长度标注样式的创建

执行“D”(Dim Style)标注样式命令，打开“标注样式管理器”对话框，如图 6-14 所示。左侧列出的是当前文件中的标注样式，建筑工程图纸往往需要根据具体情况创建不同的标注样式，应用于不同类型的标注，比如长度标注、角度标注、半径标注、直径标注等，这里着重讲解长度标注样式的创建，其他标注样式的创建将在后面的章节逐一介绍。

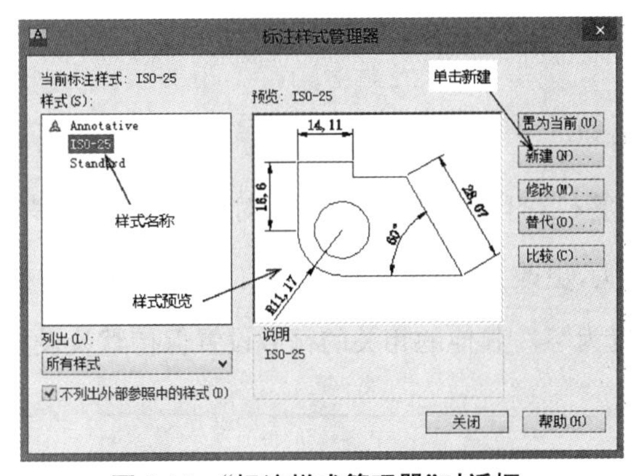

图 6-14　“标注样式管理器”对话框

第一步:单击右侧区域的 新建(N)... 图标,弹出“创建新标注样式”对话框进行新样式的命名及更改标注样式的应用类型,由于是注释性对象,需要勾选注释性,可以单击下拉箭头更改应用范围,这里选择线性标注,如图 6-15 所示。

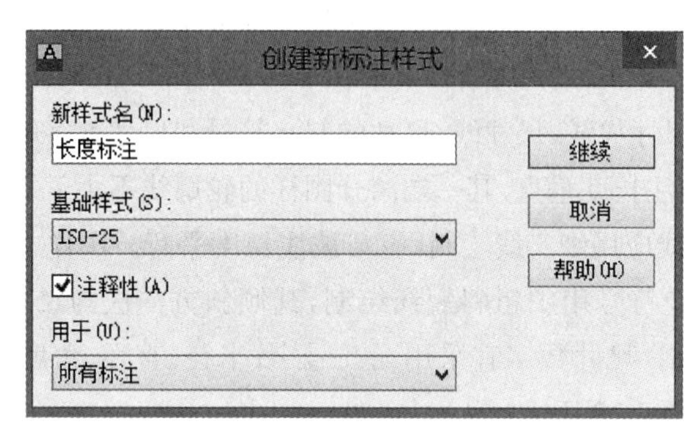

图 6-15　创建长度标注

第二步:单击 继续 图标,打开“新建标注样式”对话框,如图 6-16 所示。通过项目标签有许多内容需要调整,根据具体工程的需要,设置不同的内容。

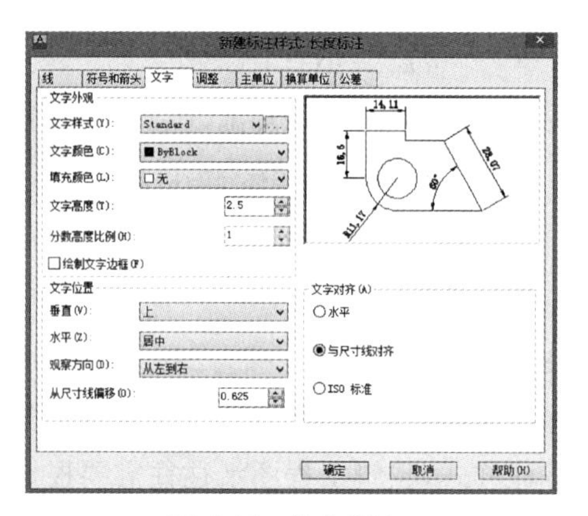

图 6-16　长度标注

这里以“3.5 号字”样式为依据来进行调整,虽然调整项目繁多,其实只要把握住关键内容也非常简单,根据建筑制图标准和原有标注样式“ISO－25”的内容,仅需要调整五部分内容就可以完成。

第一部分,箭头和符号

单击 符号和箭头 标签栏,打开如图 6-17 所示对话框,更改箭头的样式,在箭头位置,单击 第一个(T): 的下拉箭头,更改为“建筑标记”样式,第二个自动调整,引线设置项保持默认设置,箭头大小如图设置为“1”,其他的相关的符号设置保持默认设置。

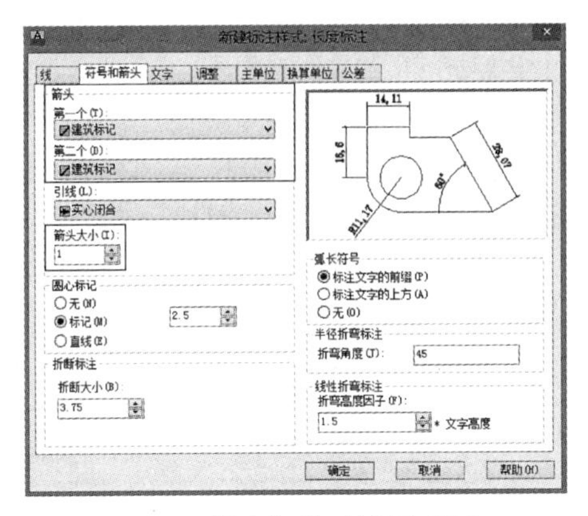

图 6-17 长度标注:符号和箭头

第二部分,线

单击 线 标签栏,可以对尺寸线和尺寸界线进行更改。尺寸线可以对其颜色、线型、线宽、超出标记、基线距离等多个方面进行编辑,所有设置项保持默认设置即可。在尺寸界线的设置中,对其颜色、线型、线宽等选择项保持默认,调整尺寸界线超出尺寸线的距离为2.5,起点偏移量为2,如图6-18所示。

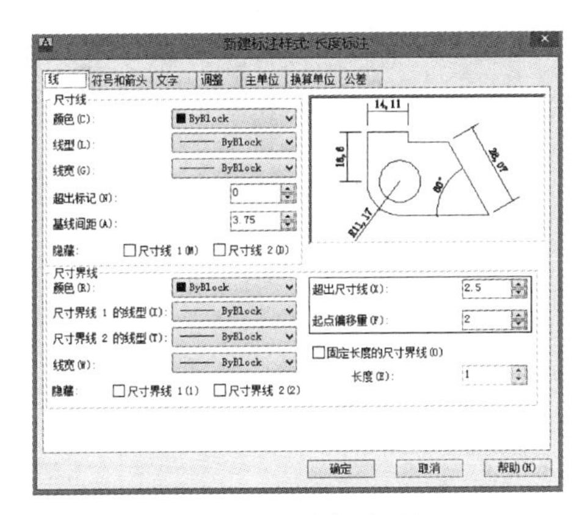

图 6-18 长度标注:线

第三部分,文字

单击 文字 选项卡,调整文字样式为"3.5号字",再调整文字从尺寸线偏移量,依然在文字选项中,修改文字"从尺寸线的偏移量0.625"为0.5,目的是为了避免文字和尺寸线重合,以便能够清晰显示。

当然,在文字选项中还有一些可以调整的项目,比如文字位置,水平方向和垂直方向也可以进行调整,文字的对齐方式也可以调整,只是默认情况就可以符合要求,如图6-19所示。

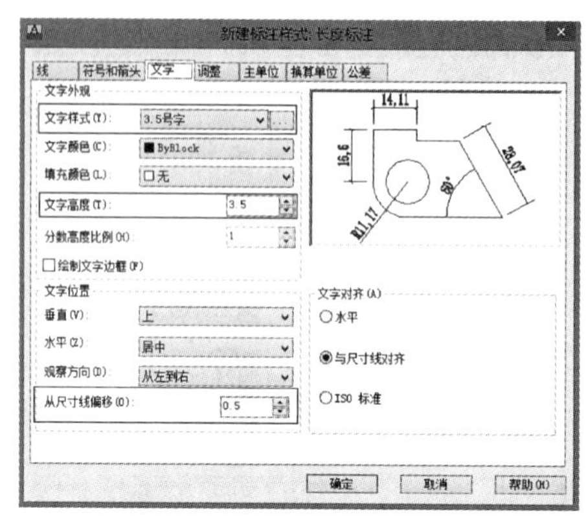

图 6-19　长度标注:文字

第四部分,调整

单击 调整 ,在调整选项里,可以调整当文字不在默认位置上时文字的位置,点选"尺寸线上方不带引线"。这里设置有利于调整文字的位置。若前面新建文件的时候没有打开注释性,可以在调整选项里勾选注释性,如图 6-20 所示。

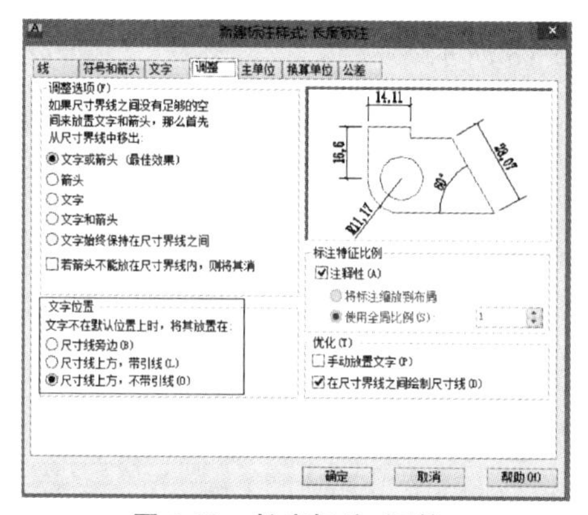

图 6-20　长度标注:调整

第五部分,主单位

单击 主单位 ,主单位的精度设置为"0"即可,如图 6-21 所示。

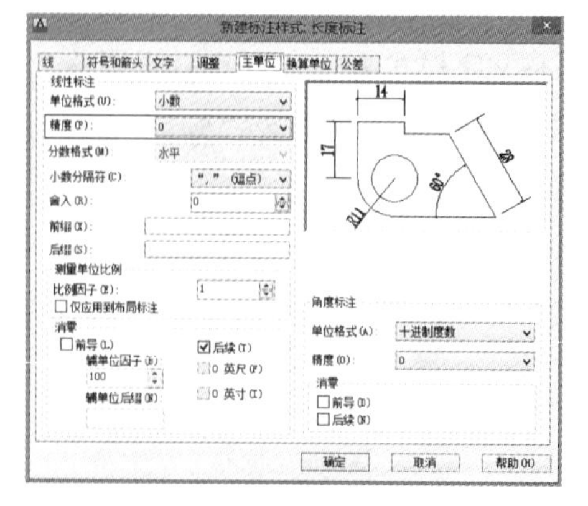

图 6-21　长度标注:主单位

第三步:调整完成,单击[确定],返回,此时在左侧的列表中就出现了"3.5 号字"样式,单击[置为当前(U)],将建筑样式置为当前样式,如图 6-22 所示。单击[关闭],关闭标注样式管理器。

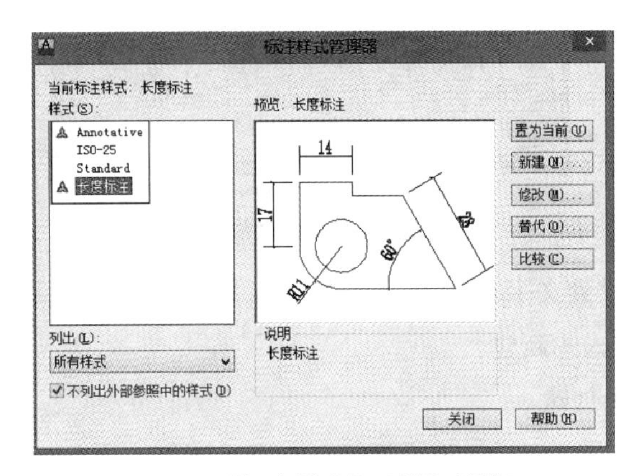

图 6-22　"标注样式管理器"对话框

2. 半径标注样式的创建

根据建筑制图规范,半径的尺寸线应一端从圆心开始,另一端画箭头指向圆弧,半径数字前应加注半径符号"R"。所以对球、圆弧进行半径标注的时候需要对标注样式进行更改,创建新的标注样式。

以"ISO－25"为基础样式创建新的标注样式。样式名称为"半径标注",勾选注释性,如图 6-23所示。

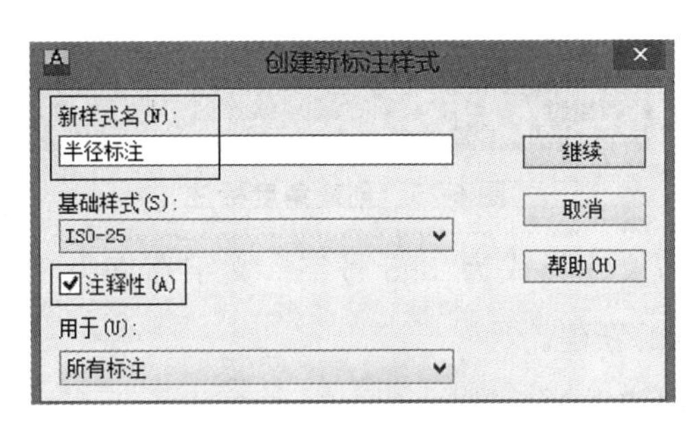

图 6-23　创建半径标注

然后单击"继续",设置文字样式为"3.5 号字",文字高度为 3.5,其他项保持默认即可,单击"确定"完成标注样式的新建。

3. 直径标注样式的创建

标注圆的直径尺寸时,直径数字前应加直径符号"Φ"。在圆内标注的尺寸线应通过圆心,两端画箭头指至圆弧。直径的标注样式和前面的几种标注也不一样,所以需要新建一个直径的标注样式。

键盘输入"D"打开标注样式创建面板,单击"新建",以"ISO－25"为基础样式新建一个标注样式并命名为“直径标注”，如图 6-24 所示。

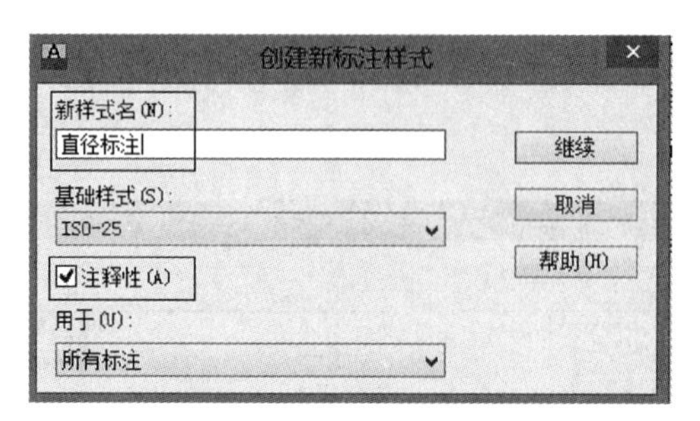

图 6-24　创建直径标注

然后单击“继续”，设置文字样式为“3.5 号字”，文字高度为 3.5，其他项保持默认即可，单击“确定”完成标注样式的新建。

4. 角度标注样式的创建

角度的尺寸线应以圆弧表示。该圆弧的圆心应是该角的顶点，角的两条边为尺寸界线。起止符号应以箭头表示，如果没有足够位置画箭头，可用圆点代替，角度数字应沿尺寸线方向注写。以“ISO－25”基础样式创建新的标注样式，命名为“角度标注”，勾选注释性，如图 6-25所示。

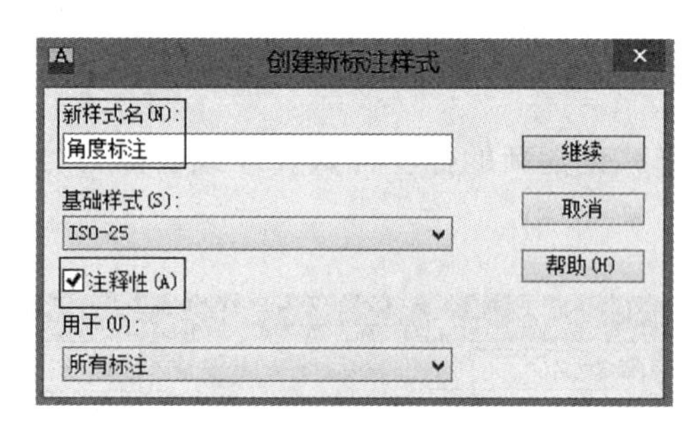

图 6-25　创建角度标注

然后单击“继续”，设置文字样式为“3.5 号字”，文字高度为 3.5，其他项保持默认即可，单击“确定”完成标注样式的新建。

5. 弧长标注样式的创建

根据建筑制图统一标准，标注圆弧的弧长时，尺寸线应以与该圆弧同心的圆弧线表示，尺寸界线应指向圆心，起止符号用箭头表示，弧长数字上方应加注圆弧符号，以角度标注为基础样式新建标注样式，命名为“弧长标注”，如图 6-26所示。

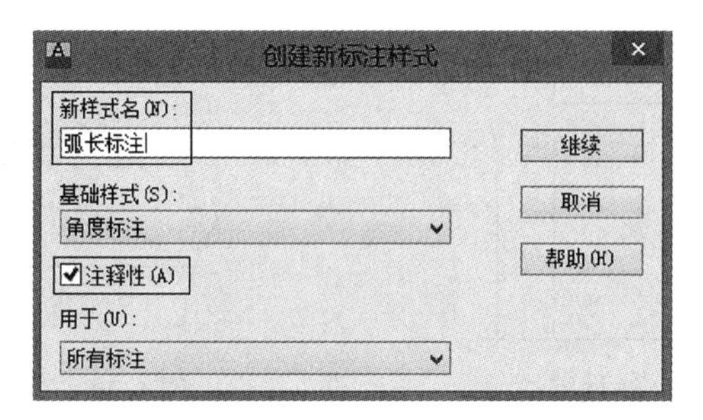

图 6-26　创建弧长标注

然后单击“继续”，更改“符号和箭头”，修改弧长符号为“标注文字的上方”即可，如图 6-27所示。

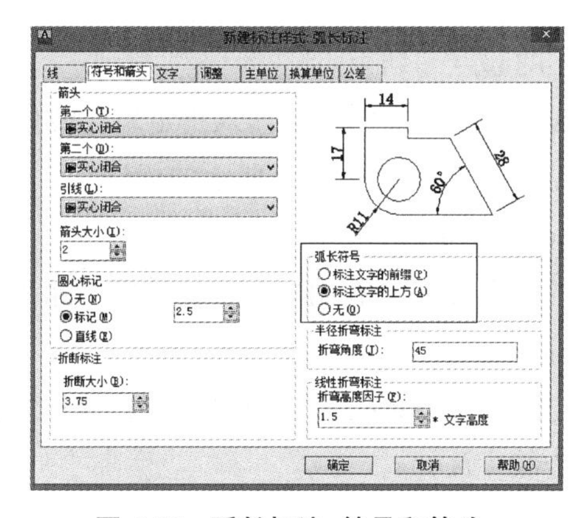

图 6-27　弧长标注：符号和箭头

6.2.3　标注样式的使用

不同标注需要使用不同的标注样式，在每次使用相应的标注样式时，一定要把要使用的标注样式置为当前，这样才会得到想要的标注效果，下面为各标注样式的使用方法。

1. DLI (Dim Linear)线性标注

(1) 执行“D”命令，将线性标注置为当前，关闭标注样式管理器，然后键盘输入“DLI”，确定，或单击图标，执行“Dim Linear”线性标注命令。线性标注表示标注指定两点之间的 X 轴或 Y 轴之间的距离。

(2) 指定两点作为标注的起点和结束点。

(3) 如果需要可以根据动态输入中的提示输入指定尺寸线位置的参数。

(4) 指定尺寸线的位置后可得到如图 6-28 所示的标注。

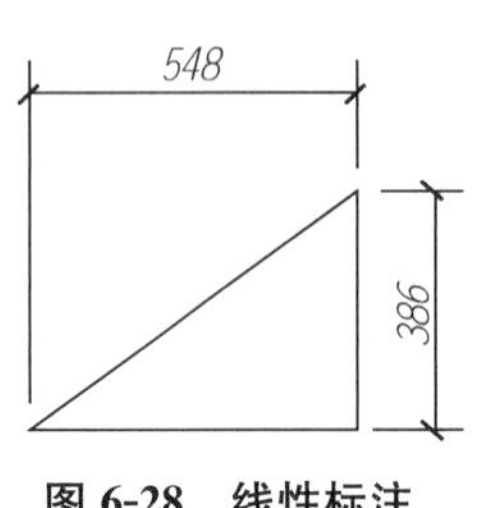

图 6-28　线性标注

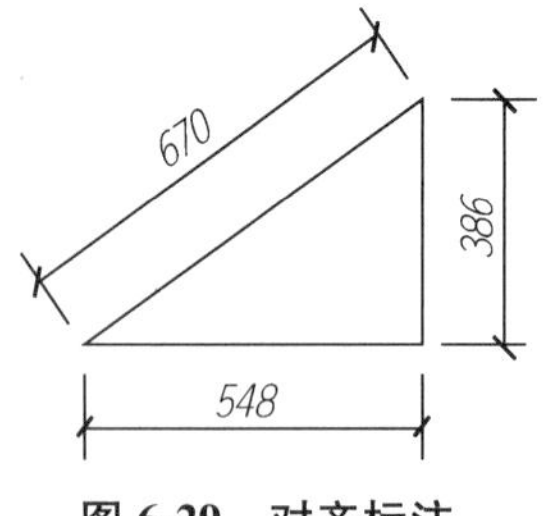

图 6-29　对齐标注

2. DAL（Dim Aligned）对齐标注

（1）键盘输入“DAL”，确定，或单击图标，执行“Dim Aligned”对齐标注命令。对齐标注表示标注指定两点之间的距离。

（2）指定两点作为标注的起点和结束点。

（3）如果需要可以根据动态输入中的提示输入指定尺寸线位置的参数。

（4）指定尺寸线的位置后可得到如图 6-29 所示的标注

3. DCO（Dim Continue）连续标注

连续标注是首尾相连的多个标注。利用现有标注的第二条尺寸延伸线的原点作为第一条尺寸延伸线的原点进行标注。

因而必须注意，在创建连续或基线标注之前，必须创建线性、对齐或角度标注。

在建筑设计中均采用连续标注。

如图 6-30 所示图形的标注步骤为：

（1）执行“DLI”线性标注，或者单击图标，标注第一个尺寸即：990 位置。

（2）执行“DCO”连续标注，或单击图标。

（3）指定窗户右侧点，继续指定墙体右角点。

（4）两次回车确定，结束命令，可得到如图 6-30 所示的标注。

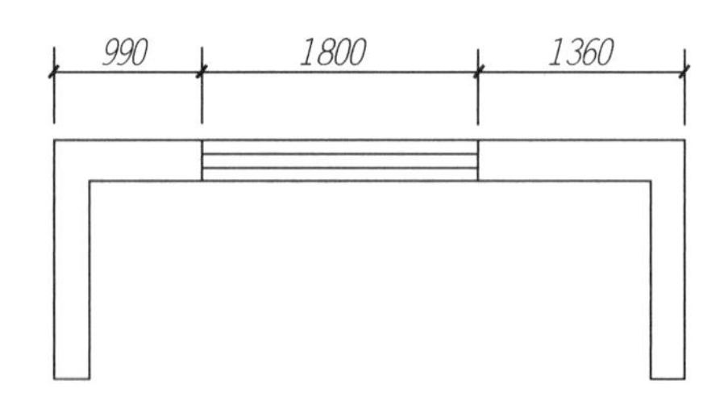

图 6-30　连续标注

基线标注和连续标注都是从上一个尺寸延伸线处测量的，除非指定另一点作为原点。

4. DBA（Dim Baseline）基线标注

基线标注是自同一基线处测量的多个标注。与连续标注不同，基线标注的每一个尺寸都是以第一条尺寸线的基线为依据，这在建筑工程图形中应用较少，而在电子、机械、制造等行业中应用较多。根据建筑制图规范，图样轮廓线以外的尺寸界线，距图样最外轮廓之间的距离，不宜小于 10 mm。平行排列的尺寸线的间距，宜为 7～10 mm，并应保持一致，所以基线标注时需要在以前的建筑标注样式上面将基线间距改为 10。在进行角度标注的时候将标注样式中的基线距离改为 500。

执行基线标注的步骤和连续标注的步骤是一样的，前提是都要有线性标注、对齐标注或者角度标注。可自当前任务的最近创建的标注中以增量方式创建基线标注。

如图 6-31 所示图形的标注步骤为：

（1）执行“DLI”线性标注，或者单击图标，标注第一个尺寸即：1193 位置。

（2）执行“DBA”基线标注，或单击图标。

（3）指定窗户右侧点，继续指定墙体右角点。

（4）回车确定，结束命令，就得到如图 6-31 所示的标注。

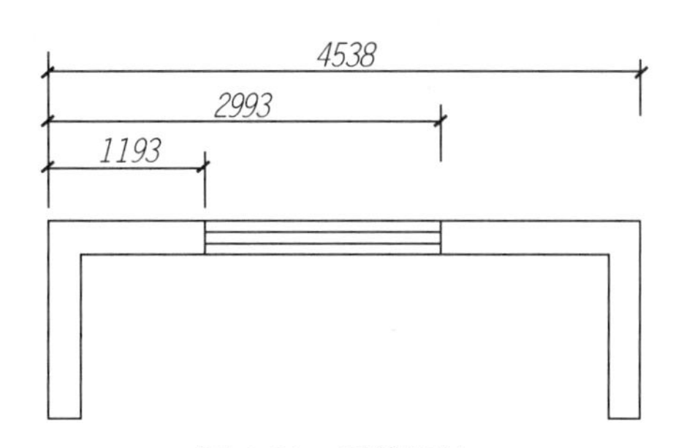

图 6-31　基线标注

> 可以在键盘输入“Dimdli”命令，输入相应的数值可以快速调整基线间距。

5. DRA（Dim Radius）半径标注

（1）执行“D” 命令，将半径标注样式置为当前，关闭标注样式管理器。

（2）键盘输入“DRA”，确定，或单击图标，标注圆或者圆弧的半径。

（3）根据命令提示窗口中的提示选择圆或者圆弧。

（4）如果需要可以根据动态输入中的提示输入指定尺寸线位置的参数。

（5）指定标注尺寸线的位置后可得到如图 6-32 所示的标注。

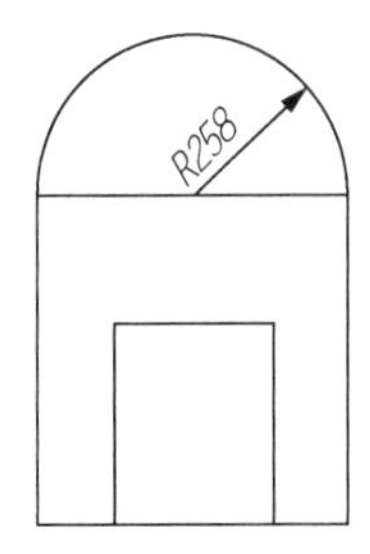

图 6-32　半径标注

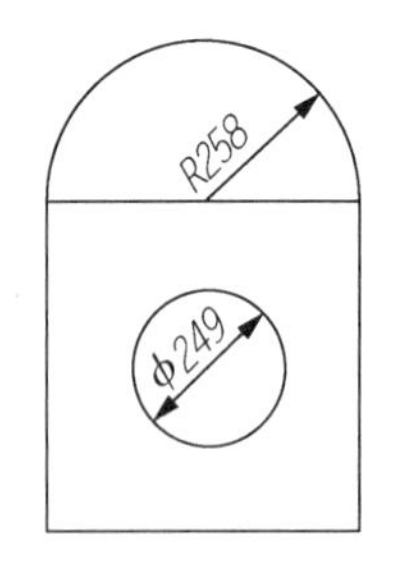

图 6-33　直径标注

6. DDI (Dim Diameter)直径标注

(1) 执行"D" 命令,将直径标注样式置为当前,关闭标注样式管理器。

(2) 键盘输入"DDI",确定,或单击图标,标注圆或者圆弧的直径。

(3) 根据命令提示窗口中的提示选择圆或者圆弧。

(4) 如果需要可以根据动态输入中的提示输入指定尺寸线位置的参数。

(5) 指定标注尺寸线的位置后可得到如图 6-33 所示的标注。

7. DAN (Dim Angular)角度标注

(1) 执行"D" 命令,将角度标注样式置为当前,关闭标注样式管理器。

(2) 键盘输入"DAN",确定,或单击图标,标注两条线的夹角,一段圆弧的角度或者标注圆上的两点之间的角度。

(3) 根据命令窗口中的提示选择两条非水平线、圆上的两点或者圆弧等。

(4) 根据提示指定标注弧线位置后可得到如图 6-34 所示的标注。

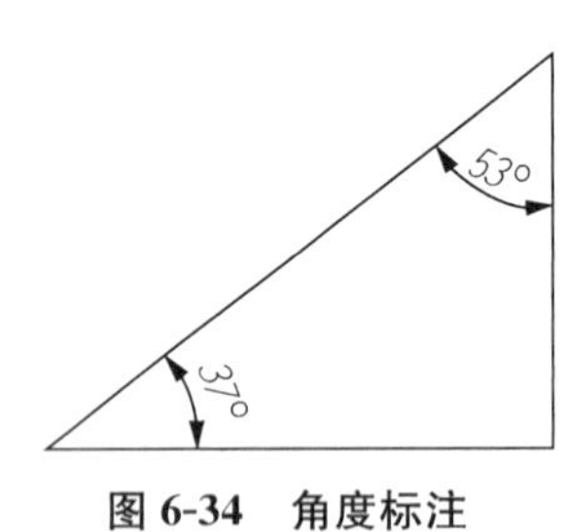

图 6-34　角度标注

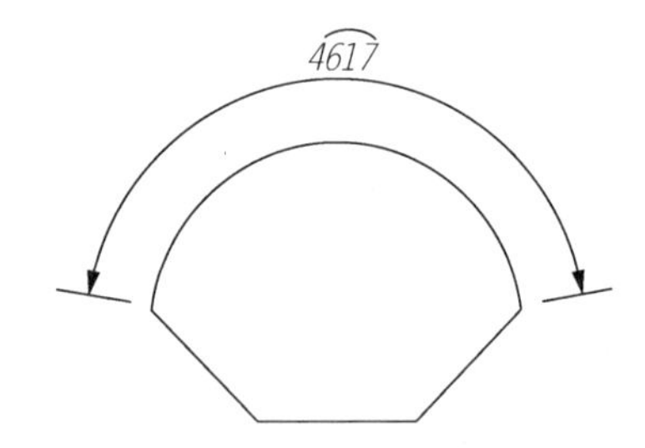

图 6-35　弧长标注

8. DAR (Dim Arc)弧长标注

(1) 执行"D" 命令,将弧长标注样式置为当前,关闭标注样式管理器。

(2) 键盘输入"DAR",确定,或单击图标,标注圆弧的长度或者 PL 线的圆弧段的长度,一段圆弧的角度或者标注圆上的两点之间的角度。

(3) 根据命令窗口中的提示选择圆弧或弧段。

(4) 根据提示指定标注弧线位置后可得到如图 6-35 所示的标注。

9. QDIM（Dim Quick）快速标注

快速标注是指可以通过一次选择多个图形对象标注，这是非常快速有效的方法，尤其是针对基线标注、连续标注以及标注一系列圆或者圆弧的直径、半径、圆点等。

如图 6-36 所示，均为快速标注的结果。

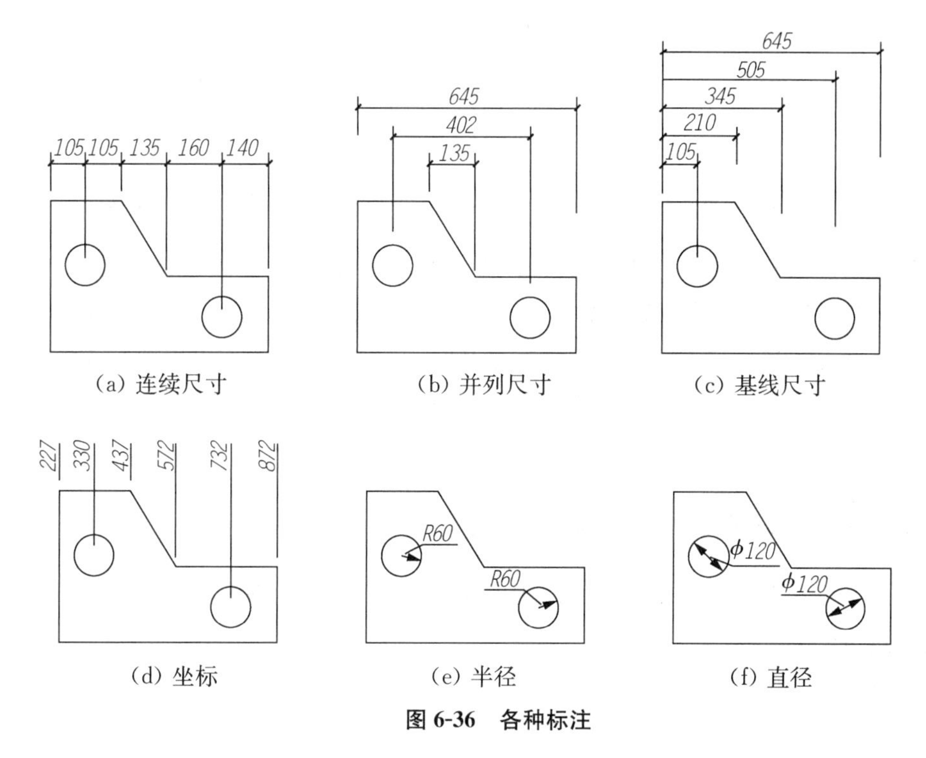

图 6-36　各种标注

（1）进行标注时，将相对应的标注样式置为当前，然后执行命令“QDIM”或单击快速标注图标。

（2）选择需要快速标注的图形对象，通常使用单选、窗口、交叉窗口或者栅栏选择，确定。

（3）选择需要标注的项目，在命令提示行有连续（C）/并列（S）/基线（B）/坐标（O）/半径（R）/直径（D）/基准点（P）/编辑（E）/设置（T）等项目，输入需要选择项目的首字母。

（4）指定尺寸线的位置。

创建系列基线或连续标注，或者为一系列圆或圆弧创建标注时，此命令特别有用。

6.2.4　尺寸标注的编辑修改

完成的标注尺寸线，有时候还需要调整相应的位置或者文字的内容等，通常情况下对于尺寸标注的组成、尺寸线、尺寸界线、文字等位置都可以通过夹点编辑来进行修改。

如图 6-37 所示，通过调整夹点 1 和 5 可以调整尺寸界线的位置，尺寸界线移动了，尺寸线上的文字也是动态变化的。

调整夹点 2 和 4，水平方向不会发生任何变化，而垂直方向移动则尺寸线可以跟随移动位置，可以调整尺寸线的位置。

调整夹点 3，可以任意调整文字的位置，注意不要受对象捕捉的影响。

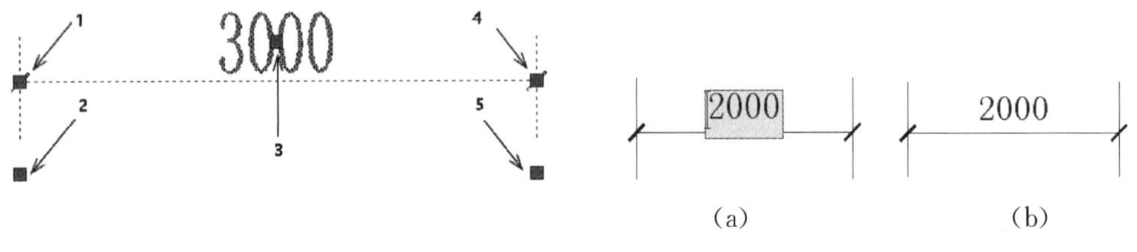

图 6-37　尺寸标注上的夹点　　　图 6-38　尺寸标注的修改

而如果要调整尺寸线上面的文字的内容，可以有两种方法：一种是双击尺寸标注；另一种方法是执行“ED”(Edit 文字编辑)命令，单击文字，得到如图 6-38(a)所示。在文本框中输入需要的数值即可，同时 Ribbon 功能区自动打开“文字编辑器”面板，可以执行文字的更多编辑操作，这里更改为 2000，然后在空白处单击左键，再按回车键完成。尺寸线上的文字更改完成，如图 6-38(b)所示。

6.2.5　尺寸标注在实例中的具体使用

本小节来学习一下尺寸标注的具体使用方法，以第三章已经讲解并制作出的平面图和立面图为例进行讲解。

1. 雅间平面图的标注

绘制如图 6-39 所示雅间平面图的标注：

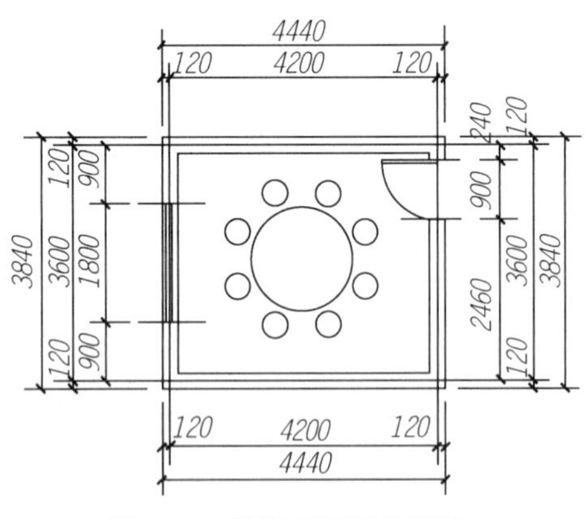

图 6-39　雅间平面图的标注

具体绘制步骤如下：

第一步：打开雅间平面图，为了标注的美观，首先为标注作辅助线，将墙线的辅助线分别向外偏移 800，再将偏移出来的线分别向外偏移 500，再将左右两边的线向外进行偏移 500，如图 6-40 所示。

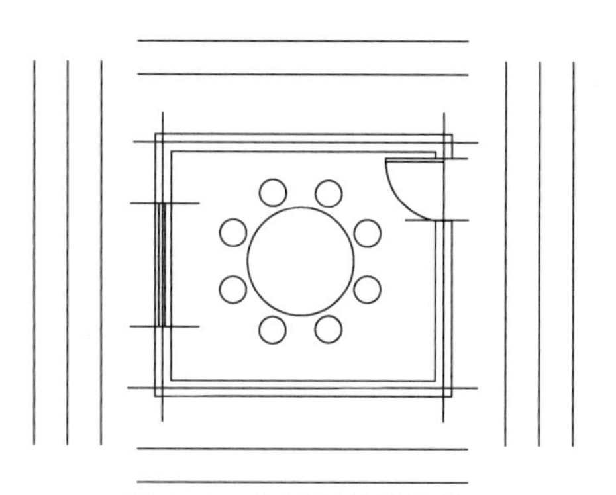

图 6-40　绘制标注辅助线

第二步：执行“D”标注样式命令，创建各标注样式，将“长度标注”置为当前，如图 6-41 所示。

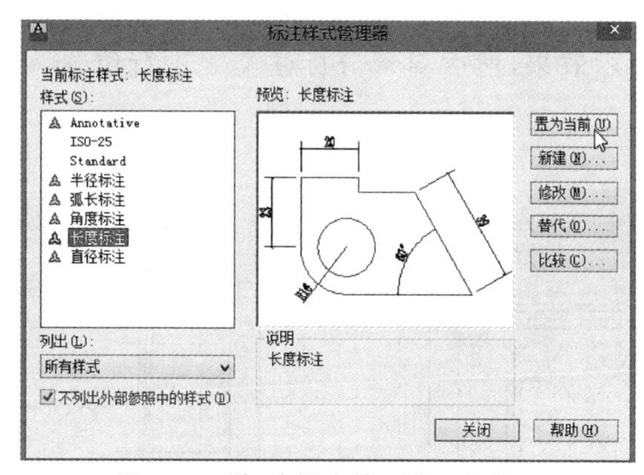

图 6-41　“标注样式管理器”对话框

第三步：先绘制左右两边的第一条标注，这里先将注释比例调为 1∶100，执行“QDIM”快速标注命令，进行框选，如图 6-42 所示，然后确定，这时命令提示行提示指定尺寸线位置，按“F3”键打开对象捕捉命令，进行捕捉，捕捉第一条辅助线，如图 6-43 所示，另一边用同样的方法进行标注，得到如图 6-44 所示，点击标注出来的“240”，选择夹点，调整文字位置，最终效果如图 6-45 所示。

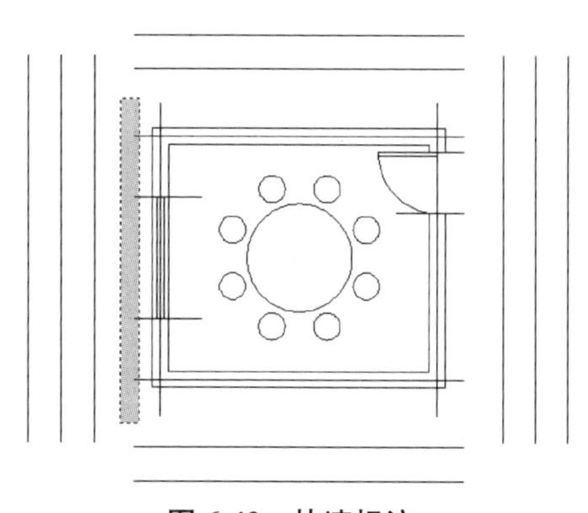

图 6-42　快速标注

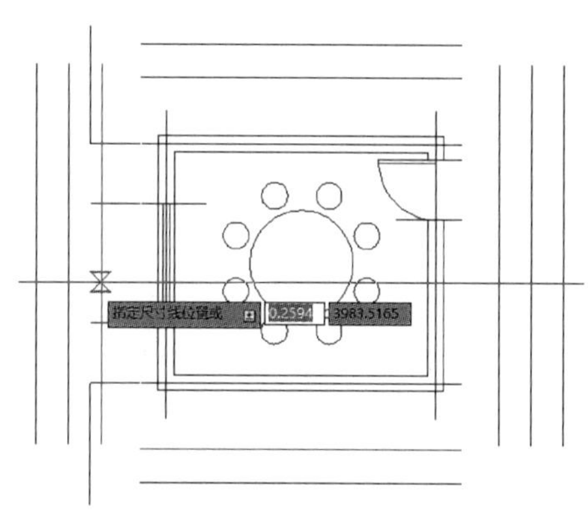

图 6-43　指定尺寸线位置

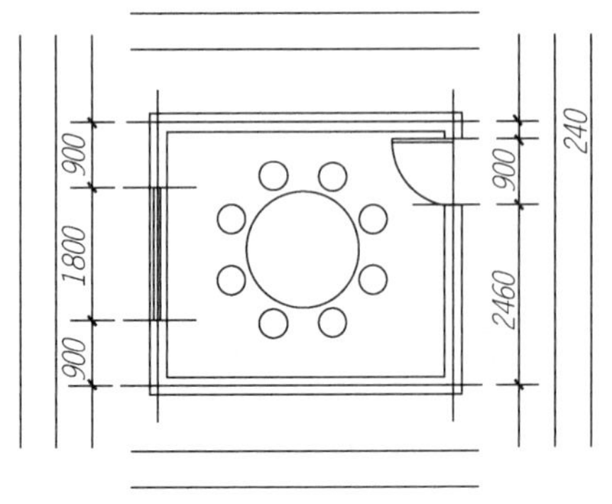

图 6-44　标注完成

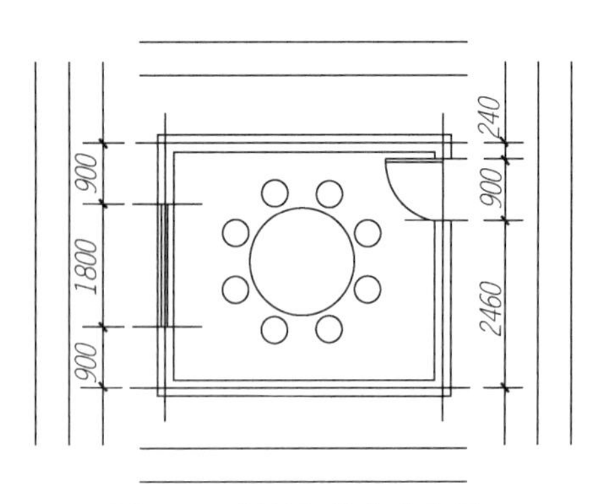

图 6-45　调整标注文字位置

第四步：接着绘制第二条标注，执行“DLI”线性标注命令，进行捕捉标注，如图 6-46 所示，接着执行“DCO”连续标注命令，进行捕捉，如图 6-47 所示，其他三面用同样的方法进行标注，得到如图 6-48 所示效果，然后对部分标注文字进行位置调整，最终效果如图 6-49 所示。

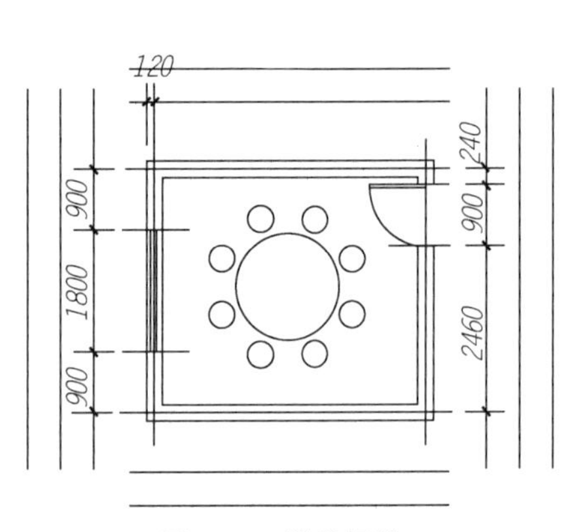

图 6-46　线性标注

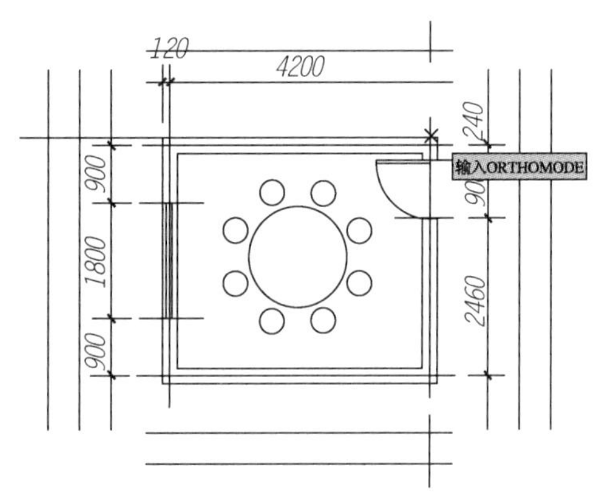

图 6-47　连续标注

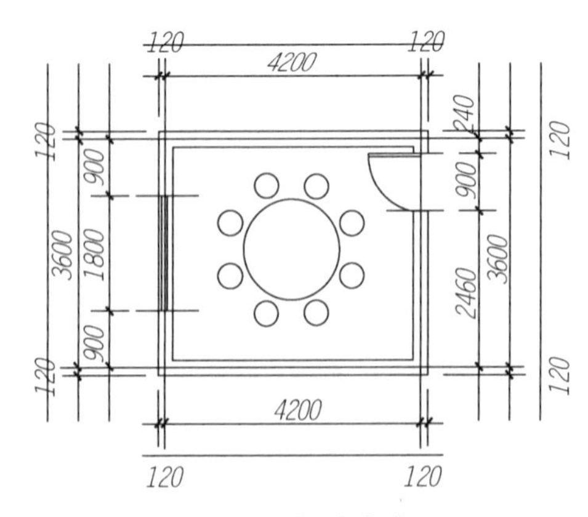

图 6-48　标注完成

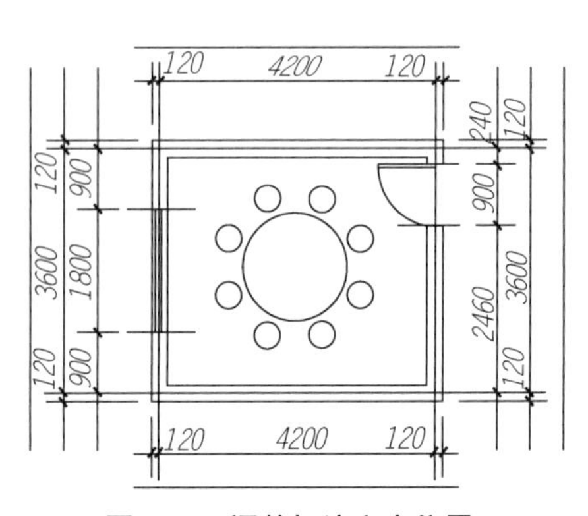

图 6-49　调整标注文字位置

第五步：绘制最外面的一条标注，执行“DLI”线性标注命令，捕捉墙线最外边界，最终效果如图 6-50 所示。

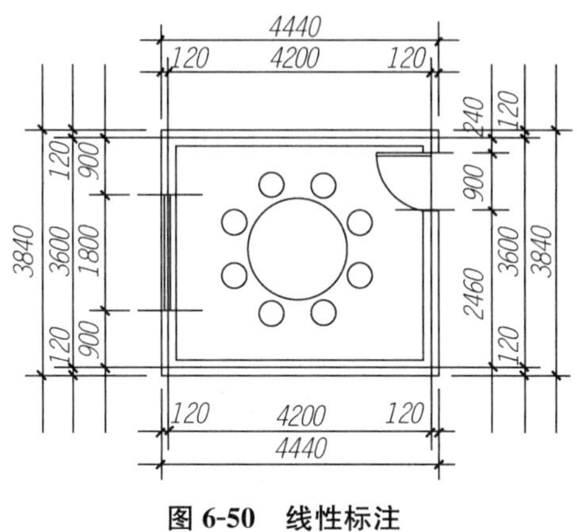

图 6-50 线性标注

第六步：绘制完成后，将第一步所作的辅助线全部删除，执行“E”删除命令，选择第一步所画的辅助线，最终效果如图 6-51 所示。

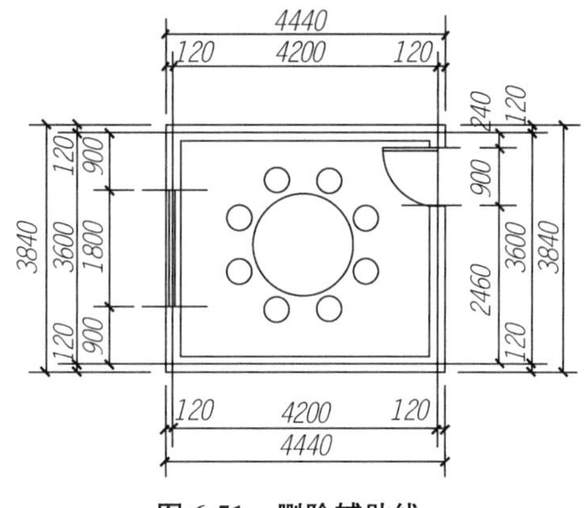

图 6-51 删除辅助线

2. 雅间立面图的标注

绘制如图 6-52 所示雅间立面图的标注：

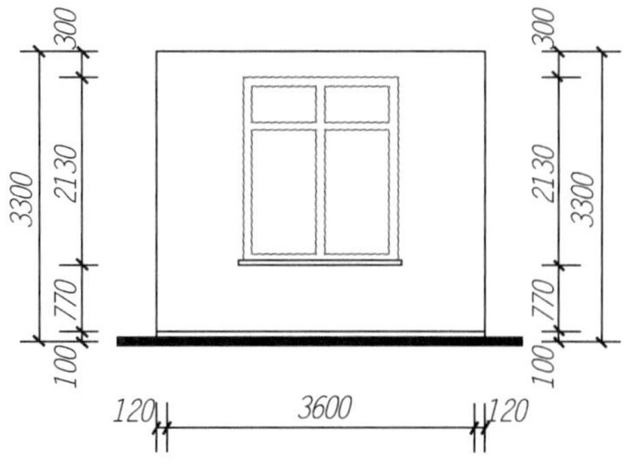

图 6-52 雅间立面图的标注

具体绘制步骤如下：

第一步：打开雅间立面图，同样为了标注的美观，首先绘制辅助线，绘制方法和平面图一样，效果如图 6-53 所示。

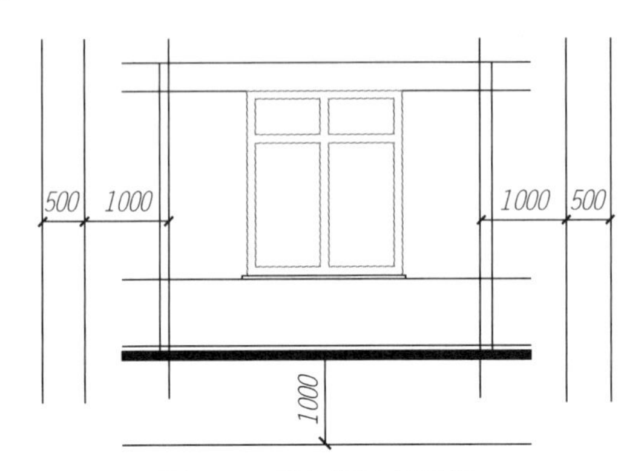

图 6-53　绘制标注辅助线

第二步：执行“D”标注样式命令，创建各标注样式，将“长度标注”置为当前，如图 6-54 所示。

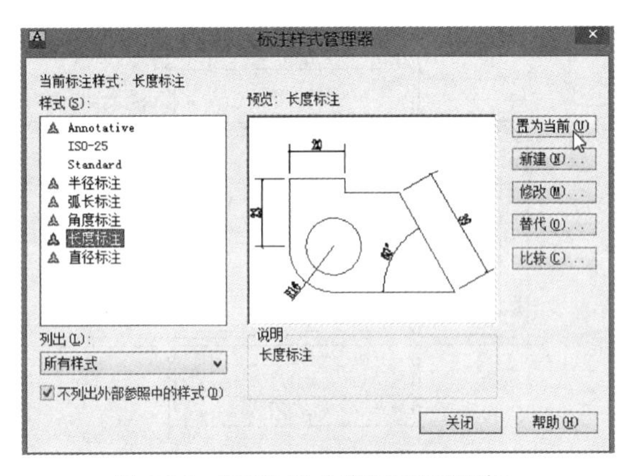

图 6-54　“标注样式管理器”对话框

第三步：先绘制左右两边的第一条标注，将注释比例调为 1：100，执行“QDIM”快速标注命令，进行框选，如图 6-55 所示，然后确定，这时命令提示行提示指定尺寸线位置，按“F3”键打开对象捕捉命令，进行捕捉，捕捉第一条辅助线，如图 6-56 所示，另一边以同样的方法进行标注，得到如图 6-57 所示，然后对部分标注文字进行位置调整，最终效果如图 6-58 所示。

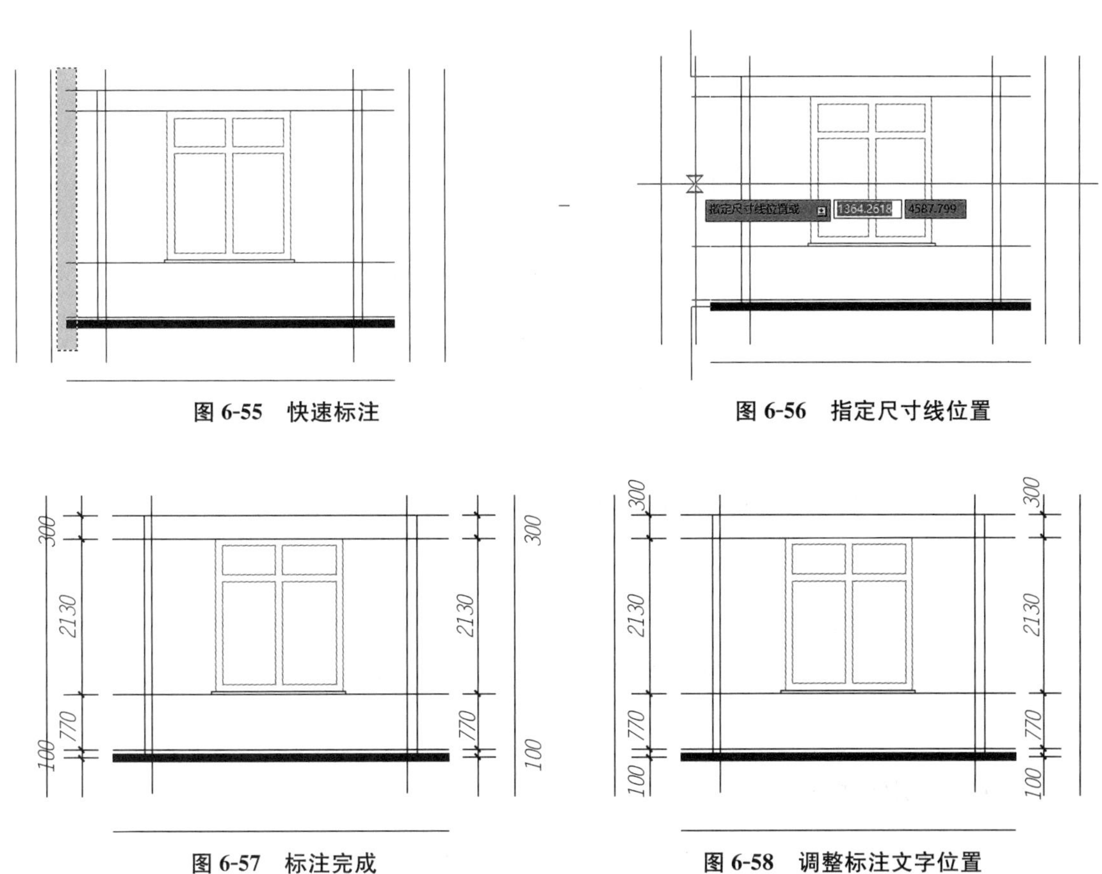

图 6-55　快速标注

图 6-56　指定尺寸线位置

图 6-57　标注完成

图 6-58　调整标注文字位置

第四步：接着绘制第二条标注，执行“DLI”线性标注命令，进行捕捉标注，然后对部分标注文字进行位置调整，最终效果如图 6-59 所示。

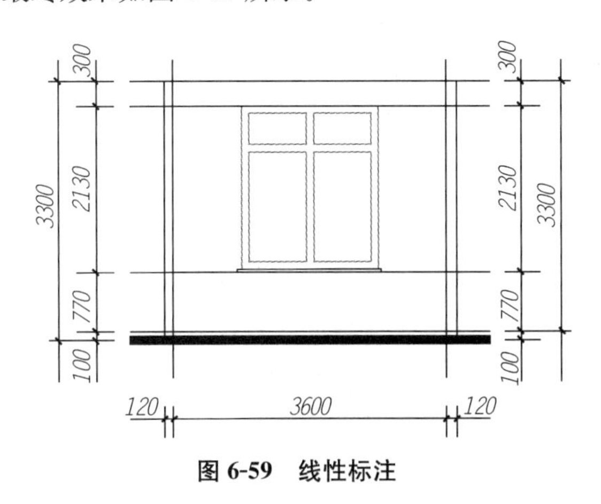

图 6-59　线性标注

第五步：绘制完成后，将第一步所作的辅助线全部删除，执行“E”删除命令，选择第一步所画的辅助线，最终效果如图 6-60 所示。

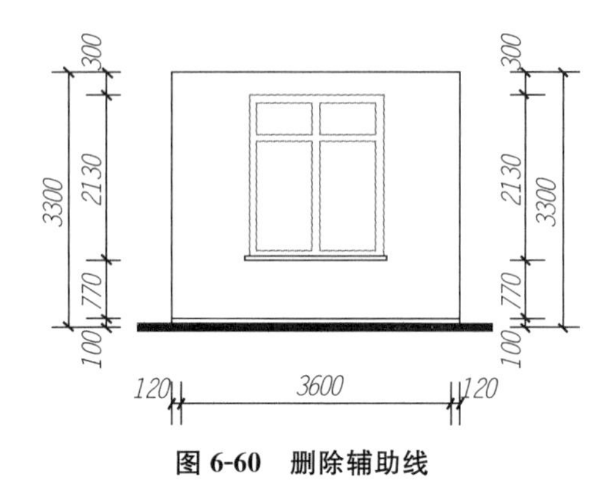

图 6-60　删除辅助线

6.3　Attribute Definition Block 属性块

前面已经讲解了制作普通块的方法与使用，AutoCAD 为用户提供了多种图块，如内部块、外部块、属性块、动态块、注释性块和综合性图块等。本节主要讲解一些常用图块的制作。

6.3.1　制作轴号

轴号与前面章节中做的“桌子”等图块不同，不同之处主要在于桌子是实际大小确定的对象，输出后的尺寸完全由打印比例确定，而轴号必须保证在任何比例下打印输出后都是 8～10mm 的大小。这就是需要把轴号做成注释性图块。

轴号的绘制分为四大步：首先，绘制轴号的圆圈；第二，设置轴号属性；第三，将前两步的全部内容合并成块，这样我们就得到了属性块——轴号；最后，将我们做好的属性块插入到适当位置即可。下面我们来进行详细的操作。

【命令步骤】

第一步：绘制圆。

绘制一个半径为 4 的圆，如果圆未出现在屏幕中，这是因为圆大小的问题，可以双击鼠标中键滚轮，就会得到如图 6-61 所示图形。

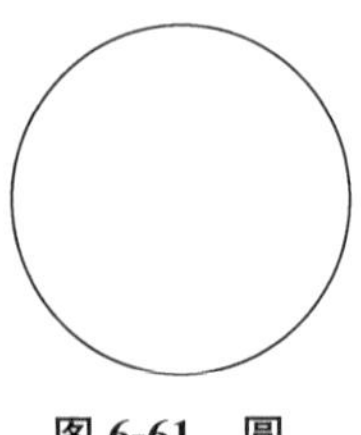

图 6-61　圆

第二步：属性定义。

首先设置一个非注释性文字样式，字高默认，字体为宋体，宽度因子为0.7，命名为“非注释性文字”，键盘输入命令“ATT”，弹出“属性定义”窗口，设置属性定义；标记为“轴号”，提示为“轴号＝?”，默认为“1”，文字对正选择“中间”，文字样式选择“非注释性文字”，勾选“注释性”，文字高度为“4”，如图6-62所示。

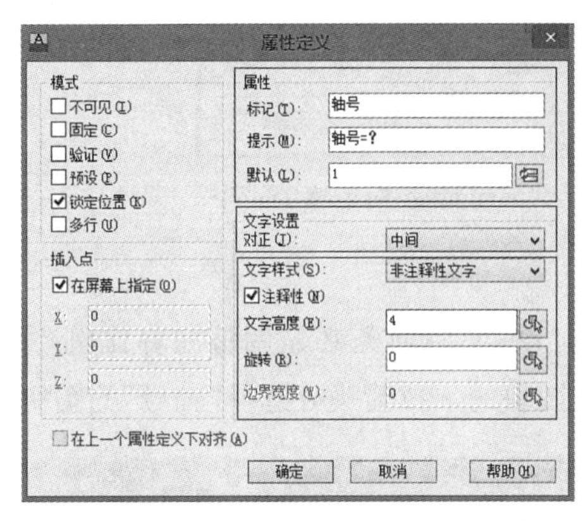

图6-62　“属性定义”对话框

然后点击 确定 ，捕捉圆心，将“轴号”放在第一步中所画的圆中间，如图6-63所示。

图6-63　轴号

第三步：执行做块命令。

执行“B”命令做图块，弹出“块定义”对话框，如图6-64所示，然后第一步选择对象，第二步输入名称为“轴号”，第三步指定基点为圆心，第四步勾选注释性，如图6-65所示。点击 确定 ，并没有立刻看到图块，这时弹出“编辑属性”对话框，如图6-66所示，根据提示的内容进行回答，就可以获得新的图块，如图6-67所示。

图6-64　“块定义”对话框

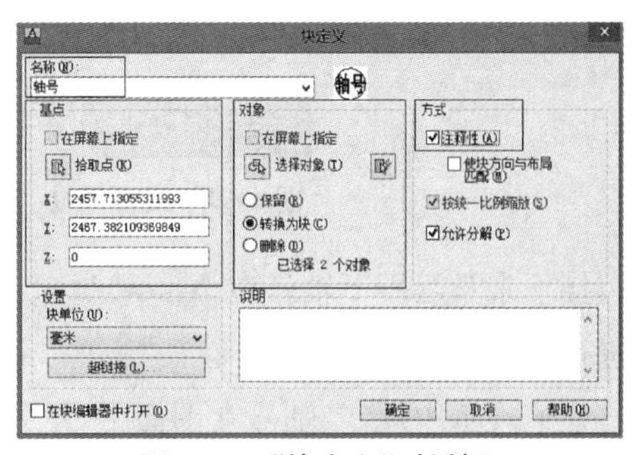

图6-65　“块定义”对话框

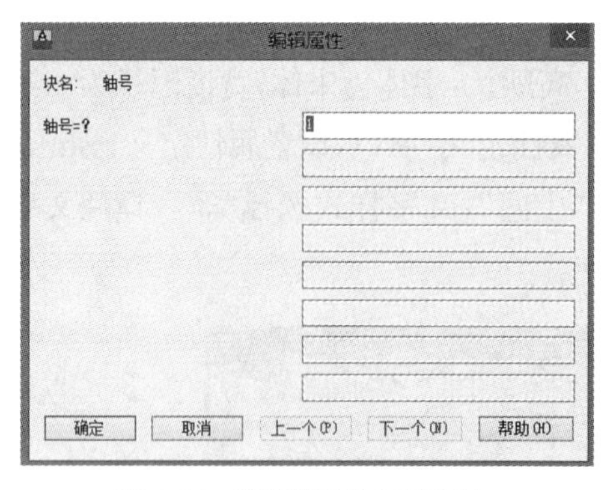

图 6-66 “编辑属性”对话框

图 6-67 轴号

第四步：插入图块。

插入的图块为注释性对象，使用前务必先调整注释比例，然后执行“I”插入命令，弹出“插入”对话框，可以从插入图块的下拉箭头处选择“轴号”的图块名称，如图 6-68 所示。

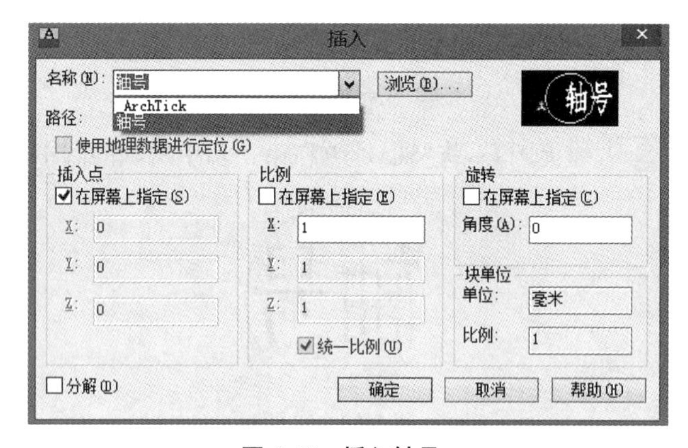

图 6-68 插入轴号

选择“轴号”图块，点击 确定 ，在图形中指定插入点后，并没有立刻看到图块，根据提示，如图 6-69 所示，也就是在属性定义时的“属性提示”，根据提示的内容进行回答，就可以获得新的图块，如图 6-70 所示。

图 6-69 编辑属性

图 6-70 轴号

接下来学习一下轴号在 AutoCAD 2014 中的具体使用方法，以第三章的雅间平面图为例进行讲解。

建筑规范中规定，轴号在图面上，从左到右用阿拉伯数字表示；从下到上用英文字母表示，如图 6-71 所示。

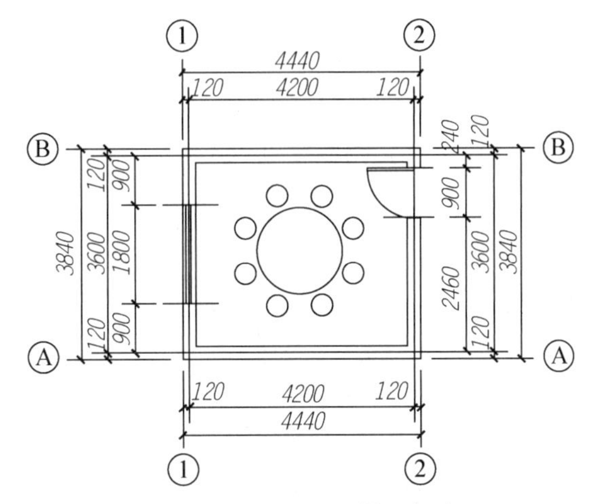

图 6-71　雅间平面图轴号标注

具体绘制步骤如下：

第一步：打开本章第二节中已经标注好的雅间平面图，制作轴号，形成块。

第二步：修改注释比例为 1∶100，然后执行“I”插入命令，插入轴号，随意指定一个插入点，轴号默认为 1，如图 6-72 所示。

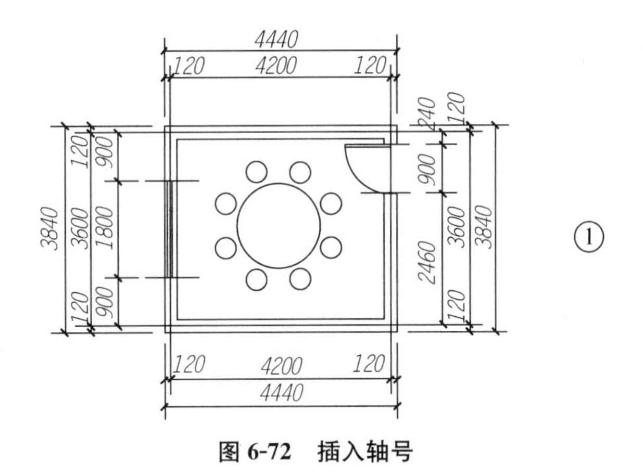

图 6-72　插入轴号

第三步：将插入的轴号再复制 3 个，然后按“F3”键打开捕捉，捕捉轴号的各象限点，按“F8”键打开正交，绘制一条长为 700 的直线，如图 6-73 所示。

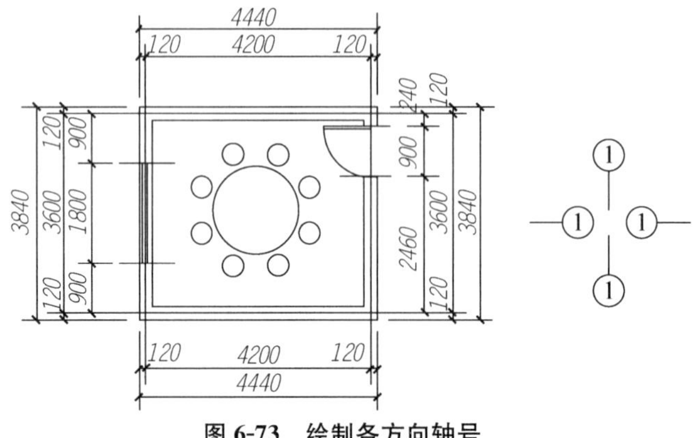

图 6-73　绘制各方向轴号

第四步：执行"M"移动命令，将轴号移动到适当位置，如图 6-74 所示；然后分别复制轴号，指定到适当位置，如图 6-75 所示。

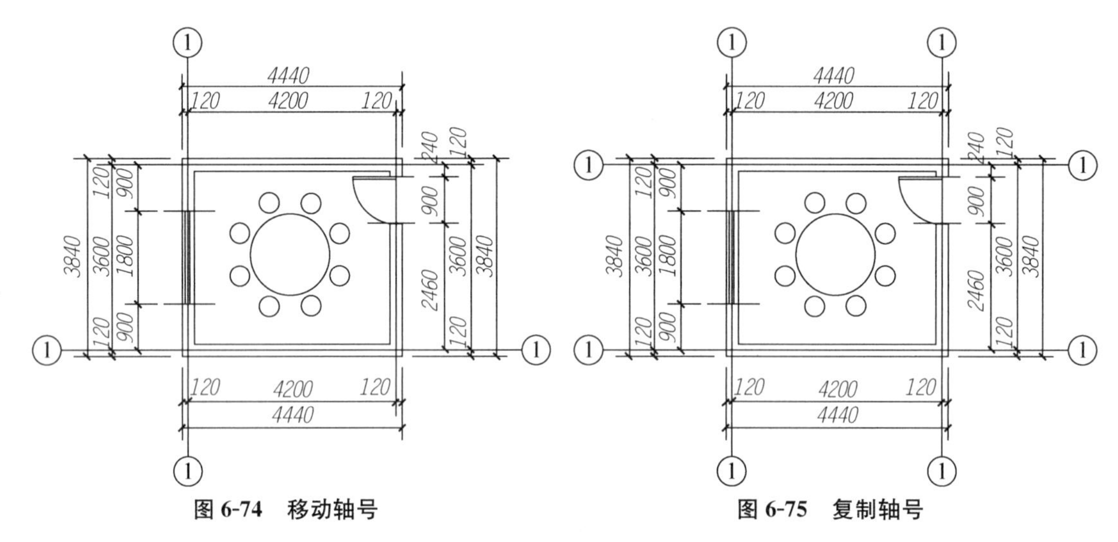

图 6-74　移动轴号　　　图 6-75　复制轴号

第五步：执行"ED"文本修改命令，或直接双击轴号修改轴号，最终效果如图 6-76 所示。

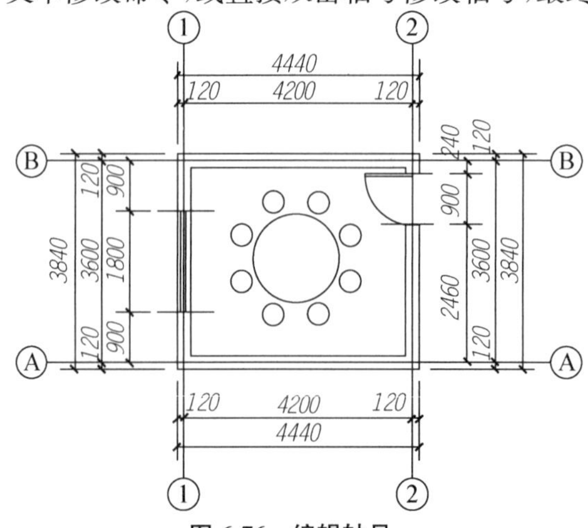

图 6-76　编辑轴号

6.3.2　制作标高符号

标高的绘制方法与轴号一样，具体步骤如下：

【命令步骤】

第一步：绘制标高。

执行“REC”矩形命令，绘制长为 6，宽为 3 的矩形。再执行“PL”多段线命令，按“F3”键打开捕捉，捕捉矩形右上点，再捕捉矩形底边中点，再捕捉左上点，按“F8”键打开正交，继续向右绘制一条直线，如图 6-77 所示。

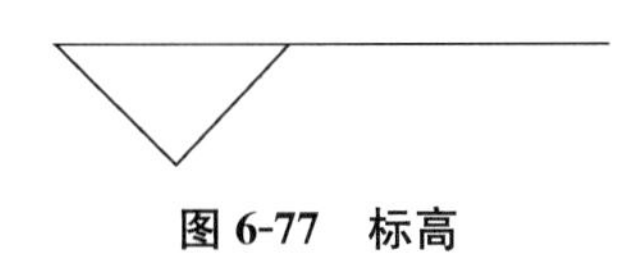

图 6-77　标高

第二步：定义属性。

键盘输入命令“ATT”，然后弹出“属性定义”对话框，设置属性定义，如图 6-78 所示。

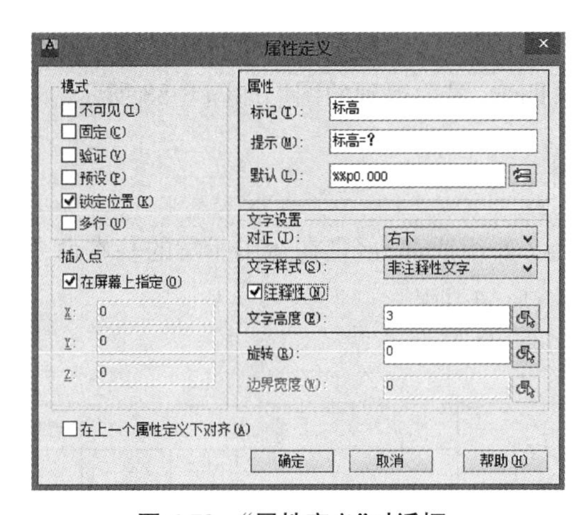

图 6-78　“属性定义”对话框

然后点击 确定 ，将“标高”放在第一步中所画的标高上，点击右端点，如图 6-79 所示。

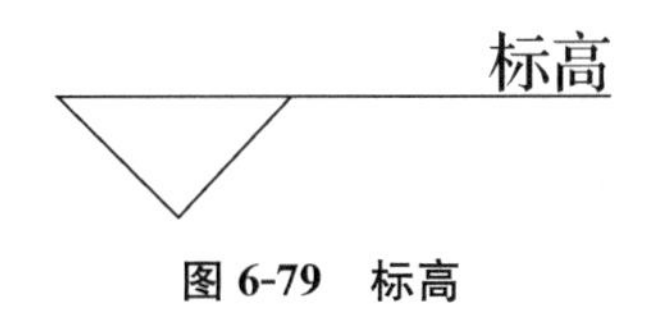

图 6-79　标高

第三步：执行做块命令。

同上节绘制轴号的第三步，基点的位置一定要在三角形顶点上，方便以后插入使用，设置如图 6-80 所示。点击 确定 ，并没有立刻看到图块，这时弹出“编辑属性”对话框，如图 6-81 所示，根据提示的内容进行回答，就可以获得新的图块，如图 6-82 所示。

图 6-80 “块定义”对话框

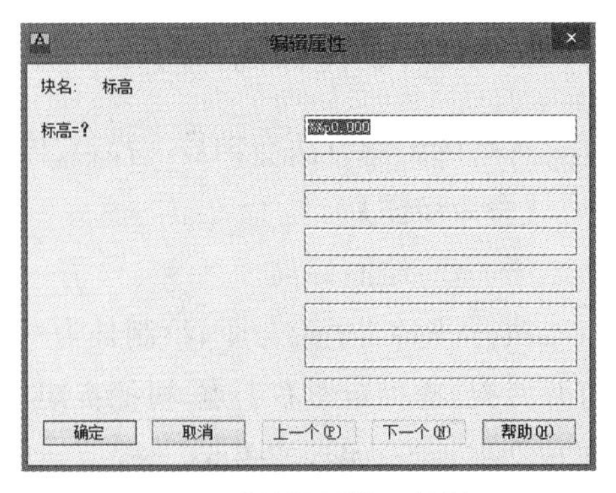

图 6-81 “编辑属性”对话框

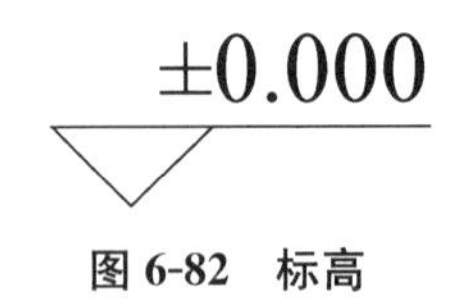

图 6-82 标高

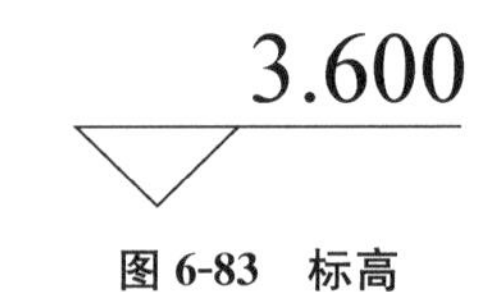

图 6-83 标高

第四步:插入图块。

同上节绘制轴号的第四步,最后得到的图形如图 6-83 所示。

6.3.3 制作标题栏

标题栏是工程图纸的必要组成部分,现在运用所学的基本命令来绘制,并将绘制好的图框写成图块,以方便其他图形的引用。

标题栏的格式如图 6-84 所示。

山东农业大学		项目名称			班级	13-1
		图名	图号	建旋-1	姓名	张三
审阅			比例	1:100	学号	20130507
校核			日期	2013.08		第1页

图 6-84 标题栏

【命令步骤】

第一步:绘制标题栏。

执行“REC”矩形命令,设置线宽为 1,以内图框右下角为起点,输入对角点坐标为(@－180,40),得到标题栏的外框;再执行“L”命令,绘制如图 6-85 所示的标题栏。

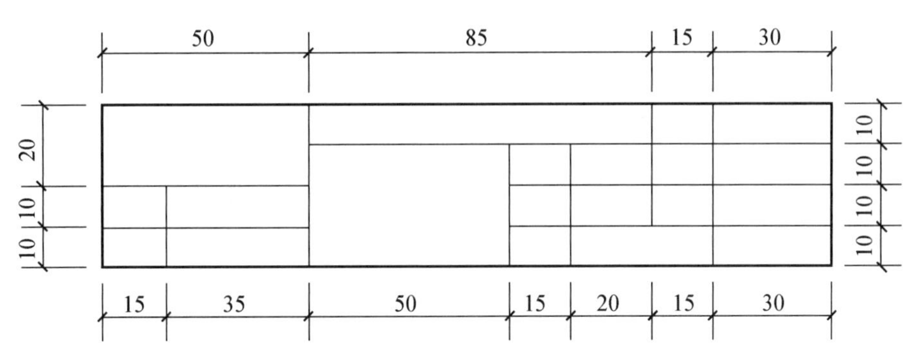

图 6-85　绘制标题栏框架

第二步：填写标题栏文本内容。

执行"DT"单行文字命令，输入"J"，确定，调整对齐方式为"中间"，利用快捷键捕捉命令"Ctrl＋右击"，选择"两点之间的中点"，捕捉单元格对角线，这样就可以捕捉到单元格中间位置，然后分别书写"山东农业大学、审阅、校核、图号、比例、日期、班级、姓名、学号、第 页"等内容，其中"山东农业大学"字高为 7，其他字高均为 5，旋转角度为 0，效果如图 6-86 所示。

山东农业大学					班级	
			图号		姓名	
审阅			比例		学号	
校核			日期			第　　页

图 6-86　填写标题栏

第三步：定义属性。

执行定义属性"ATT"，设置如图 6-87 所示，点击 确定 ，利用快捷键捕捉命令"Ctrl＋右击"，捕捉到单元格中间位置，如图 6-87(a)所示，其他均按照此方法进行编辑，其中"图名"为多行文字，所以在进行图名属性定义时，勾选"模式"中的"多行"，各个设置如图 6-87 所示，此时得到标题栏如图 6-88 所示。

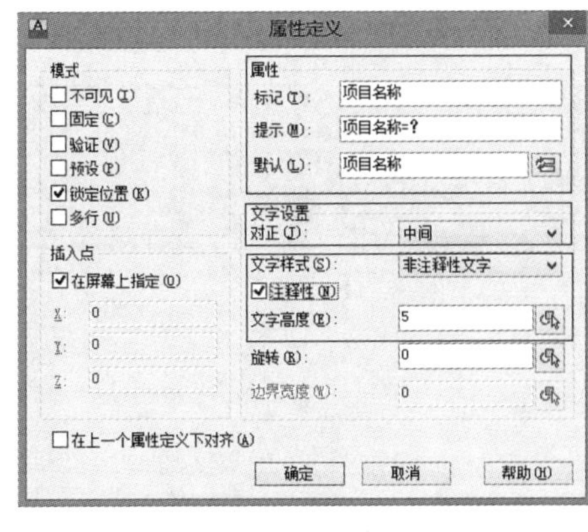

(a) 项目名称

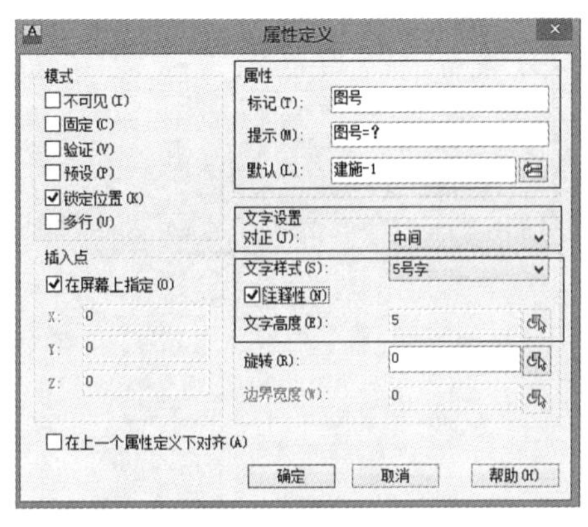

(b) 图号

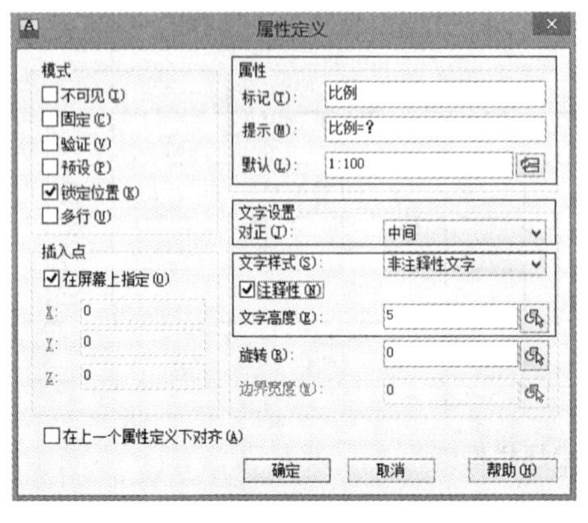

(c) 比例

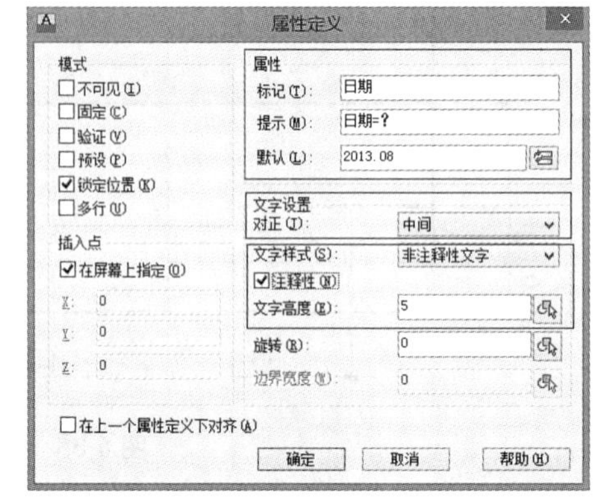

(d) 日期

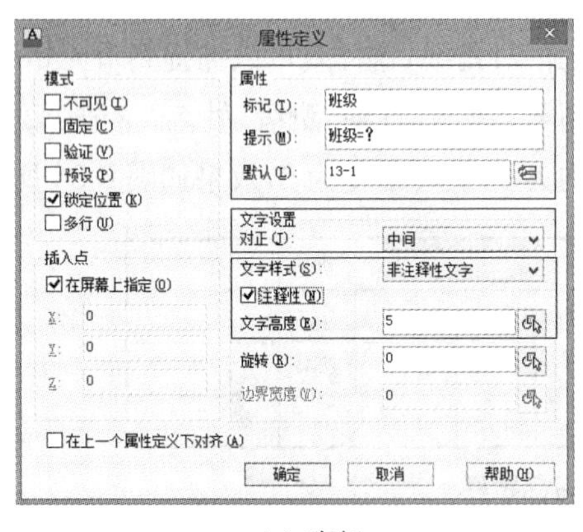

(e) 班级

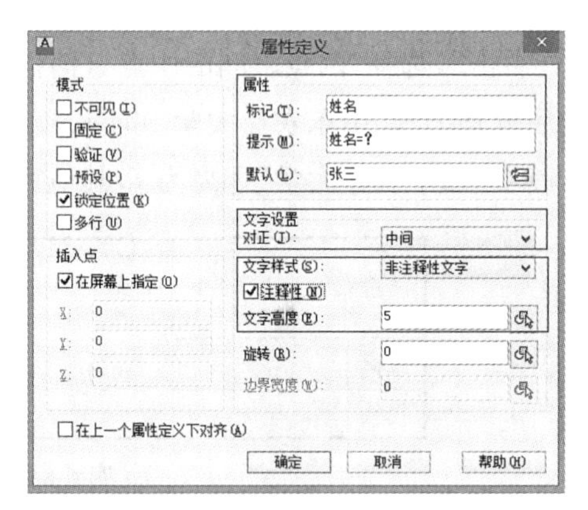

(f) 姓名

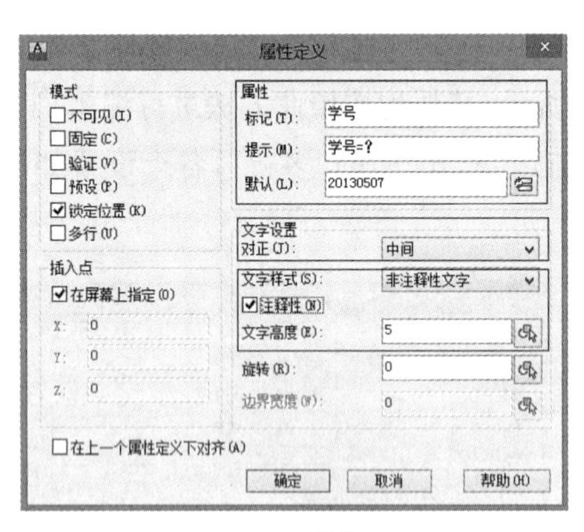

(g) 学号

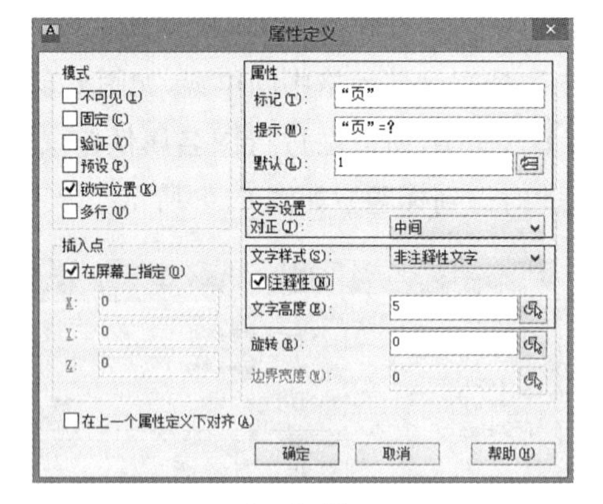

(h) “页”

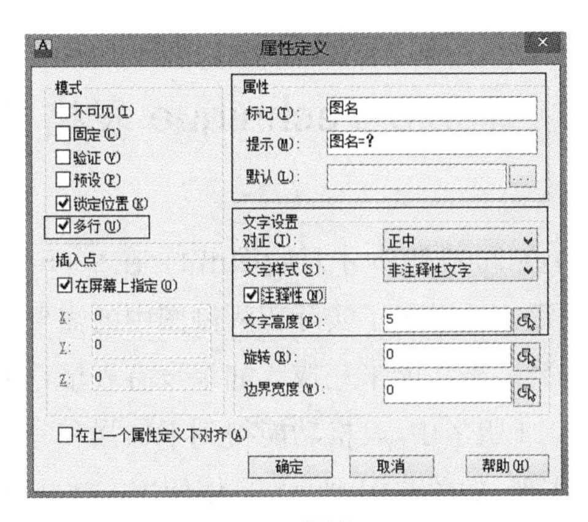

(i) 图名

图 6-87　属性定义

<table>
<tr><td colspan="2" rowspan="2"></td><td colspan="3">项目名称</td><td>班级</td><td>班级</td></tr>
<tr><td rowspan="3">图名</td><td>图号</td><td>图号</td><td>姓名</td><td>姓名</td></tr>
<tr><td>审阅</td><td></td><td>比例</td><td>比例</td><td>学号</td><td>学号</td></tr>
<tr><td>校核</td><td></td><td>日期</td><td colspan="2">日期</td><td>第“页”页</td></tr>
</table>

图 6-88　标题栏

第四步:执行做块命令。

同上节绘制轴号的第三步,基点位置设为标题栏的右下角,得到标题栏如图 6-89 所示。

<table>
<tr><td colspan="2" rowspan="2"></td><td colspan="3">项目名称</td><td>班级</td><td>13-1</td></tr>
<tr><td rowspan="3">图名</td><td>图号</td><td>建旋-1</td><td>姓名</td><td>张三</td></tr>
<tr><td>审阅</td><td></td><td>比例</td><td>1∶100</td><td>学号</td><td>20130507</td></tr>
<tr><td>校核</td><td></td><td>日期</td><td colspan="2">2013.08</td><td>第1页</td></tr>
</table>

图 6-89　标题栏

第五步:插入图块。

同上节绘制轴号的第四步,可自定义属性内容,最后得到标题栏如图 6-90 所示。

<table>
<tr><td colspan="2" rowspan="2"></td><td colspan="3">工程名称</td><td>班级</td><td>13-2</td></tr>
<tr><td rowspan="3">首层平面图</td><td>图号</td><td>装施-1</td><td>姓名</td><td>李四</td></tr>
<tr><td>审阅</td><td></td><td>比例</td><td>1∶50</td><td>学号</td><td>20130608</td></tr>
<tr><td>校核</td><td></td><td>日期</td><td colspan="2">2013.09</td><td>第2页</td></tr>
</table>

图 6-90　标题栏

6.4　Table Technique 表格技术

表格功能是 AutoCAD 在 2006 版本才开始推出的，在 2005 版本及更低版本中是没有表格功能的，表格功能的出现很好地满足了实际工程制图中的需要。在实际工程制图中，譬如建筑制图中的门窗表，都需要表格功能来完成。如果没有表格功能，使用单行文字和直线来绘制表格是很繁琐的，在 2014 版本中，表格功能得到了加强和完善，表格的一些操作可以通过工具栏的“表格”面板来实现，如图 6-91 所示，具体使用方法将在下面各节进行讲解。

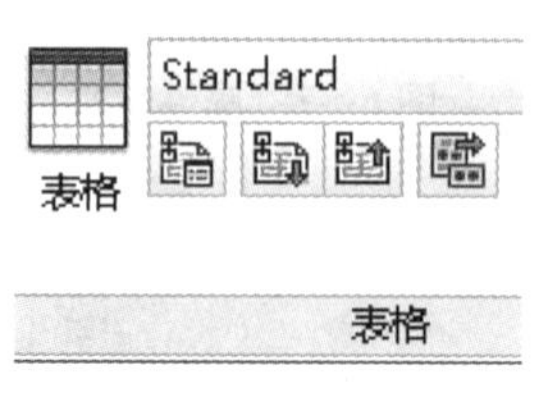

图 6-91　表格面板

6.4.1　表格样式的创建

表格的外观由表格样式控制，表格样式可以指定标题行、表头行和数据行的格式。在“注释”选项卡中，单击“表格”面板中的“表格样式”按钮，或直接在命令行输入“Tablestyle”命令，回车，弹出如图 6-92 所示的“表格样式”对话框，“样式”列表中显示了已创建的表格样式。

AutoCAD 在表格样式中预设 Standard 样式，该样式第一行是标题行，由文字居中的合并单元行组成，第二行是表头，其他行都是数据行。单击“新建”按钮，弹出如图 6-93 所示的“创建新的表格样式”对话框。

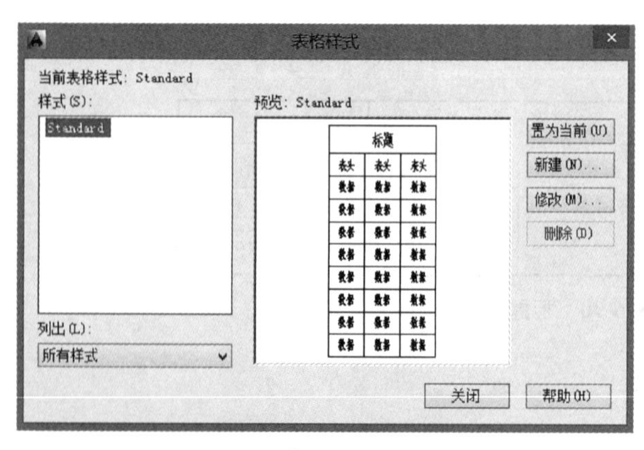

图 6-92　“表格样式”对话框

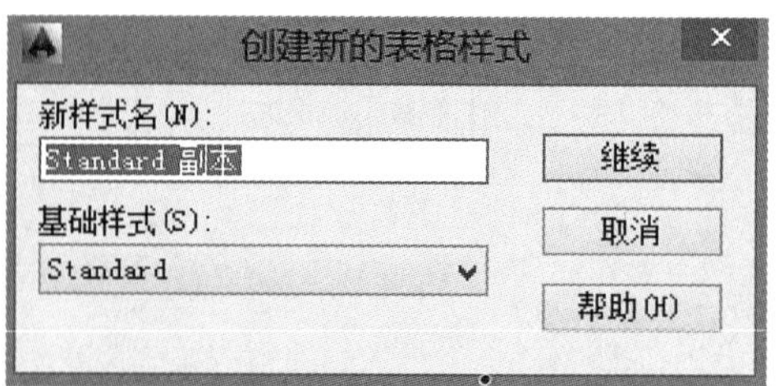

图 6-93　“创建新的表格样式”对话框

在“新样式名”文本框中可以输入表格样式名称，在“基础样式”下拉列表框中选择一个表格样式，为新的表格样式提供默认设置，单击“继续”按钮，弹出如图 6-94 所示的“新建表格样式”对话框，可以对样式进行具体设置。

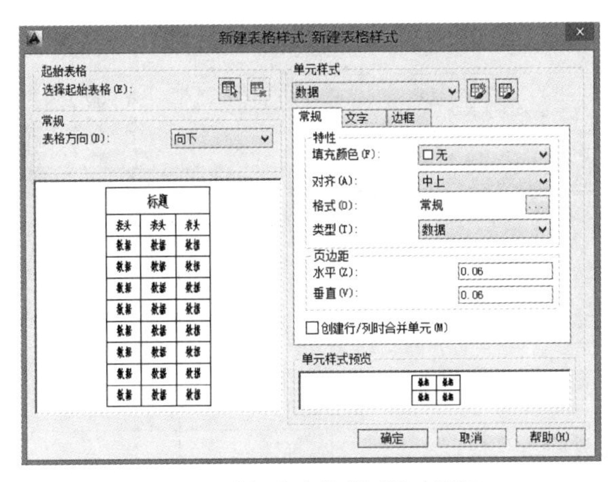

图 6-94　“新建表格样式”对话框

6.4.2　表格的创建

单击“常用”|“注释”面板中“表格”按钮，或者单击“注释”|“表格”面板中的“表格”按钮，也可以键盘输入“TABLE”命令，回车，弹出如图 6-95 所示的“插入表格”对话框。

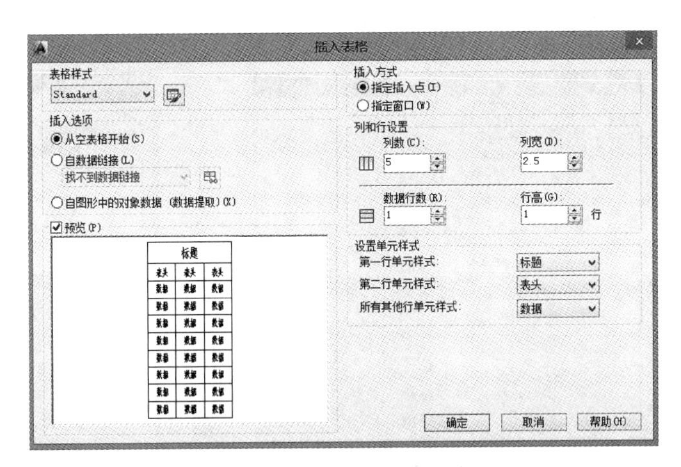

图 6-95　“插入表格”对话框

“插入表格”对话框在“插入选项”选项组中提供了 3 种插入表格样式：

(1) “从空表格开始”单选按钮表示创建可以手动填充数据的空表格；

(2) “自数据链接”单选按钮表示从外部电子表格中的数据创建表格；

(3) “自图形中的对象数据(数据提取)”单选按钮表示启动“数据提取”向导来创建表格。

当选择"从空表格开始"单选按钮时,"插入表格"对话框如图 6-95 可以设置表格的各种参数,参数设置完成后,单击"确定"按钮,用户可以在绘图区插入表格,插入表格的同时在菜单栏生成"文字编辑器"选项卡,在该选项卡中具有相应的面板,可对输入的文字进行编辑,效果如图 6-96 所示。

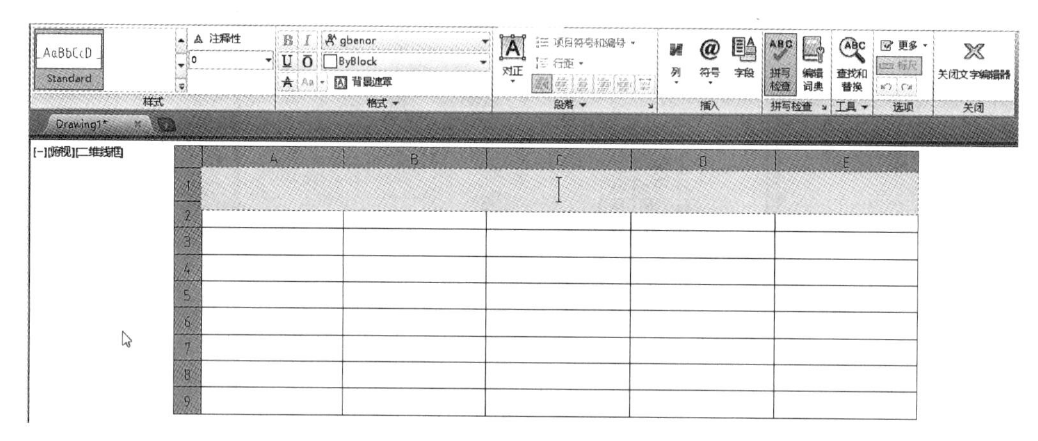

图 6-96　表格中文字编辑器

当选择"自数据链接"单选按钮时,"插入表格"对话框仅"指定插入点"可选,如图 6-97 所示。

单击"启动数据链接管理器"按钮,或者单击"表格"面板的"数据链接管理器"按钮,均可打开"选择数据链接"对话框,如图 6-98 所示。

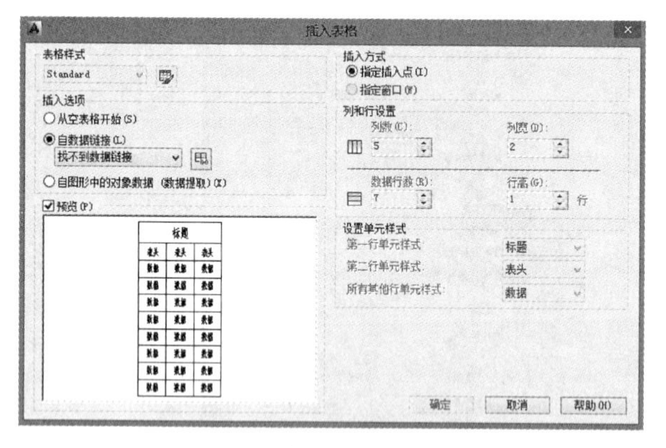

图 6-97　"插入表格"对话框

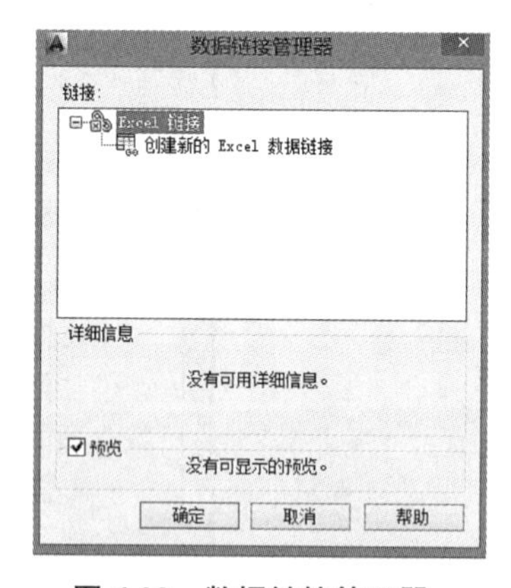

图 6-98　数据链接管理器

单击"创建新的 Excel 数据链接"选项,弹出如图 6-99 所示的"输入数据链接名称"对话框,在"名称"文本框中输入数据链接名称,单击"确定"按钮,弹出如图 6-100 所示的"新建 Excel 数据链接"对话框,单击按钮 ... ,在弹出的"另存为"对话框中选择需要作为数据链接文件的 Excel 文件,单击"确定"按钮,回到"新建 Excel 数据链接"对话框,如图 6-101 所示。

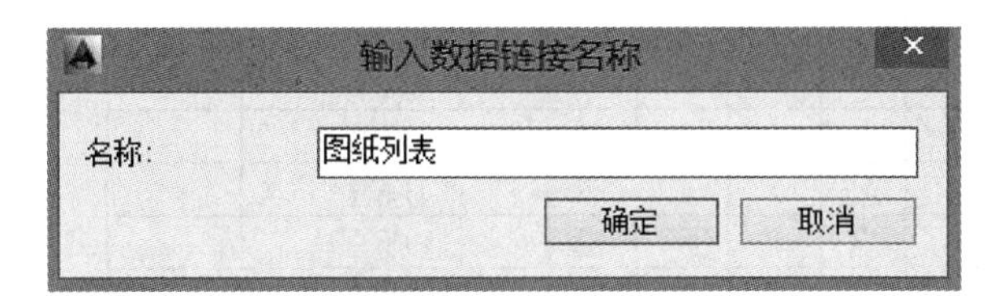

图 6-99　输入数据链接名称

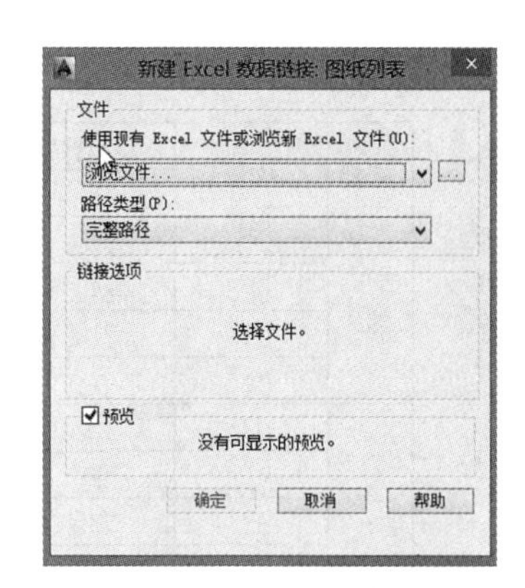

图 6-100　新建 Excel 数据链接

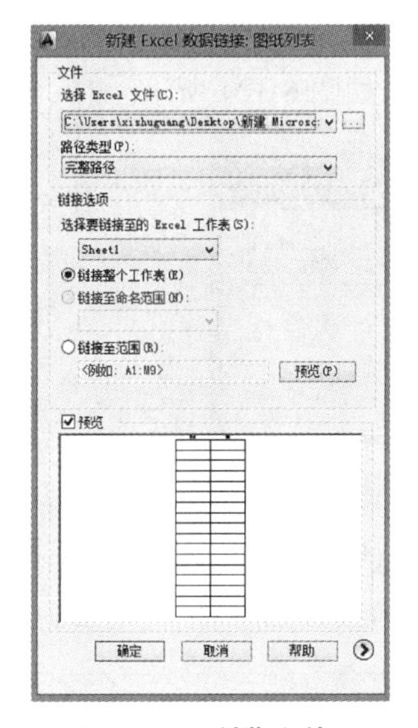

图 6-101　浏览文件

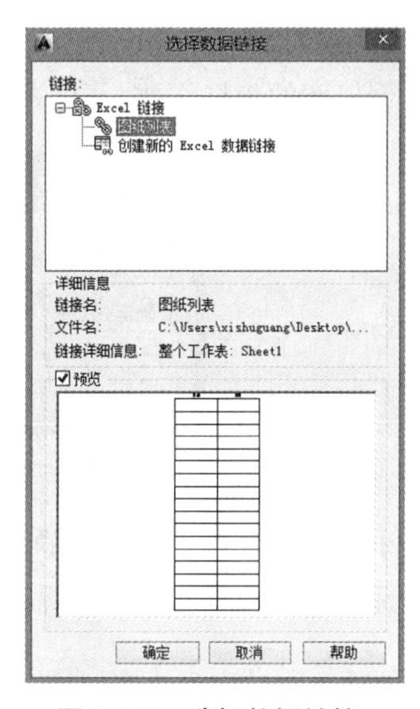

图 6-102　选择数据链接

单击“确定”按钮，回到“选择数据链接”对话框，可以看到创建完成的数据链接，单击“确定”按钮回到“插入表格”对话框，在“自数据链接”下拉列表中可以选择刚才创建的数据链接，单击“确定”按钮，进入绘图区，拾取合适的插入点即可创建与数据链接相关的表格，效果如图 6-102 所示。

6.4.3　门窗表的创建

创建如图 6-103 所示的门窗表，其中“门窗表”标题字高为 700，对齐方式居中，表头的文字高度为 350，对齐方式居中，单元格内容文字字高为 350，所有文字采用仿宋_GB2312，宽高比为 0.7。

门窗表

类别	设计编号	洞口尺寸(mm)		门窗数量				采用标准图集及编号	备注
		宽	高	一层	二层	三层	合计		
窗	C1	7500	2400	2	2	2	6	L99J605	玻璃幕
	C2	2400	2100	3	2	3	9	L99J605	玻璃幕
	C3	2100	1800	6	2	6	18	L99J605	玻璃幕
	C4	600	1800	2	2	2	6	L99J605	
门	M2	1000	2400	15	2	8	35	L99J601	
	M1	900	2400	12	2	36	56	L99J601	
	M3	800	2100	3	2	6	12	L99J601	
	M4	700	2100	2	2	1	5	L99J601	

图 6-103　门窗表

具体创建步骤如下：

第一步：创建新的表格样式，新样式名为“门窗表”，如图 6-104 所示。

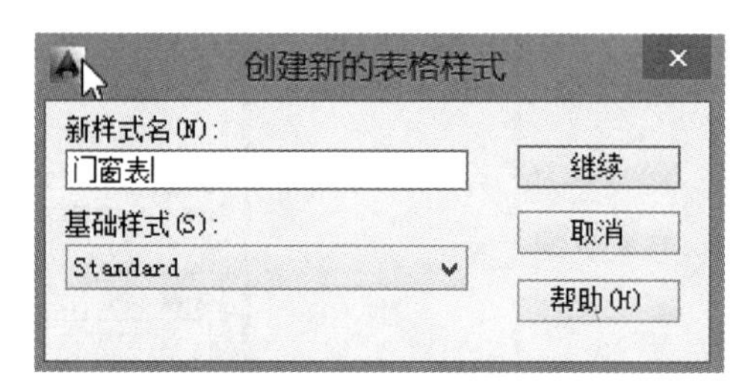

图 6-104　创建门窗表格样式

第二步：单击“继续”按钮，弹出“新建表格样式”对话框，在“单元样式”下拉列表中选择“标题”，设置标题的参数如图 6-105 所示，“文字”选项卡设置如图 6-106所示。

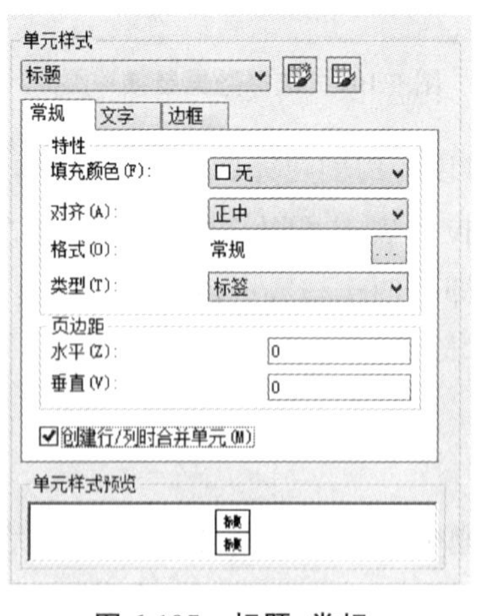

图 6-105　标题：常规

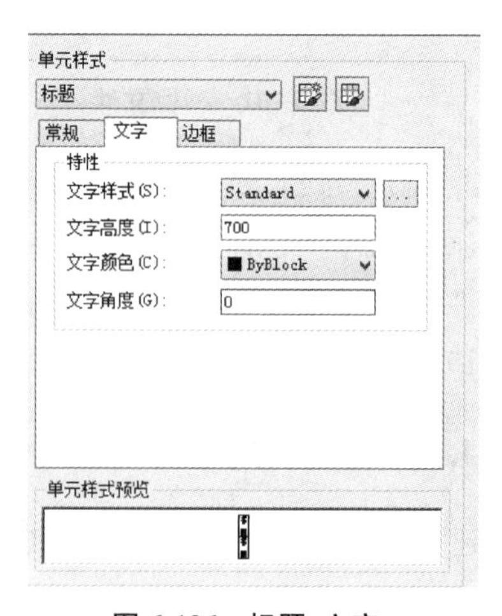

图 6-106　标题：文字

第三步：在“单元样式”下拉列表中选择“表头”，设置表头参数，“常规”选项卡设置如图 6-107所示，“文字”选项卡设置如图 6-108 所示。

图 6-107　表头:常规

图 6-108　表头:文字

第四步:在“单元样式”下拉列表中选择“数据”,设置数据参数,“常规”选项卡设置如图 6-109所示,“文字”选项卡设置如图 6-110 所示。

图 6-109　数据:常规

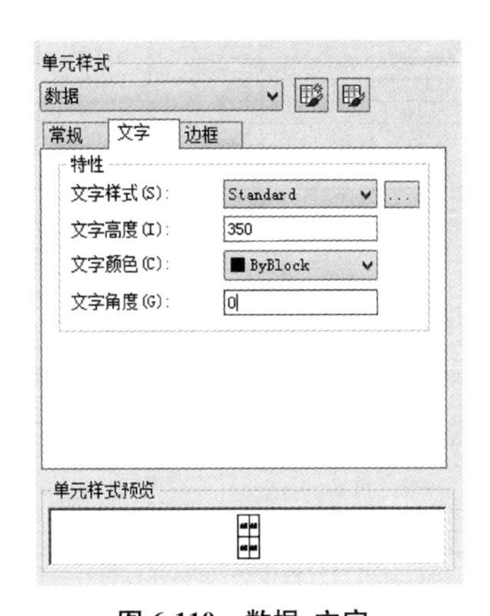

图 6-110　数据:文字

第五步:单击“注释”选项卡中表格面板“表格”按钮,弹出“插入表格”对话框,选择“从空表格开始”单选按钮,设置列和行的参数,设置参数如图 6-111 所示。

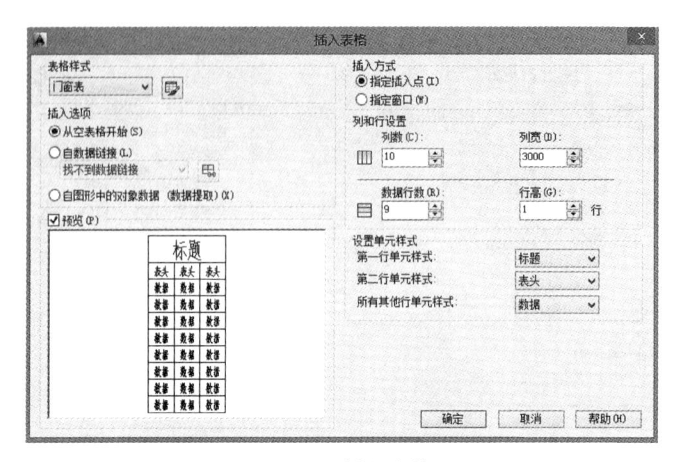

图 6-111　插入表格

第六步:单击“确定”按钮,在绘图区拾取一点为表格插入点插入表格,如图 6-112 所示。

	A	B	C	D	E	F	G	H	I	J
1										
2										
3										
4										
5										
6										
7										
8										
9										
10										
11										

图 6-112　表格

第七步:输入表格的标题、表头文字,如图 6-113 所示。

	A	B	C	D	E	F	G	H	I	J
1	门窗表									
2	类别	设计编号	洞口尺寸(mm)		门窗数量				采用标准图集及编号	备注
3										
4										
5										
6										
7										
8										
9										
10										
11										

图 6-113　书写标题及表头

第八步:选择如图 6-114 所示的单元格 A2 和 A3,单击“表格单元”选项卡的“合并单元”按钮合并单元,在弹出的下拉菜单中选择“按列合并”命令,将单元格合并,效果如图 6-115 所示。使用同样的方法,将 A4～A7,A8～A11,B2～B3,I2～I3,J2～J3 合并,选择单元格 C2 和 D2,单击“表格单元”选项卡中的“合并单元”按钮合并单元,在弹出的下拉菜单中选择“按行合并”命令,将单元格合并,用同样的方法将 E2～H2 合并,合并的最终效果如图 6-116 所示。

	A	B	C	D	E	F	G	H	I	J
1	门窗表									
2	类别	设计编号	洞口尺寸(mm)		门窗数量				采用标准图集及编号	备注
3										
4										
5										
6										
7										
8										
9										
10										
11										

图 6-114　合并单元格

	A	B	C	D	E	F	G	H	I	J
1	门窗表									
2	类别	设计编号	洞口尺寸(mm)		门窗数量				采用标准图集及编号	备注
3										
4										
5										
6										
7										
8										
9										
10										
11										

图 6-115　合并单元格

	A	B	C	D	E	F	G	H	I	J
1	门窗表									
2	类别	设计编号	洞口尺寸(mm)		门窗数量				采用标准图集及编号	备注
3										
4										
5										
6										
7										
8										
9										
10										
11										

图 6-116　合并单元格

第九步：选择 C2～H2 单元格，按快捷键“Ctrl+1”，打开“特性面板”，设置单元格高度为 700，如图 6-117 所示。

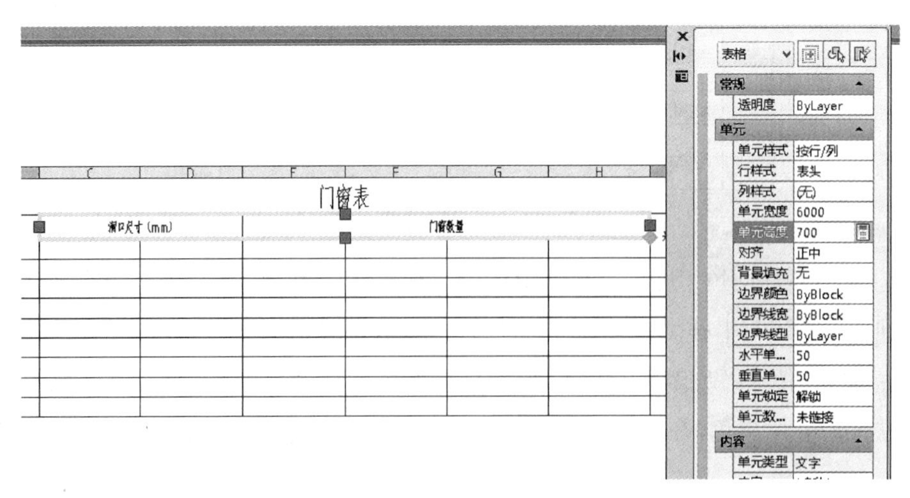

图 6-117　设置单元格高度

第十步：按照同样的方法，选择标题单元格，设置高度为1500，选择C3～C11单元格，设置高度为700；选择A列单元格，设置单元宽度为1000，选择B、C、D列单元格，设置单元宽度为2000，选择E、F、G、H列单元格，设置单元宽度为1000，选择I列单元格，设置宽度为3500，选择J列单元格，设置宽度为1500，设置完成后如图6-118所示。

	A	B	C	D	E	F	G	H	I	J
1	门窗表									
2	类别	设计编号	洞口尺寸（mm）		门窗数量				采用标准图集及编号	备注
3										
4										
5										
6										
7										
8										
9										
10										
11										

图6-118 设置单元格宽度

第十一步：输入数据单元格内容，选择输入数据内容单元格，按快捷键“Ctrl＋1”，打开“特性面板”，将“对齐”方式设置为“正中”，设置完成后如图6-119所示。

门窗表									
类别	设计编号	洞口尺寸(mm)		门窗数量				采用标准图集及编号	备注
		宽	高	一层	二层	三层	合计		
窗	C1	7500	2400	2	2	2	6	L99J605	玻璃幕
	C2	2400	2100	3	2	3	9	L99J605	玻璃幕
	C3	2100	1800	6	2	6	18	L99J605	玻璃幕
	C4	600	1800	2	2	2	6	L99J605	
门	M2	1000	2400	15	2	8	35	L99J601	
	M1	900	2400	12	2	36	56	L99J601	
	M3	800	2100	3	2	6	12	L99J601	
	M4	700	2100	2	2	1	5	L99J601	

图6-119 书写数据内容

第十二步：选择表格中的标题单元格，单击“表格单元”选项卡中“单元样式”面板的编辑边框按钮 编辑边框 ，弹出“单元边框特性”对话框，在对话框中先单击底部边框按钮，然后单击“确定”按钮。如图6-120所示，图中标题所在的单元格的边框，除底部边框线外，其余的边框显示为灰色，在打印出图时，该灰色边框线不打印输出，打印效果如图6-121所示。

门窗表									
类别	设计编号	洞口尺寸(mm)		门窗数量				采用标准图集及编号	备注
		宽	高	一层	二层	三层	合计		
窗	C1	7500	2400	2	2	2	6	L99J605	玻璃幕
	C2	2400	2100	3	2	3	9	L99J605	玻璃幕
	C3	2100	1800	6	2	6	18	L99J605	玻璃幕
	C4	600	1800	2	2	2	6	L99J605	
门	M2	1000	2400	15	2	8	35	L99J601	
	M1	900	2400	12	2	36	56	L99J601	
	M3	800	2100	3	2	6	12	L99J601	
	M4	700	2100	2	2	1	5	L99J601	

图 6-120　门窗表

门窗表

类别	设计编号	洞口尺寸(mm)		门窗数量				采用标准图集及编号	备注
		宽	高	一层	二层	三层	合计		
窗	C1	7500	2400	2	2	2	6	L99J605	玻璃幕
	C2	2400	2100	3	2	3	9	L99J605	玻璃幕
	C3	2100	1800	6	2	6	18	L99J605	玻璃幕
	C4	600	1800	2	2	2	6	L99J605	
门	M2	1000	2400	15	2	8	35	L99J601	
	M1	900	2400	12	2	36	56	L99J601	
	M3	800	2100	3	2	6	12	L99J601	
	M4	700	2100	2	2	1	5	L99J601	

图 6-121　门窗表

【命令回顾】

命令内容	英文全称	快捷方式
文字样式	Style	ST
单行文字	Text	DT
多行文字	Mtext	MT,T
标注样式管理器	Dimstyle	D
线性标注	Dim Linear	DLI
对齐标注	Dim Aligned	DAL
连续标注	Dim Continue	DCO
基线标注	Dim Baseline	DBA
半径标注	Dim Radius	DRA
直径标注	Dim Diameter	DDI
角度标注	Dim Angular	DAN

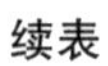

命令内容	英文全称	快捷方式
弧长标注	Dim Arc	DAR
快速标注	Dim Quick	QDIM
文字编辑	Ddedit	ED
圆	Circle	C
属性定义	Attdef	ATT
块定义	Block	B
插入	Insert	I
多段线	Pline	PL
矩形	Rectang	REC
直线	Line	L
表格样式	Tablestyle	TABLESTYLE
插入表格	Table	TABLE

功　　能	快 捷 键
快速捕捉	Ctrl+右击
特性面板	Ctrl+1

第七章　AutoCAD 2014 快速绘制图形的方法

【学习提示】本章主要介绍 AutoCAD 2014 快速绘制图形的一些方法与技巧，主要通过对图形特性的修改和编辑、动态块的说明及应用、图形样板的制作及使用，从而使读者更加深入地了解和学习 AutoCAD 2014。

7.1　对象特性工具

对象特性可以控制对象的外观和行为，并用于组织图形。每个对象都具有常规特性，包括其图层、颜色、线型、线型比例、线宽、透明度和打印样式。此外，对象还具有类型所特有的特性。例如，圆的特殊特性包括其半径和区域。

我们可以从多个工具中调整对象特性，这些工具根据正在进行的工作控制对象特性。

（1）“快捷特性”选项板；

（2）Ribbon 功能区中的“特性”面板；

（3）“特性”选项板。

7.1.1　快捷特性

点击状态栏上的▤按钮，确定快捷特性选项板处于开启状态。

不执行命令直接选定一个或多个同一类型的对象后，工作区会自动弹出快捷特性选项板，在“快捷特性”选项板中列出了所选对象的一些最常用的特性，如颜色、图层、线型、长度等，对于圆形等特殊图形，选项板中还给出了坐标、半径、周长和面积等其独有的一些特性。如图 7-1 和图 7-2 所示。

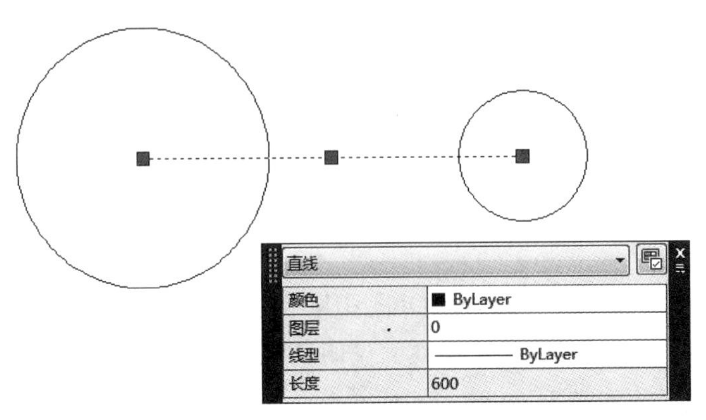

图 7-1 快捷特性面板

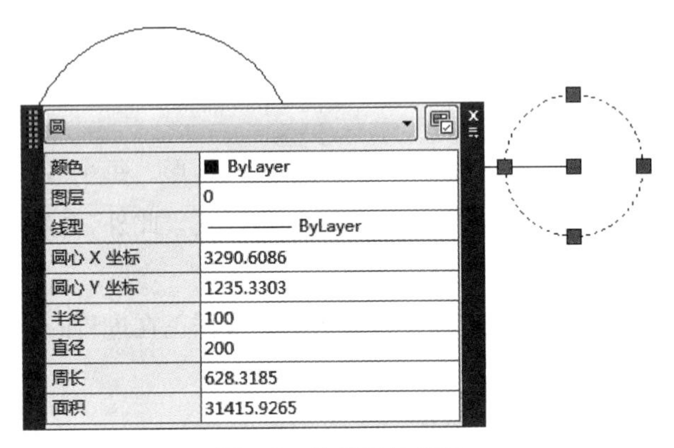

图 7-2 快捷特性面板

在快捷特性选项板中，可以直接修改图形的一些特性，比如，可以直接修改圆的半径、周长、面积等。我们画两个圆，一个半径为 200，一个半径为 100，不执行命令，直接选中半径为 100 的圆，在弹出的快捷特性选项板中“半径”一项的右侧显示该圆半径为 100，如图 7-2 所示，鼠标左键单击“100”，将“100”改为“200”，如图 7-3 所示，然后点击图中空白处，此时半径为 100 的圆被改为了半径为 200 的圆，再次选中该圆，在出现的快捷特性选项板中可以看到其半径为 200，如图 7-3、图 7-4 所示，同理，也可修改圆的面积，如图 7-5、图 7-6 所示。

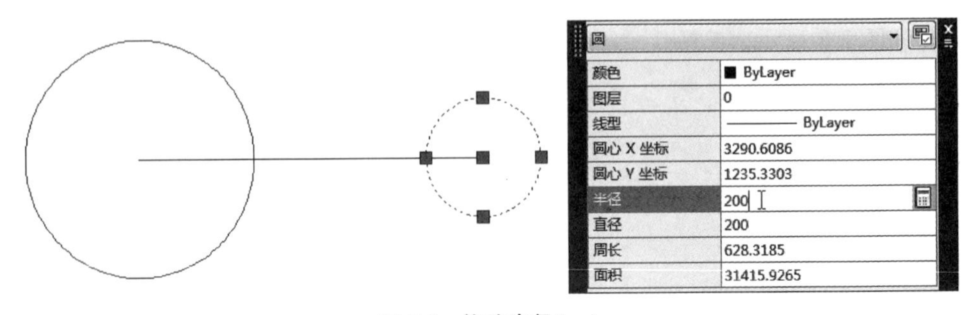

图 7-3 修改半径（一）

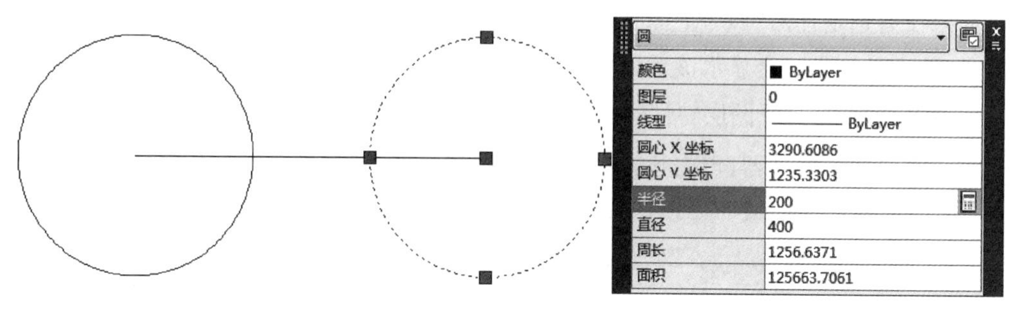

图 7-4　修改半径(二)

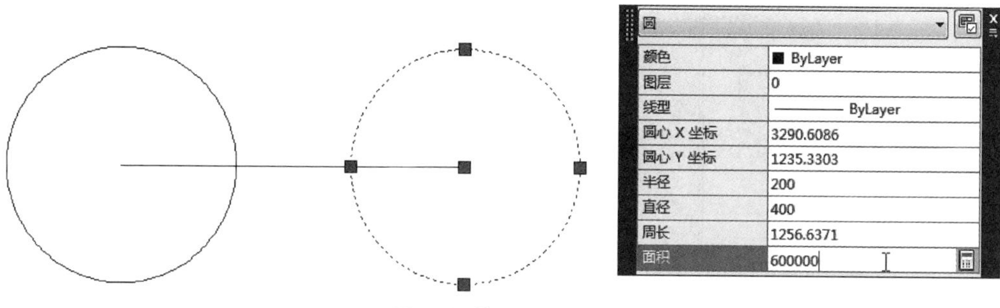

图 7-5　修改面积(一)

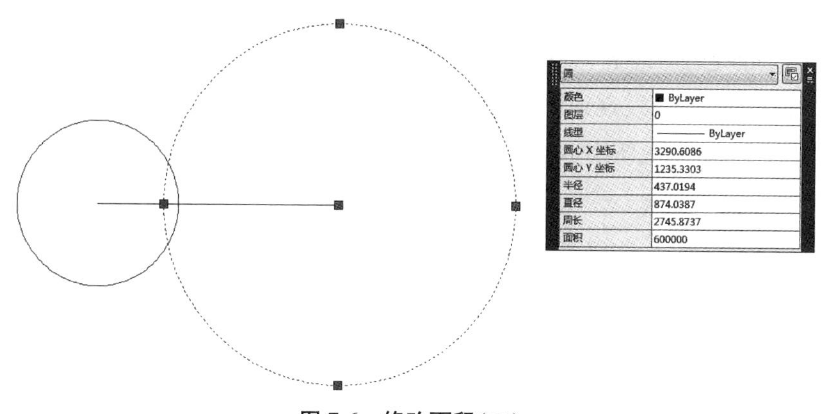

图 7-6　修改面积(二)

7.1.2　Ribbon 功能区中的特性面板

在 Ribbon 功能区中的“常用”选项卡上，使用“图层”和“特性”面板来确认或更改最常访问的特性的设置：图层、颜色、线宽和线型，如图 7-7 所示。

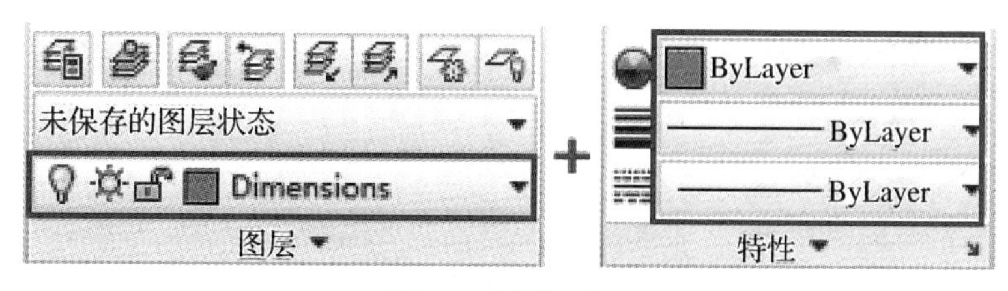

图 7-7　特性面板

如果没有选定任何对象，上面亮显的下拉列表将显示图形的当前设置。如果选定了某个对象，该下拉列表就会显示该对象的特性设置。

执行“LA”命令打开图层特性管理器，建立两个不同颜色及线宽的图层，如图 7-8 所示，然后关闭图层特性管理器，点击状态栏上的+按钮，确定线宽显示处于开启状态。

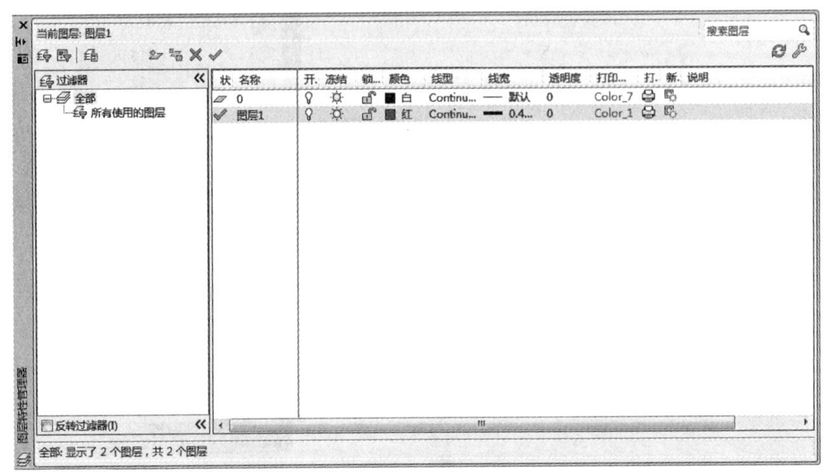

图 7-8 “图层特性管理器”对话框

在两个图层各绘制一个圆，圆的半径大小不同，选中大圆，在特性面板中出现其颜色、线型、线宽的信息，都是“Bylayer”，意思是跟随图层的特性，如图 7-9 所示，现在点击颜色下拉按钮，点击其中的蓝色，可以发现该圆变成了蓝色，同理修改其线宽为 0.5mm，如图 7-10 所示。然后再绘制一个圆，会发现新绘制的这个圆的特性依然是随层的，没有改变，如图 7-10 所示。

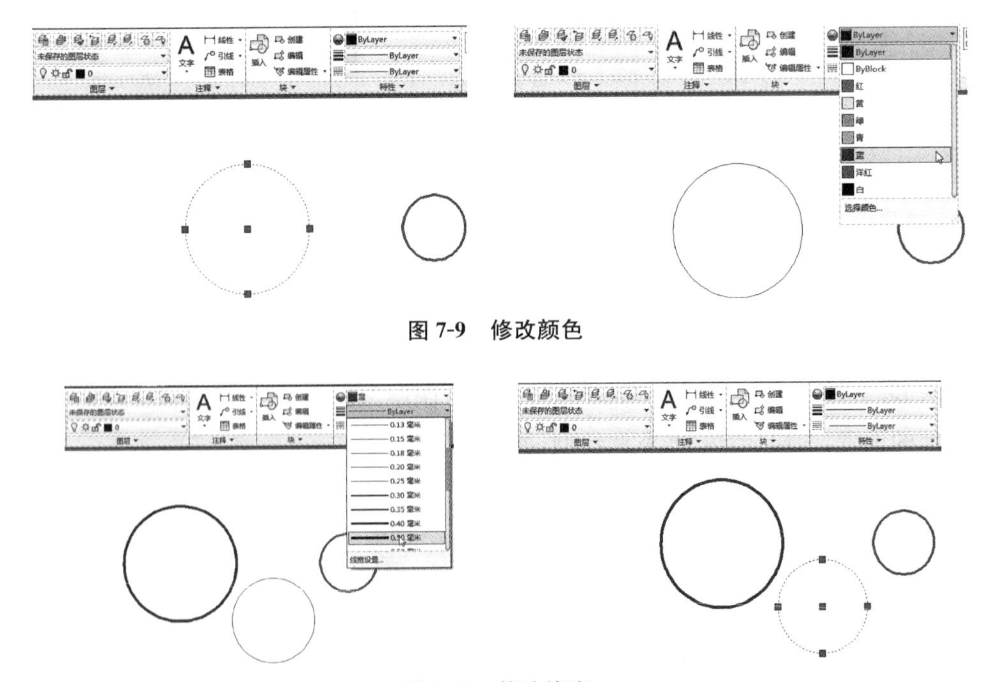
图 7-9 修改颜色

图 7-10 修改线宽

取消所有选择，再修改特性面板中的特性，将颜色改为蓝色，线宽改为 0.5mm，然后重新绘制一个矩形，新绘制的图形的特性并不是其所在图层的特性，而是刚刚修改后的特性，如图 7-11所示。

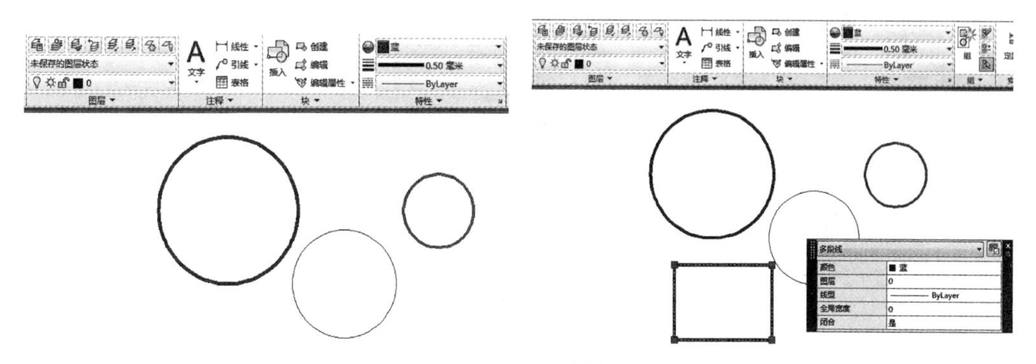

图 7-11　继承特性

在没有选定任何对象的情况下，修改此处特性面板中的图形特性后，接下来再绘制的图形将不再继承图层设置的特性，而是继承了修改后的特性，因此不建议读者修改此处的图形特性，尽量在开始设置好图层的特性，利用图层来区分不同对象的图形特性。而对于已经绘制好的图形对象则可以通过此处特性面板来修改编辑对象，修改后将不会影响以后绘制的图形对象。

7.1.3　特性选项板

特性选项板提供所有特性设置的最完整列表。命令行输入“PR”，确定，或按“Ctrl＋1”快捷键，都可以打开特性选项板。

打开后显示特性选项板并列出选定对象的特性。选择多个对象时，仅显示所有选定对象的公共特性。如果未选中对象，特性选项板只显示当前图层的常规特性、附着到图层的打印样式表的名称、视图特性以及有关 “UCS” 的信息。如图 7-12(a)、(b)所示。

(a)

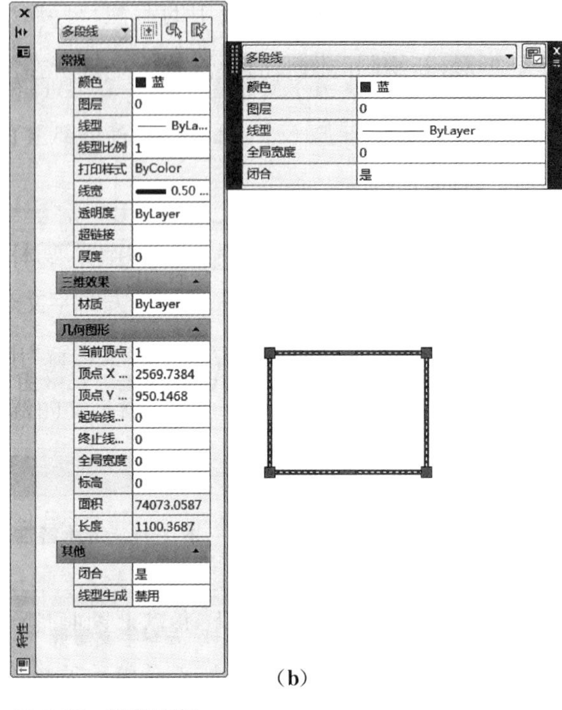

(b)

图 7-12　特性面板

如图 7-12(b)所示，对于同一个图形，特性选项板和快捷特性选项板相比，特性选项板提供的信息更加全面，可修改的特性也更多。

对于特性选项板的修改，同快捷特性选项板一样，可以直接修改所选对象的特性，如图 7-13所示。

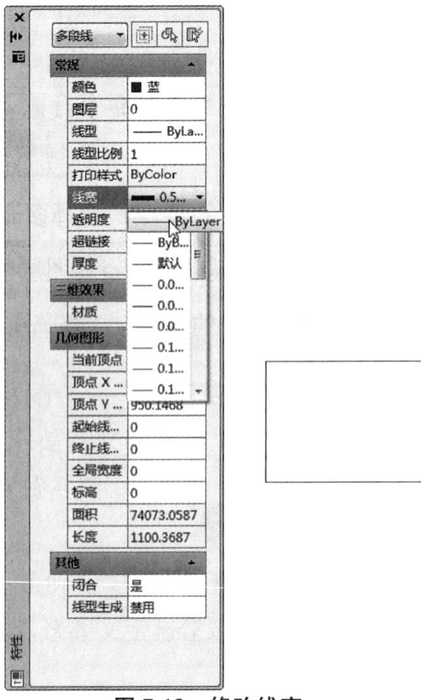

图 7-13　修改线宽

选取图形对象不同，打开的属性对话框内容也有所不同，主要有：常规、三维效果、几何图形、打印样式、视图、其他等。在常规属性中可以修改该图形对象的颜色、图层、线型、打印样式、线宽等选项；在几何属性中可以更改图形对象的坐标位置、线宽、面积、长度等。

7.2　调用图块

通过引入图块，可以使用户大大节约绘图的时间，有效地管理和更改图形。图块有多种，常见的有内部块、外部块、属性块、动态块和注释性块等。我们之前在第四章中第三节讲到简单内部图块的绘制方法，通过“B”(Block)命令创建内部块。这一节我们将通过学习设计中心、工具选项板、外部块的制作与使用，进一步提高绘制图形的效率。

7.2.1 设计中心 DC(Design Center　Ctrl+2)

AutoCAD 2014 向用户提供了一个直观高效的工具——设计中心。通过设计中心不仅可以浏览、查找、预览和管理 AutoCAD 图形中的图层、图块、标注、外部参照等资源，而且只需要通过简单的操作，即可将这些资源插入到当前图形。通过设计中心，我们可以组织图形、图案填充和其他图形内容。

使用设计中心我们可以浏览计算机本地、网络驱动器和 Web 页上的图形内容(例如图形或符号库)；查看任意图形文件中块和图层的定义表，然后将定义插入、附着、复制和粘贴到当前图形中；更新(重定义)块定义；创建指向常用图形、文件夹和 Internet 网址的快捷方式；向图形中添加内容(例如外部参照、块和图案填充)；在新窗口中打开图形文件；将图形、块和图案填充拖动到工具选项板上以便于访问；可以在打开的图形之间复制和粘贴内容(如图层定义、布局和文字样式)等。

我们可以通过依次单击“视图”选项卡 ▶“选项板”面板 ▶“设计中心”，或者直接在命令提示行输入“DC”，或者用快捷键“Ctrl+2”进入设计中心，如图 7-14 所示。

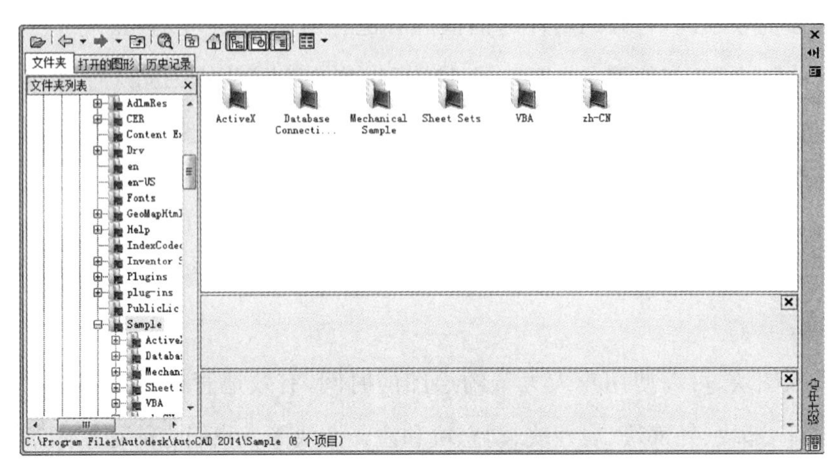

图 7-14 “设计中心”对话框

通过设计中心，用户也可以查看打开的图形和历史记录，如图 7-15 所示。

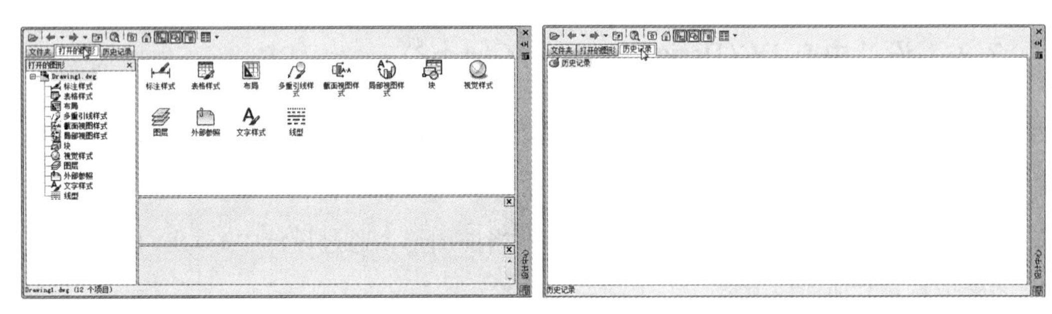

图 7-15 打开的图形/历史记录

在设计中心打开图形的步骤：

第一步：按“Ctrl＋2”，打开“设计中心”对话框，如图 7-14 所示。

第二步：利用设计中心插入图形。

设计中心的最大优势是可以将系统文件夹中的 AutoCAD 图形文件分解为不同的可插入内容，从而在新图形中有选择地插入这些图形元素，其内容包括块、标注样式、图层、线型、表格样式、文字样式、外部参照、布局和多重引线样式等。具体步骤如下：

先在文件夹中找到需要利用的 AutoCAD 文件，比如“Home－Space Planner”。通过双击该文件或单击该文件前的“＋”号，可以看到该文件可参照的内容。鼠标左键双击块，看到该文件内所有的图块显示在右侧区域，如图 7-16(a)、(b)所示。

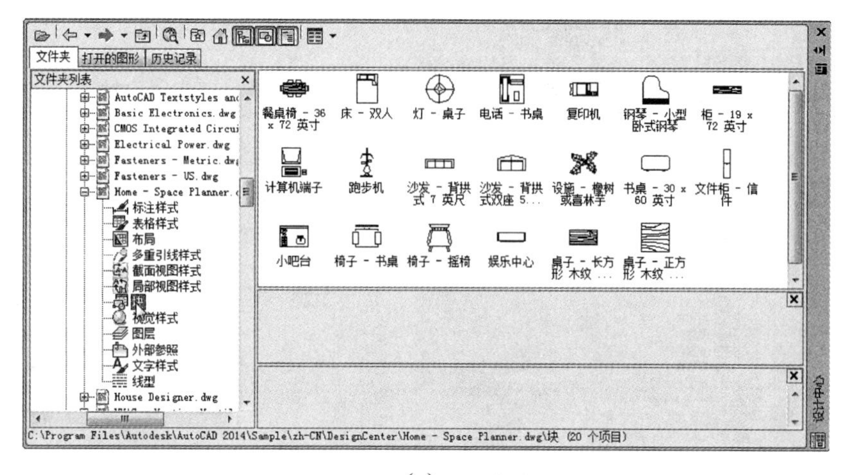

(a)

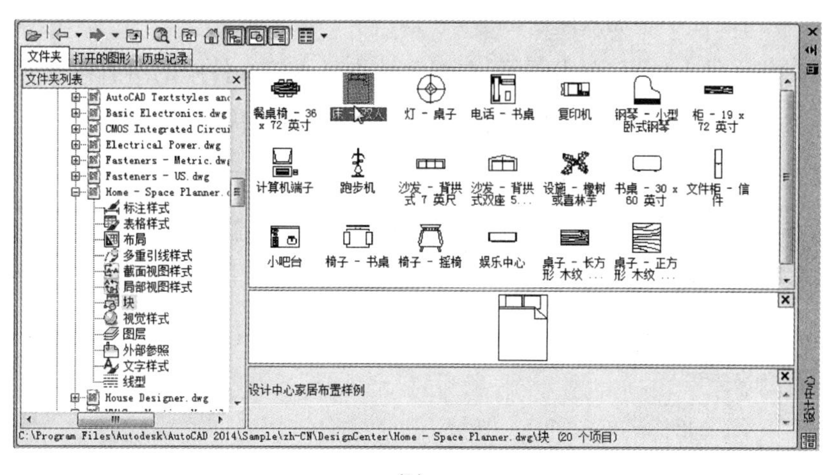

(b)

图 7-16　文件中的块

选择双人床插入到当前图形中的方法有：

(1) 鼠标左键单击双人床，拖到当前图形中。相当于直接插入图形，但是用这种方式插入图块的比例无法正确调整。

(2) 鼠标右键单击双人床，会出现如图 7-17 所示的选项，选择“插入块”项目，打开“插入图块”对话框。或者通过双击鼠标左键打开“插入图块”对话框。通过“插入”对话框可以调整图块的插入方式、比例和旋转角度，方便操作。

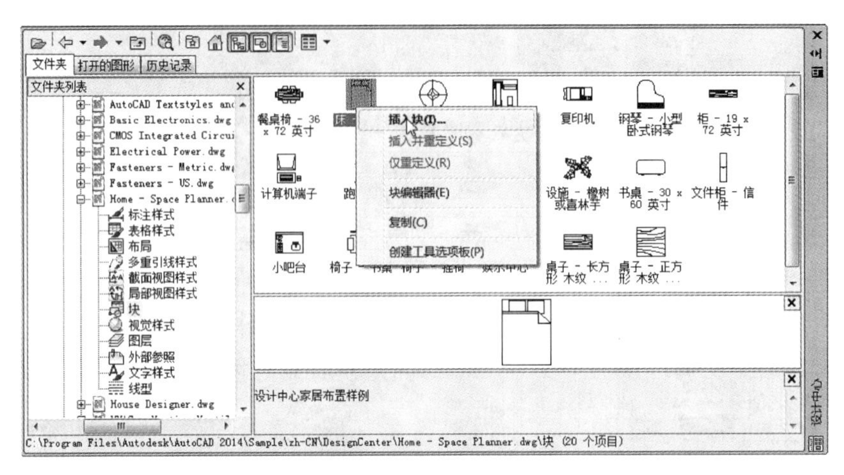

图 7-17 “插入图块”对话框

第三步:利用设计中心插入图层。

在左侧树状文件夹位置,单击图层,右侧区域将显示该文件中的所有图层,如图 7-18 所示,选择需要的图层,单击鼠标左键拖放到当前图形中,可以快速创建图层。

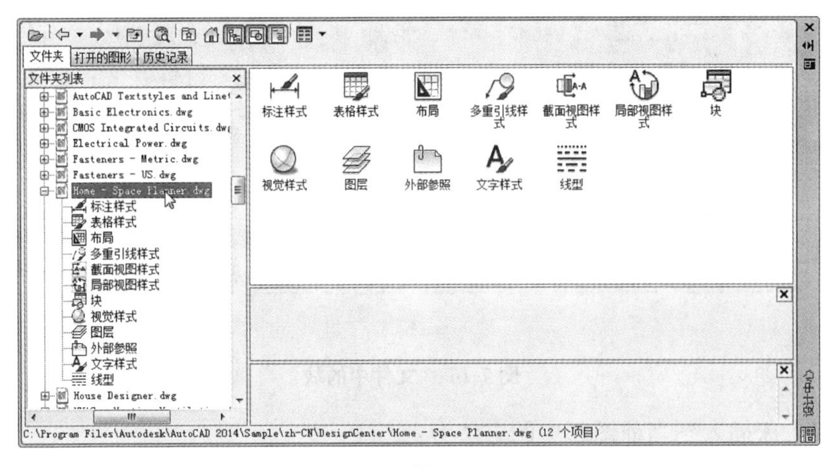

图 7-18 插入图层

第四步:利用设计中心插入线型、文字类型、标注类型、外部参照和图表类型等。方法同步骤三。

7.2.2 工具选项板 TP(Tool Paltettes Ctrl+3)

我们可以通过依次单击“视图”选项卡 ▶ “选项板”面板 ▶ “工具选项板” 工具选项板,或者直接在命令提示行输入“TP”,或者用快捷键“Ctrl+3”进入工具选项板,如图 7-19 所示。

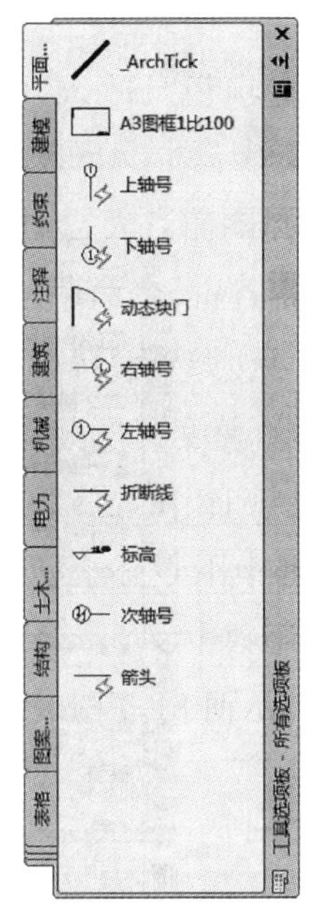

图7-19　工具选项板

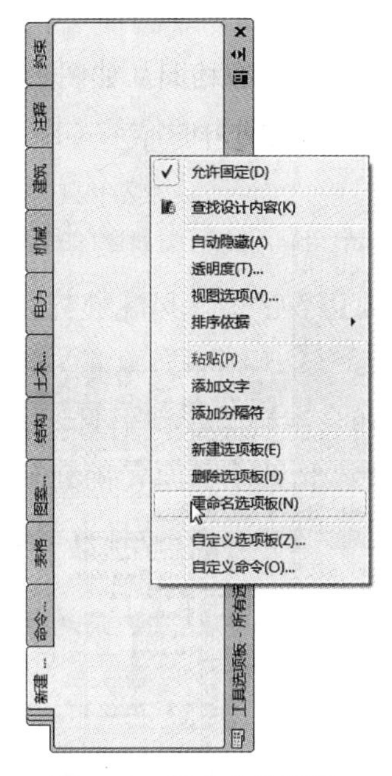

图 7-20　重命名选项板

工具选项板用于组织包括从块到命令再到填充图案的工具，并且作为“工具选项板”窗口的一部分进行显示(“Tool Paltettes”命令)。我们可以通过拖放 Windows 资源管理器或文件资源管理器中的文件、绘图区域中的对象、“工具选项板”窗口的上下文菜单、自定义用户界面 (CUI) 编辑器或“自定义”对话框来自定义工具选项板。每个创建的工具选项板都代表“工具选项板”窗口上的一个选项卡。

下面讲一下如何利用工具选项板绘图：

第一步：打开工具选项板。

命令行输入“TP”，确定，打开工具选项板，或者按“Ctrl＋3”快捷键，打开如图 7-19 所示的窗口。

在默认情况下，工具选项板有多个选项卡。可以通过在选项板窗口单击鼠标右键，选择“新建工具选项板”，新建一个空白选项卡，然后命名该选项卡，如图 7-20 所示。

第二步：将设计中心内容添加到工具选项板。

在设计中心(Design Center)文件夹上右击鼠标，选择快捷菜单的“创建块的工具选项板”，如图 7-21 和图 7-22 所示。在设计中心内存储的图形对象就出现在工具选项板中新建的设计中心选项卡上，这样就可以将设计中心与工具选项板结合，建立一个快捷方便的工具选项板。从而方便在绘图时插入引用。

第三步：利用工具选项板绘图。

只需要将工具选项板中的图形对象拖放到当前图形，该图形对象就以图块的形式插入到当前图形中。

这一点与设计中心方法相同。如图 7-23 所示为工具选项板“Home”中的双人床已经通过鼠标点击插入到当前图形中了。

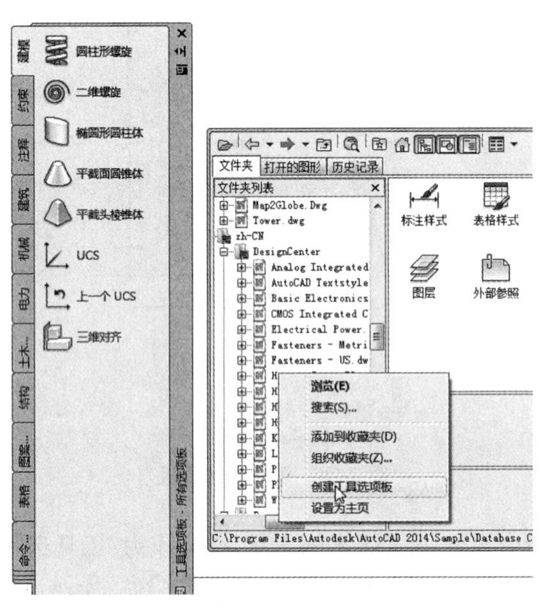

图 7-21　创建工具选项板

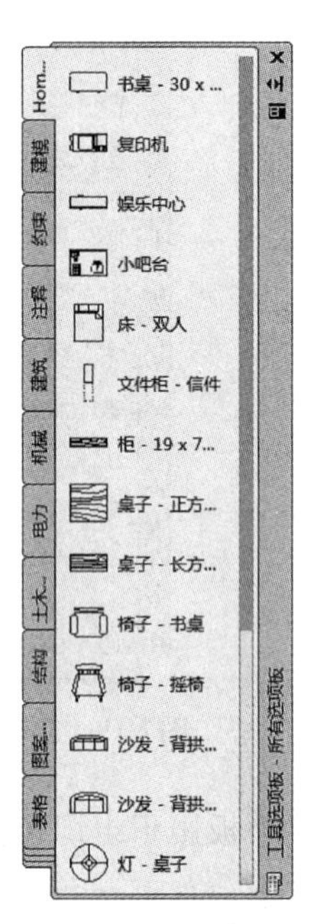

图 7-22　工具选项板

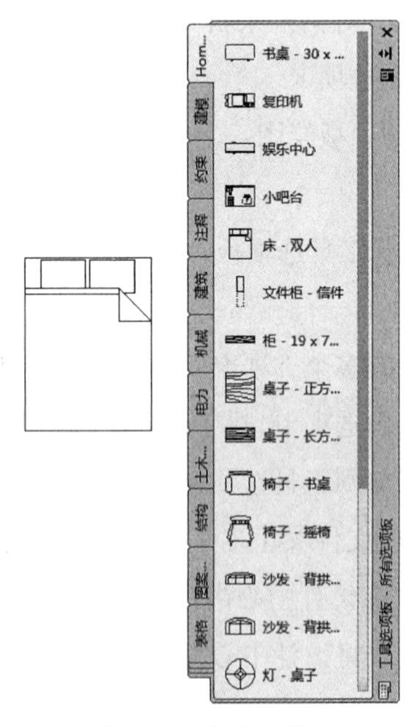

图 7-23　插入图块

7.2.3　写块 W(Wblock)和插入外部块 I(Insert)

之前讲过图块的制作，命令为“B”(Block)，现在讲一下写块的另一个命令，“W”(Wblock)写外部块。

“W”(Wblock)写块命令可以创建用作块的单独图形文件。

“W”写块命令的步骤有三步，与“B”块命令类似，只是第一步略有不同，如图 7-24 所示。

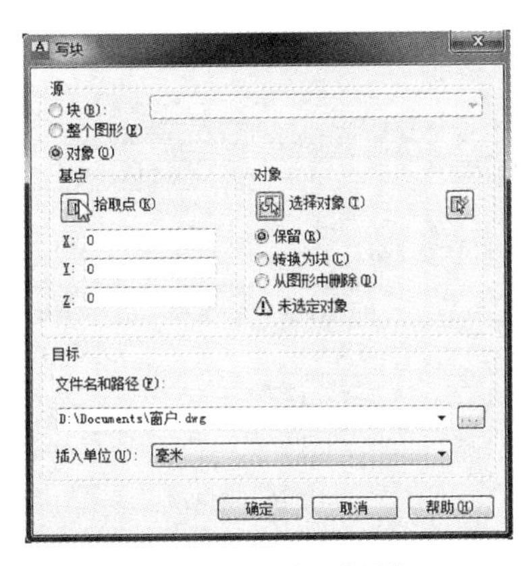

图 7-24　“写块”对话框

第一步：指定名称和文件位置，比如“D:\Documents \窗户”。

第二步：指定图块的基点，作为插入图块时的插入点。

第三步：选择制作图块的对象。确定，完成。

在电脑中找到刚刚做好的图块，会发现其也是一个 dwg 文件，也就是说“W”写块命令是将文件中的部分内容独立保存一个 dwg 的图形。

“B”(Block)块与“W”(Wblock)写块命令都可以达到组合图形的目的，都可以有效快速绘制图形并降低图形文件的大小。

但是二者也有很多的不同点。

区别一：存在位置不同

“B”块命令做出的图块只存在于该图形中，在其他图形中不能通过“I”(Insert)插入命令获得。“W”写块命令做出的图块作为一个单独的文件存在，是保存在硬盘的某一位置中，任何一个图形都可以执行“I”(Insert)插入命令获得。

区别二：操作步骤不同

虽然同样是三个步骤，但是“B”块命令只要给出一个名称即可，而“W”写块命令则需要指定文件保存的路径和名称。

区别三：执行“I”插入图块操作不同

“B”块命令做出的图块，可直接在下拉条的位置获得，而“W”写块命令做出的图块要通过单击 浏览(B)... 图标，到保存图块文件的具体位置获得。

在前面讲过插入命令“I”(Insert)的使用,前面讲的是插入内部块,刚刚做好了的外部块,也可以直接插入到图形中来。

【命令步骤】

第一步:执行“I”插入命令。

第二步:点击浏览,找到外部块的位置,如图 7-25 和图 7-26 所示。

第三步:插入外部块。确定比例和旋转方向,然后在工作区点击插入点,插入成功。如图 7-27 和图 7-28 所示。

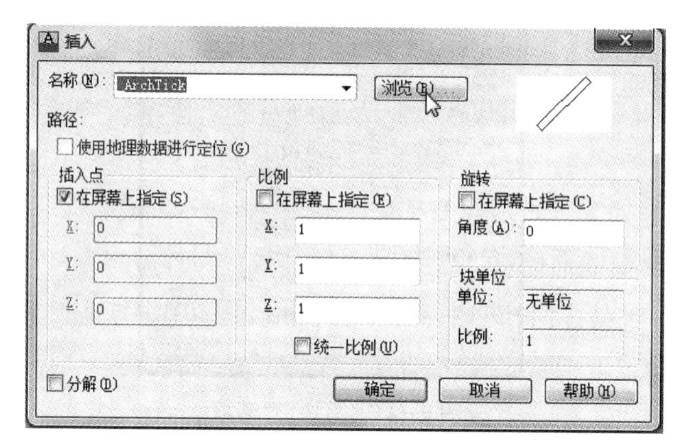

图 7-25 “插入”对话框

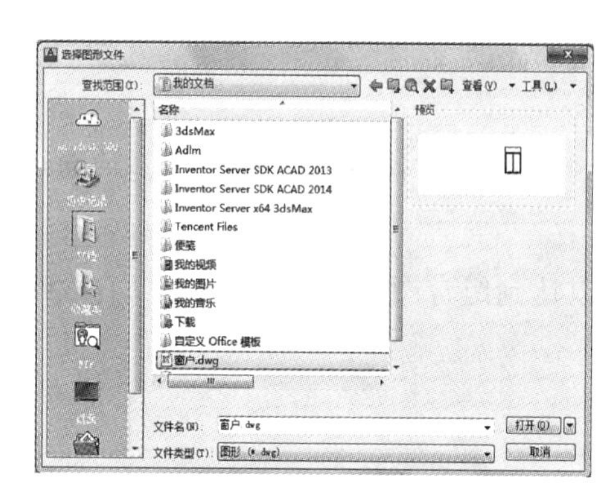

图 7-26 找到外部块

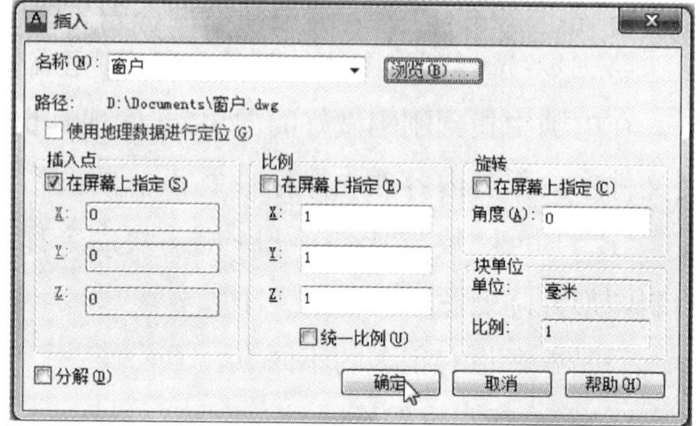

图 7-27 “插入”对话框

图 7-28 插入完成

7.2.4　动态块的使用

通常情况下，无论执行“B”块命令，还是执行“W”写块命令，制作的块都是固定不变的，作为一个整体对象，如果要编辑修改，则需要先执行“X”分解操作，则会失去块的特征。因而在 AutoCAD 2006 以后引入了动态块的概念，可以通过参数的调整而改变图块的尺寸，方便插入引用。动态块包含规则或参数，用于说明当块参照插入图形时如何更改块参照的外观。

制作动态块应该说是比较难一些的，而且步骤繁琐，要求有清醒的作图思路。先通过一个例子来学习一下动态块的使用，关于动态块的制作，会在后面的章节中详细讲述。

首先设置多线样式，执行“ML”多线命令，设置墙体厚度为 240，绘制一条长度为 3600 的墙体，通过绘制辅助线，修剪出宽度为 900 的门洞。

通过插入命令，将“动态块门”插入到图形中来，如图 7-29 所示。

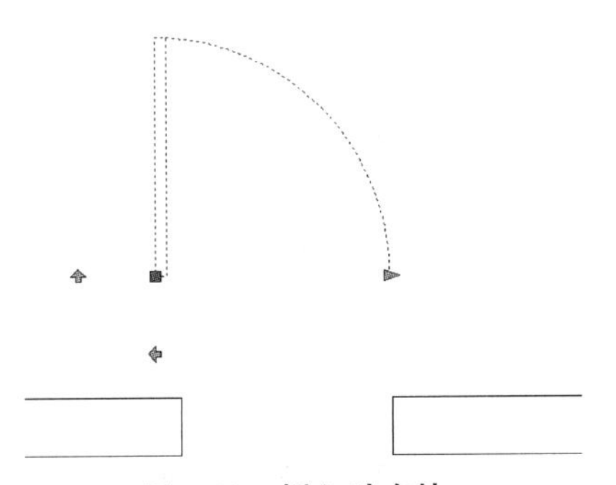

图 7-29　插入动态块

然后点击“动态块门”，点击图中 1 处的基点，将其放到门垛中央，如图 7-30 和图 7-31 所示。

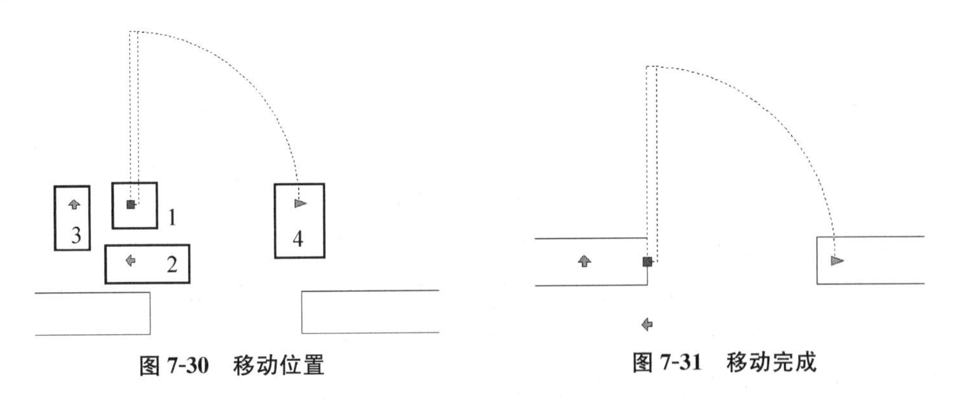

图 7-30　移动位置　　　　图 7-31　移动完成

可以看到，动态块门有些宽了，可以点击 4 处的基点，可以直接输入门宽 900，输入“Enter”，确定；也可以点击 4 处的基点向左移动捕捉到墙体中点，如图 7-32 和图 7-33 所示。

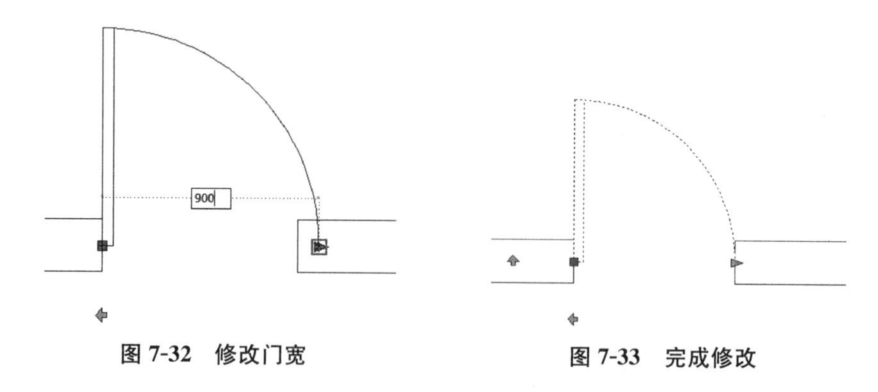

图 7-32　修改门宽　　　　图 7-33　完成修改

如果想让门向下开，可以单击 3 处的翻转夹点，如图 7-34 所示，门的开启方向就改变了。

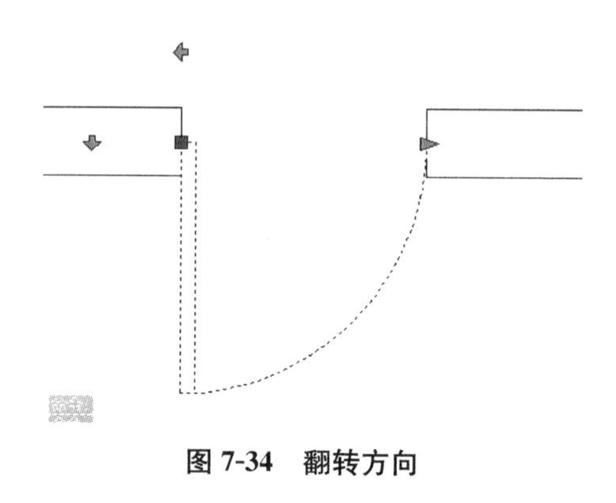
图 7-34　翻转方向

7.3　图形样板的制作(.DWT)

在 AutoCAD 绘制图形前总要做一些准备工作，比如图层设置、文字样式创建等。我们是否可以提前做好这些准备工作呢，这就类似用设置好的带图框的图纸进行绘制图形。而这个类似于"带图框的图纸"的文件在 AutoCAD 中称为"样板文件"。在 AutoCAD 中可以从默认图形样板文件创建一个使用预定义设置的图形。但是这个系统默认的样板图文件，初始设置内容较少，有些也不适合我们国家的制图规范，所以我们需要自己制作样板文件，保存后可以多次重复使用，这样就节省了很多时间，大大提高作图效率。

下面我们以 A2 图幅"建筑样板"为例，教大家制作样板文件。

7.3.1　新建文件，设置单位

执行"Ctrl+N"新建文件，选择"acadiso.dwt"这个样板文件创建一个新的空白 dwg 文件。如图 7-35 所示。

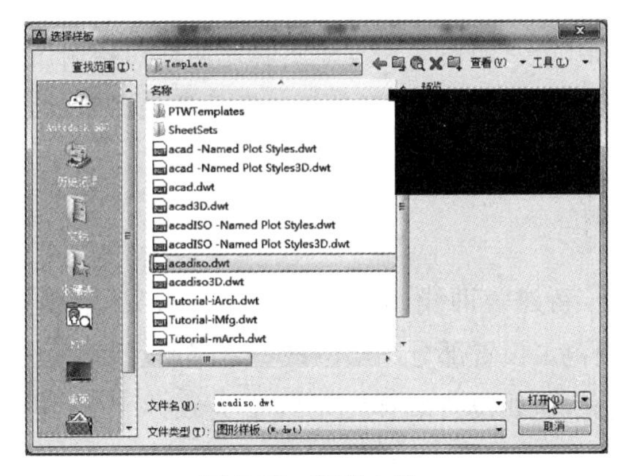

图 7-35　新建文件

接下来开始设置单位，我们一般以毫米(mm)为单位，在命令提示行输入“UN”(Unit)打开“图形单位”，进行单位设置在 AutoCAD 中，通常以 1∶1 的比例进行绘制，而在打印出图时再考虑以其他的比例输出。比如建筑实际尺寸为 10m，在绘图时输入的尺寸为 10000。因此，将系统单位设置为毫米(mm)。以 1∶1 的比例绘制，输入尺寸不需要进行换算，比较方便。如图 7-36 所示。

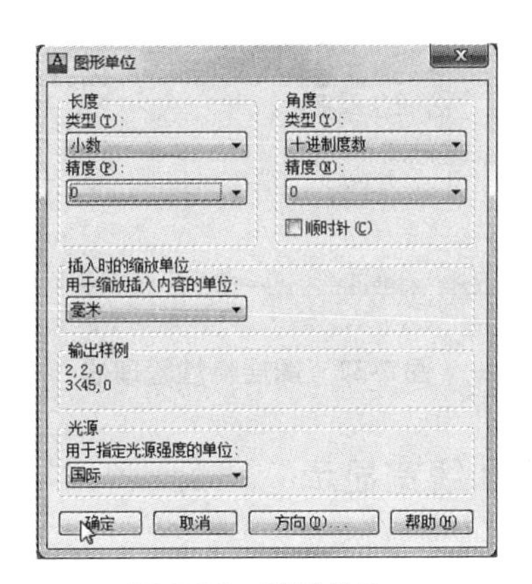

图 7-36　图形单位

7.3.2　设置图形界限

图形界限是 AutoCAD 中默认的“绘图区域”，AutoCAD 视图的放大与缩小最适合图形界限，AutoCAD 默认的图形界限为 420×297，而我们绘制图形往往大于这个区域，所以在放大缩小时往往“受困”，所以需要进行设置图形界限。如果需要使用 A2 图幅，以 1∶100 的比例出图，则应该将图形界限设置为 59400×42000。

执行“Limits”命令，确定，命令行提示指定左下角点，直接按回车键默认(0,0)，指定右上角点，输入“59400,42000”。

> 即使设置了图形界限，在绘图时也可能不在此区域内绘制图形，或超出此区域绘制图形，这并不行影响我们绘图，设置图形界限只是为了视图缩放自如。

7.3.3 建立图层

执行“LA”图层命令，新建辅助线、墙体、柱子、门窗、文字、楼梯、阳台、标注、轴号等图层，并分别设置不同的颜色。设置部分图层的线型，比如设置辅助线图层为点划线。

设置部分图层的线宽，比如设置墙体图层线宽为 0.50mm。设置完成的结果如图 7-37 所示。

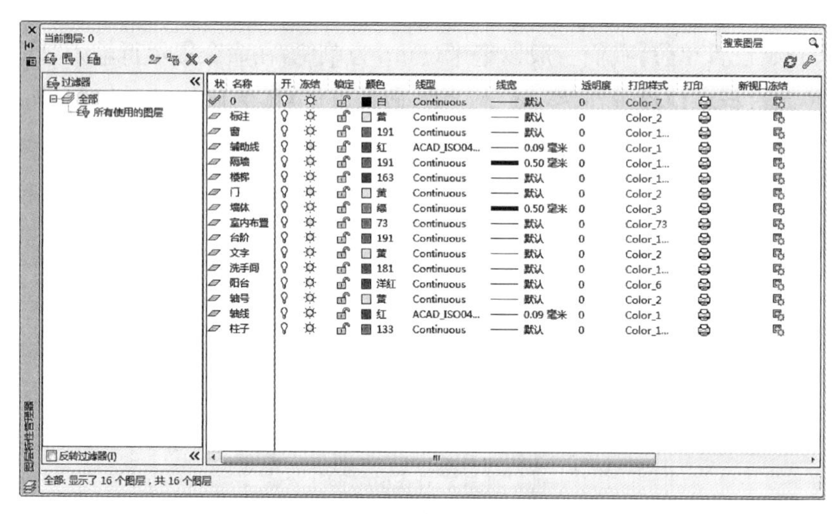

图 7-37 图层特性管理器

7.3.4 调整线型比例和线宽显示

转换到辅助线图层，执行“L”命令，绘制长度为 30000 的一条线段，然后执行“LTS”命令，打开“线型管理”对话框，调整全局比例因子为 30，辅助线显示为合适的点划线。

转换到墙体图层，执行“L”命令，任意绘制一条线，但是并没有显示出线宽 0.500，此时需要打开状态栏的线宽显示开关，单击状态栏 + 图标，打开线宽显示，此时绘制的线就可以正常显示宽度。

7.3.5 设置文字样式

参照第六章的内容，创建新的文字样式，设置“3.5 号字”、“5 号字”、“7 号字”和“非注释性文字”四种文字样式，如图 7-38 所示。

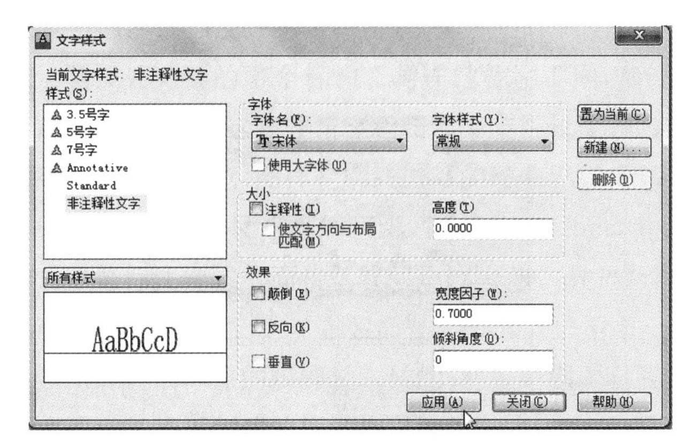

图 7-38　“文字样式”对话框

7.3.6　设置标注样式

执行“D”命令，确定，打开“标注样式管理器”窗口，新建多种标注样式，设置前面第六章讲的建筑标注的一些内容，设置完成以后，然后将“线性标注”置为当前样式，如图 7-39 所示。

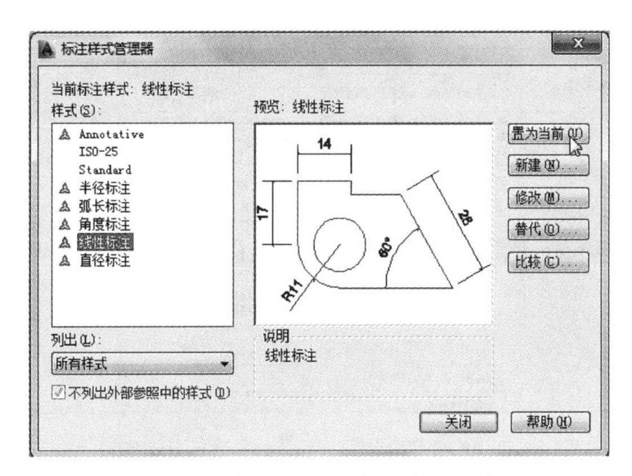

图 7-39　“标注样式”管理器对话框

7.3.7　设置多线样式

执行“Mlstyle”命令，确定，打开“多线”对话框，设置墙、窗、楼板、散水的多线类型。在绘制剖面图的时候，可能会用到楼板，为了绘制方便，也可以创建楼板的多线样式，在墙的基础上新建，如图 7-40 所示。然后在多线样式里面设置“填充颜色”设置为“Bylayer”，如图 7-41 所示。散水也在墙多线样式的基础上设置，如图 7-42 所示，点击继续，勾选“显示连接”，如图 7-43 所示，确定即可。最后，选中墙的多线样式，置为当前即可。

图 7-40　创建新的多线样式

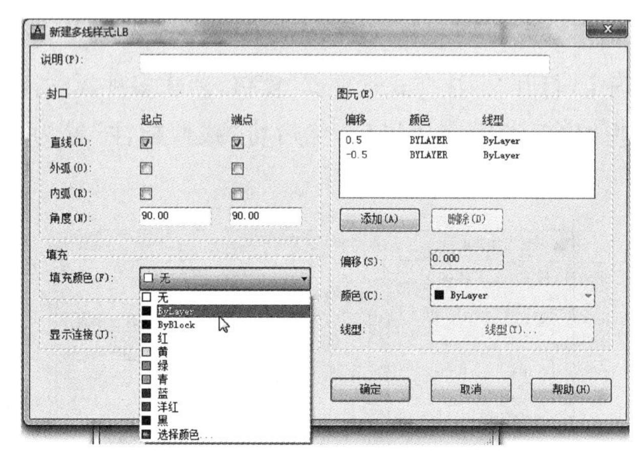

图 7-41　元素特征

图 7-42　散水多线样式

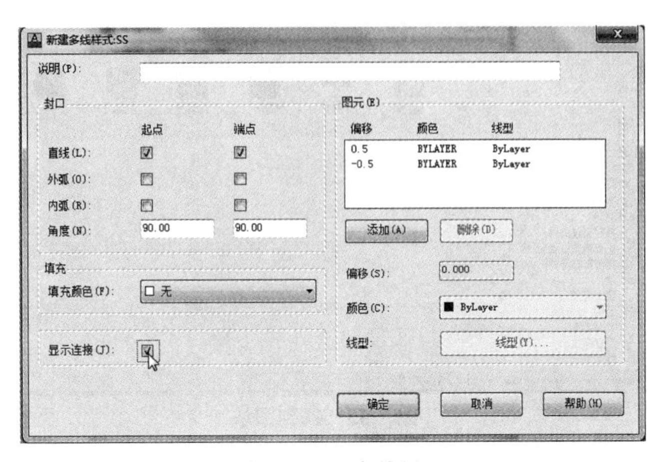

图 7-43　元素特征

为了以后操作使用方便，在设置多线样式时注意多线样式的名字，最好以其汉语名称拼音首字母代替，以方便记忆和操作使用。

7.3.8　插入图块

做到现在，所有的设置类的都已经调整好了，接下来我们就将前面做好的块、属性块以及动态块等需要用到的图块插入到文件中来，通过快捷键"Ctrl＋2"打开设计中心，浏览外部文件，找到前面做好的图块文件"图块"，如图 7-44 所示，打开"块"，会发现以前做好的图块都在里面，如图 7-45 所示，然后将所有图块拖入绘图区，然后执行"I"插入命令，如图 7-46 所示，所有图块已经插入到样板文件中来。

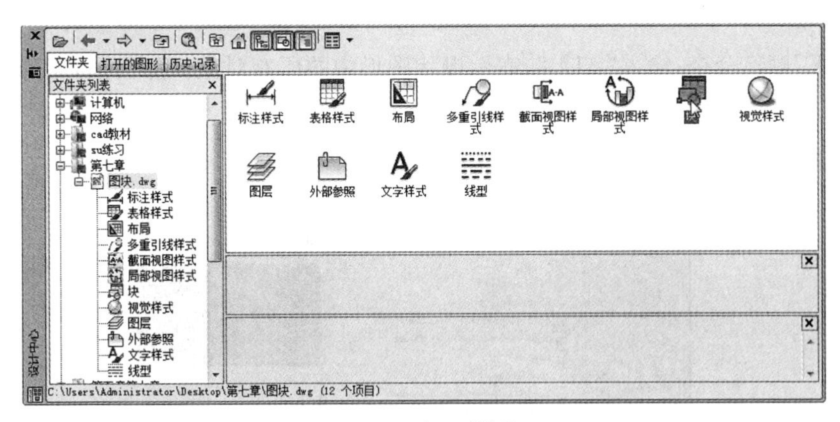

图 7-44　打开"块"

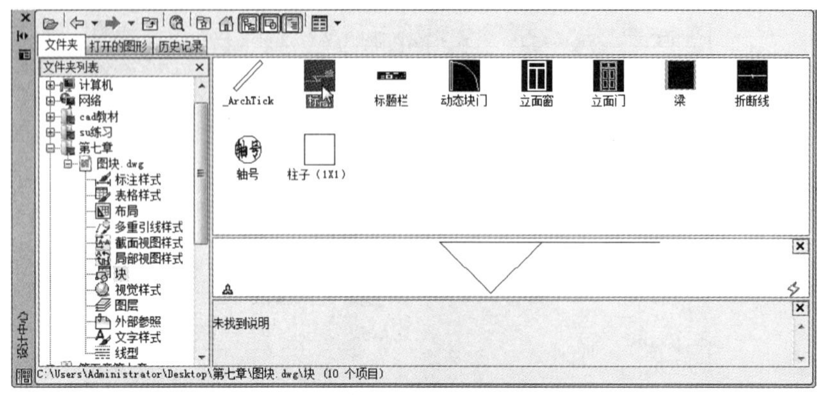

图 7-45　找到图块

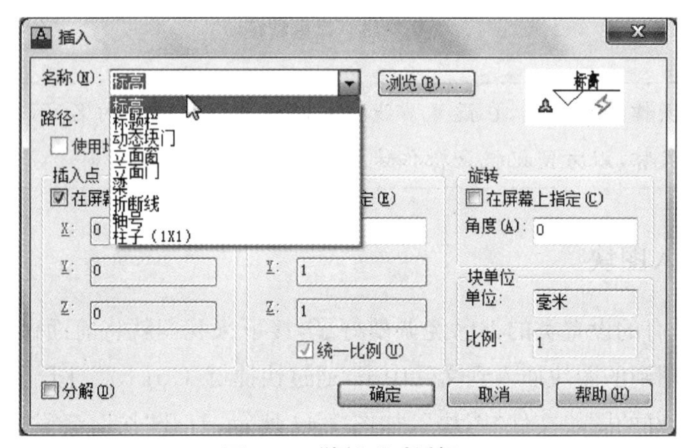

图 7-46　“插入”对话框

7.3.9　删除并保存

执行“E”删除命令，输入“ALL”，表示删除图形中的所有对象，确定，执行“Ctrl+S”进行保存，选择保存文件类型为“AutoCAD 图形样板(＊.dwt)”，命名为“建筑样板”，点击保存，如图 7-47 所示，完成样板文件的制作。

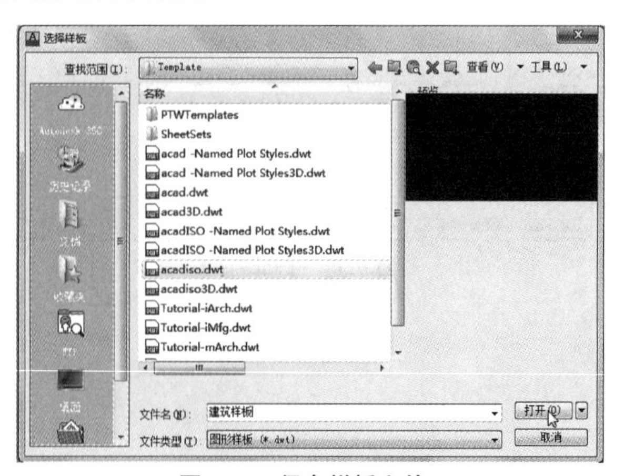

图 7-47　保存样板文件

7.4 修改快捷键

有些常用的命令内容比较长，不是很好记忆，用起来也不是很方便，接下来来讲一下如何修改快捷键，把一些麻烦的命令用简单的字母代替，把常用的命令设置得更快捷。

比如用的比较多的"CO"复制命令改成"C"，把"C"圆命令改为"CI"，把"REC"矩形命令改为"R"等，还要将有冲突的快捷键修改掉，"C"和"R"都有冲突，分别找到这两个，删除，用户可根据自己的使用习惯自行修改快捷键。

在 AutoCAD 2014 中，常用简写命令保存在"Acad. pgp"文件中，用户可以用记事本打开该文件并修改，然后根据自己需要或习惯设置相应的快捷命令。由于该文件的位置不方便查找，因而 AutoCAD 2014 版本中，在 Ribbon 功能区的"管理"选项卡的"自定义设置"面板中提供了 编辑别名 图标，如图 7-48 所示。

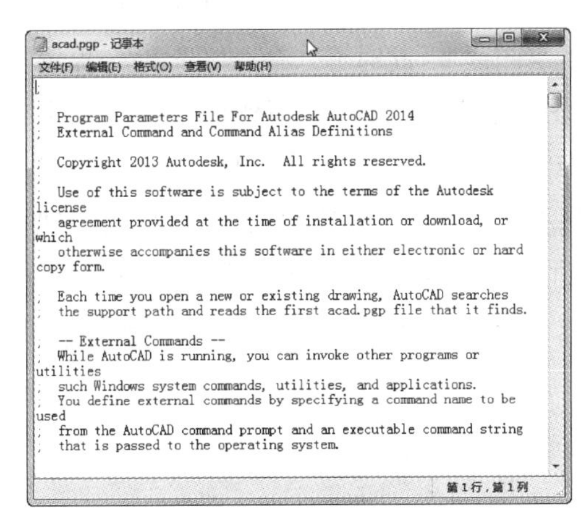

acad.pgp - 记事本

文件(F) 编辑(E) 格式(O) 查看(V) 帮助(H)

```
;
;  Program Parameters File For Autodesk AutoCAD 2014
;  External Command and Command Alias Definitions

;  Copyright 2013 Autodesk, Inc.  All rights reserved.

;  Use of this software is subject to the terms of the Autodesk
license
;  agreement provided at the time of installation or download, or
which
;  otherwise accompanies this software in either electronic or hard
copy form.

;  Each time you open a new or existing drawing, AutoCAD searches
;  the support path and reads the first acad.pgp file that it finds.

;  -- External Commands --
;  While AutoCAD is running, you can invoke other programs or
utilities
;  such Windows system commands, utilities, and applications.
;  You define external commands by specifying a command name to be
used
;  from the AutoCAD command prompt and an executable command string
;  that is passed to the operating system.
```

第 1 行，第 1 列

图 7-48 Acad. pgp

向下翻页到如图 7-49 所示位置，按照相应的格式插入一行内容"C,   ＊COPY"，然后关闭并保存。

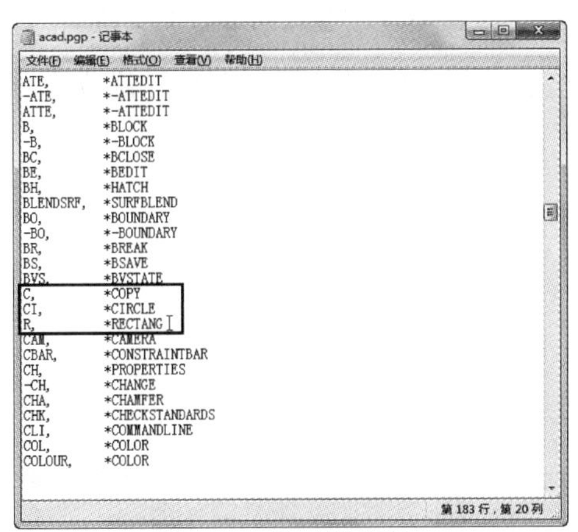

acad.pgp - 记事本

文件(F) 编辑(E) 格式(O) 查看(V) 帮助(H)

```
ATE,       *ATTEDIT
-ATE,      *-ATTEDIT
ATTE,      *-ATTEDIT
B,         *BLOCK
-B,        *-BLOCK
BC,        *BCLOSE
BE,        *BEDIT
BH,        *HATCH
BLENDSRF,  *SURFBLEND
BO,        *BOUNDARY
-BO,       *-BOUNDARY
BR,        *BREAK
BS,        *BSAVE
BVS,       *BVSTATE
C,         *COPY
CI,        *CIRCLE
R,         *RECTANG
CAM,       *CAMERA
CBAR,      *CONSTRAINTBAR
CH,        *PROPERTIES
-CH,       *CHANGE
CHA,       *CHAMFER
CHK,       *CHECKSTANDARDS
CLI,       *COMMANDLINE
COL,       *COLOR
COLOUR,    *COLOR
```

第 183 行，第 20 列

图 7-49 修改快捷键

还要将有冲突的快捷键修改掉，“C”和“R”都有冲突，分别找到这两个，删除。如图 7-50 所示。

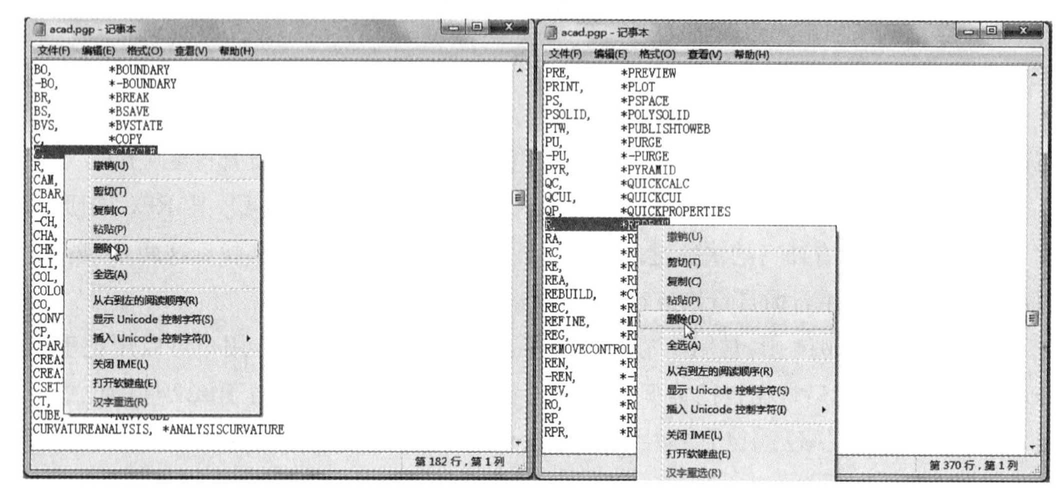

图 7-50　删除“C”和“R”快捷键

回到 AutoCAD 2014 绘图区域，此时输入命令“C”，命令提示行会提示还是画圆的命令，这就说明刚刚修改的“编辑别名”命令没有发挥作用。这是因为“Acad. pgp”文件为系统配置文件，每次 AutoCAD 2014 启动时自动加载，如果关闭 AutoCAD 再打开，修改的文件就可以发挥作用。但是若想不关闭 AutoCAD 而能生效，则需要执行命令“Reinit” 重新初始化，确定，打开如图 7-51 所示的对话框，复选“PGP”文件，确定，即可使用。

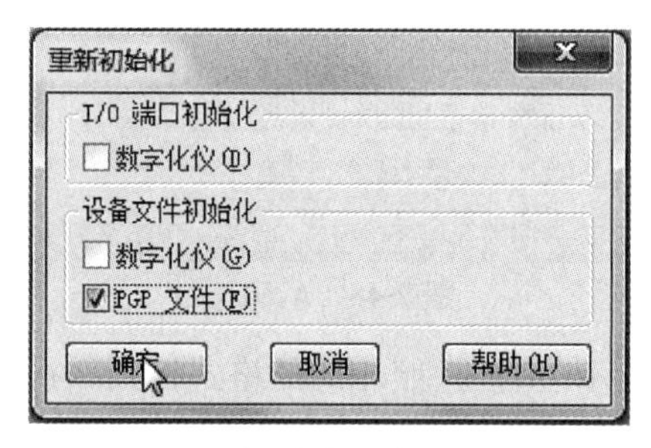

图 7-51　“重新初始化”对话框

重新输入“C”，会发现变成了复制命令“Copy”，这样修改命令就成功了。

【命令回顾】

命令内容	英文全称	快捷方式
图层特性管理器	Layer	LA
特性选项板	Properties	PR
设计中心	Design Center	DC
工具选项板	Tools Option	TP
写块	Wblock	W
插入	Insert	I
分解	Explode	X
图形单位	unit	UN
直线	Line	L
线型比例	Ltscale	LTS
标注样式管理器	Dimstyle	D
多线样式	Mlstyle	Mlstyle
删除	Erase	E
复制	Copy	C
矩形	Rectangle	R

第八章　AutoCAD 2014 建筑平面图的绘制

【学习提示】本章主要介绍建筑平面图的绘制步骤，并且利用前面所学的的基础及提升的知识，结合基本绘图、修改、快速绘图等操作来进行建筑平面图的绘制。明确绘图的思路和方法，有效地分析图形，简化作图过程，提高绘图速度。

8.1　建筑平面图的绘制步骤

建筑平面图的绘制步骤如下：

(1) 创建新图形；

(2) 绘制轴网；

(3) 绘制柱子(如果没有柱子，则从下一步开始)；

(4) 绘制墙线辅助线；

(5) 绘制墙线；

(6) 绘制门窗辅助线，开门窗洞口；

(7) 绘制门窗；

(8) 绘制楼梯、台阶、散水等其他建筑构件；

(9) 给图形添加注释；

(10) 插入图框；

(11) 图形清理。

下面通过绘制住宅首层平面图，如图 8-1 所示，详细介绍利用 AutoCAD 2014 绘制建筑平面图的具体步骤。

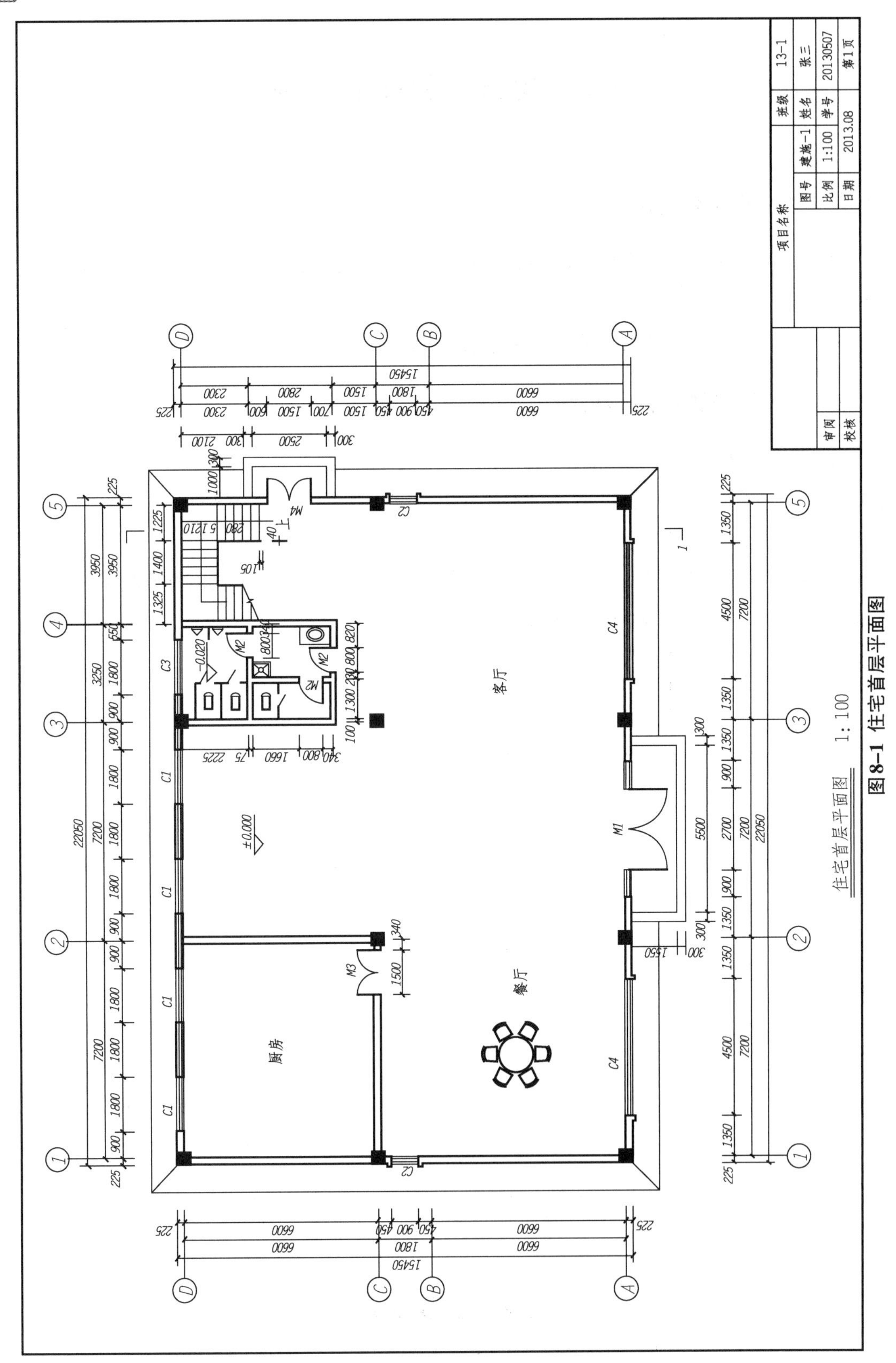
项目名称
班级 13-1
图号 建施-1
姓名 张三
比例 1:100
学号 20130507
日期 2013.08
第1页
审阅
校核
客厅
餐厅
厨房
住宅首层平面图 1:100
±0.000
M1
M2
M3
M4
C1
C2
C3
C4
22050
15450
7200
6600
1800

图8-1 住宅首层平面图

8.2 建筑平面图的绘制

8.2.1 设置绘图环境

(1) 执行“Ctrl＋N”新建文件，使用之前做好的样板文件“建筑样板.dwt”，新建空白文件。

(2) 保存文件，将新文件保存为“住宅首层平面图”。

8.2.2 绘制轴线的辅助线

(1) 设置辅助线图层为当前图层，执行“L”线命令，绘制一条长度为 25500 的水平直线，重复执行线命令，绘制一条长度为 20000 的垂直直线，起点在水平辅助线的左端且与之相交。

(2) 执行“O”偏移命令，将水平辅助线向上依次偏移 8400、6600，再将垂直辅助线向右依次偏移 7200、7200、7200，如图 8-2 所示。

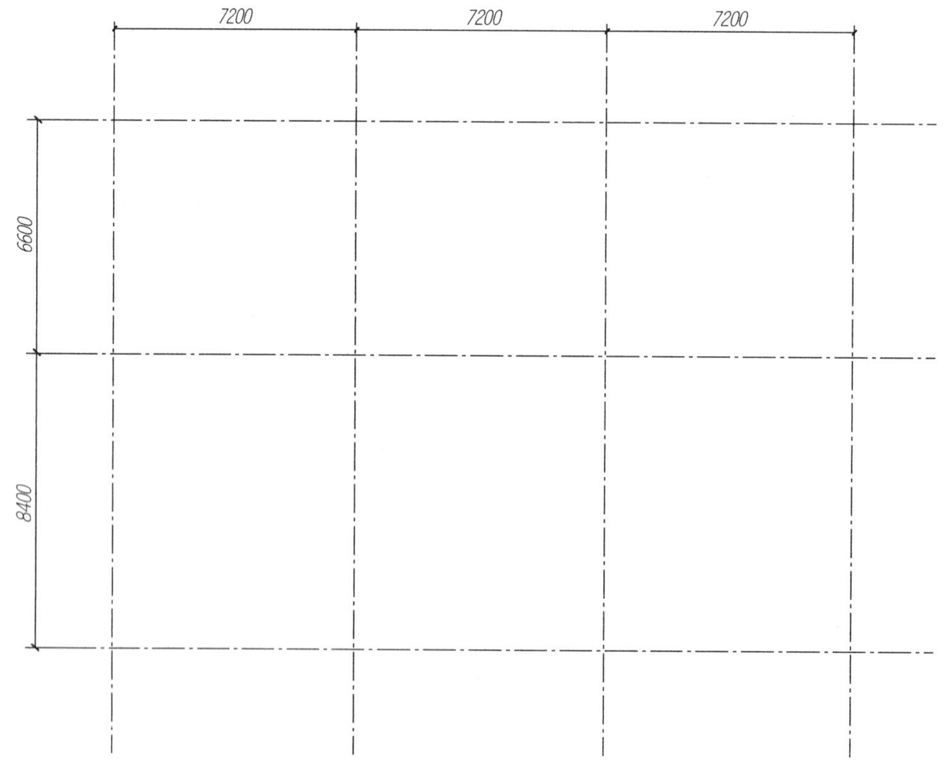

图 8-2 绘制辅助线

8.2.3　绘制柱子

将柱子图层设置为当前图层，执行“I”插入命令，在“浏览”中选择样板中提供的柱子（柱子的尺寸在插入时需要进行调整），柱子的尺寸为 450×450，然后点击“确定”，如图 8-3 所示，在图中轴线相交的某一位置处插入一个，然后执行“C”复制命令，得到剩余的柱子，最终效果如图 8-4 所示。

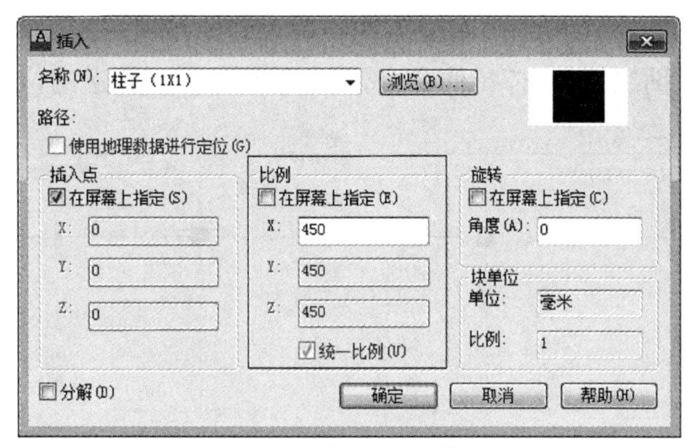

图 8-3　“插入”对话框

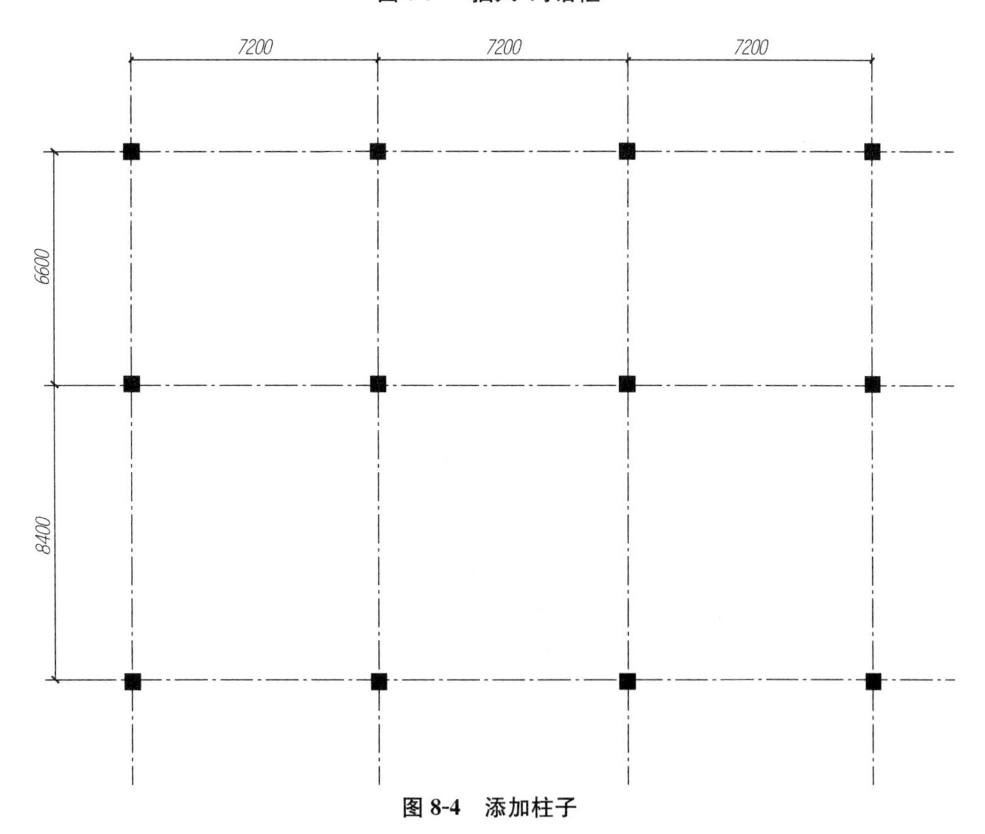

图 8-4　添加柱子

8.2.4 绘制墙线的辅助线

(1) 将图层切换至辅助线图层。

(2) 中间部分辅助线的绘制:执行“O”偏移命令,将 1 号辅助线向下偏移 450,2 号辅助线向上偏移 450,得到窗套部位的辅助线,如图 8-5 所示。

(3) 南面墙体窗套辅助线的绘制:执行“O”偏移命令,将 3、5 号辅助线向右偏移 1350,将 4、6 号辅助线向左偏移 1350 得到南面墙体窗套位置的辅助线。为了使图看起来比较美观,将偏移得到的四条辅助线执行“S”拉伸命令,将辅助线拉伸至合适的位置,如图 8-5 所示。

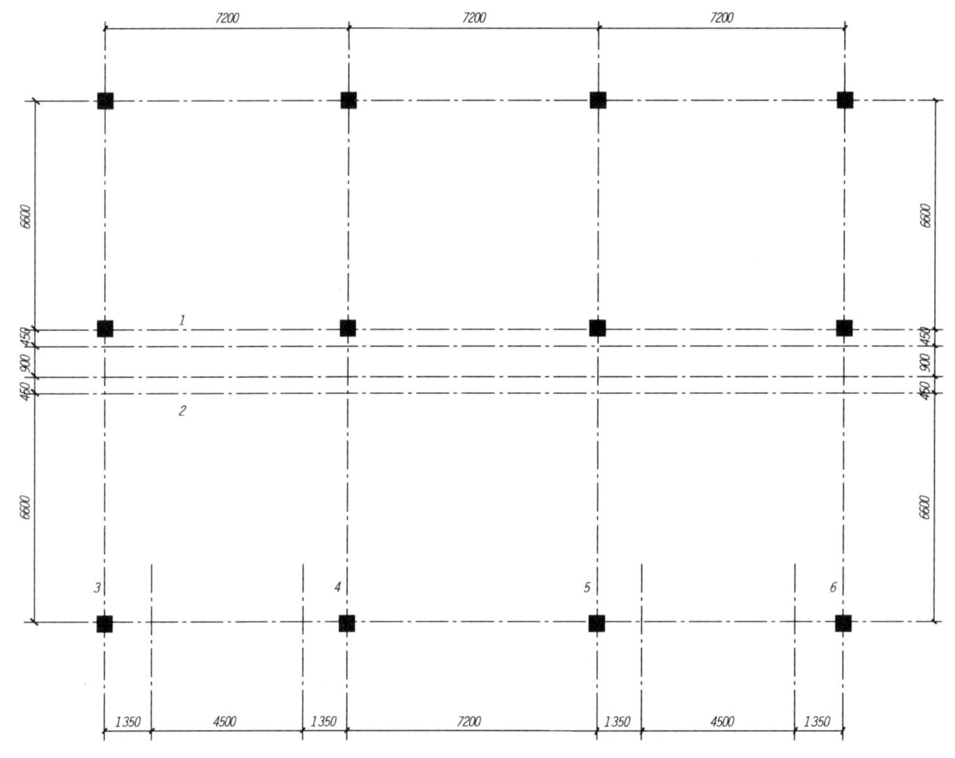

图 8-5 绘制墙体辅助线

(4) 卫生间辅助线的绘制:执行“O”偏移命令,将 6 号辅助线向左依次偏移 3950、1850,再将 1 号辅助线向上依次偏移 1500、2800。为了使图美观看起来简单明白,也要将辅助线调整至合适的位置,在这里学习一个新的命令“BR”打断命令。打断命令为一个不确定性打断,第一个点的选取是任意的,第二个点的选取是确定的,在这里选取不需要部分线的末端点,在这里讲解 b 辅助线的调整,同样的方法调整 a、c、d 辅助线,如图 8-6 所示。最终效果如图 8-7 所示。

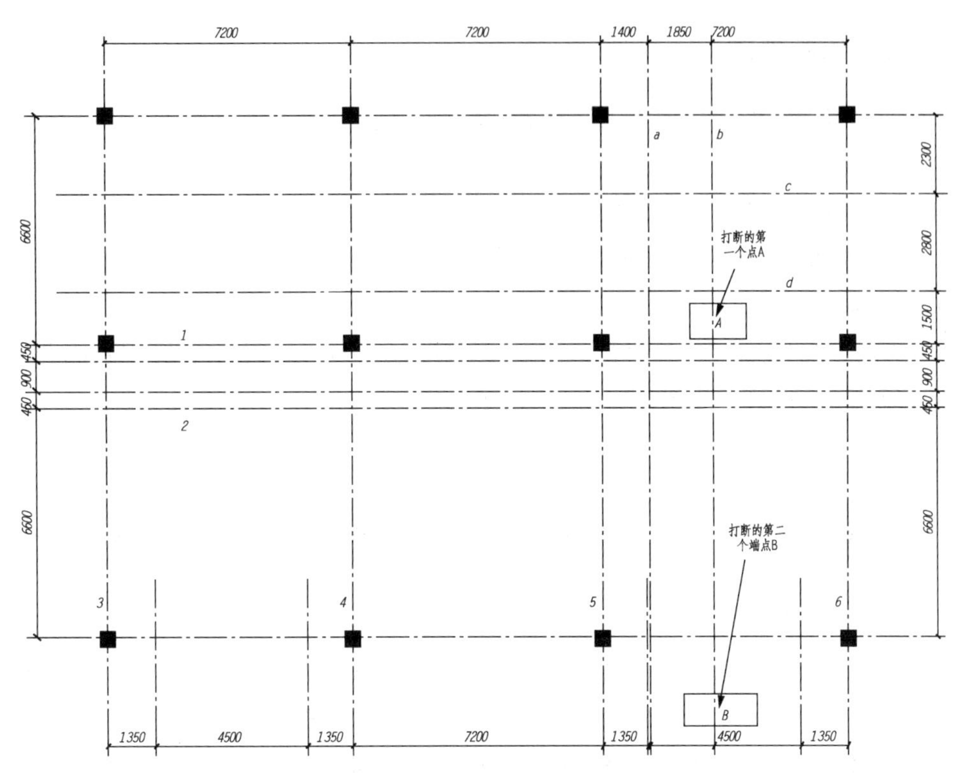

图 8-6　绘制卫生间辅助线

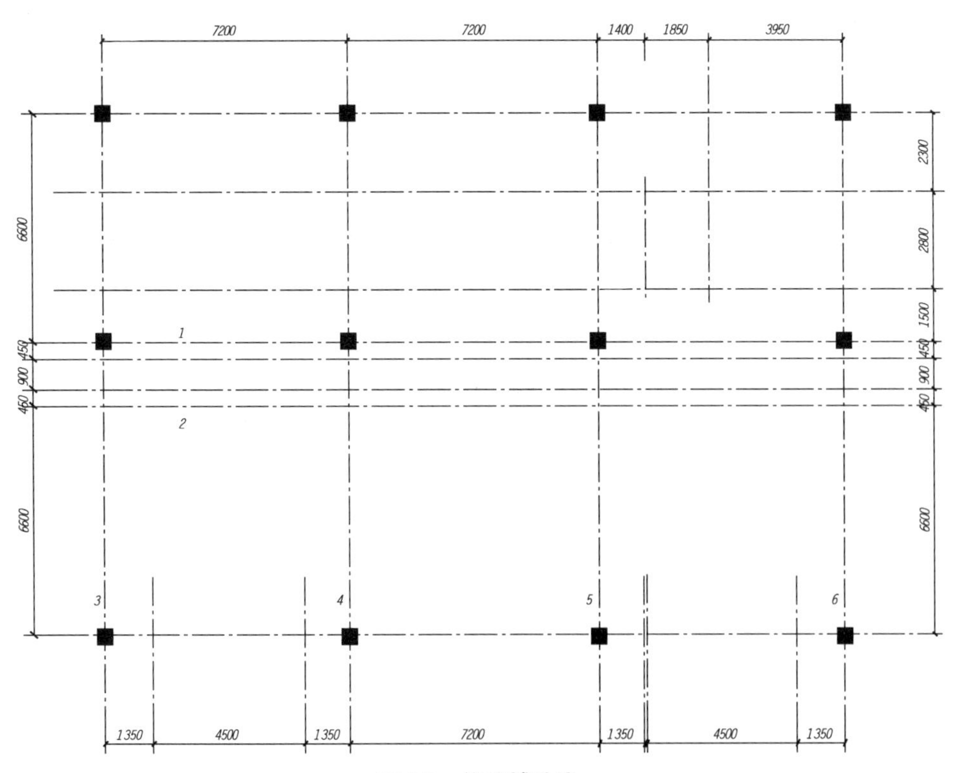

图 8-7　修改辅助线

8.2.5 绘制墙体

此建筑为框架结构，因此绘制外围墙线的时候以柱子的角点为捕捉点(这时候注意墙线"ML"里面对正的设置)。

(1) 设置墙线图层为当前图层。

(2) 执行"ML"命令，设置"样式＝Q；比例＝240；对正＝上"，起点捕捉左上角柱子的角点，逆时针绘制外围墙体。

(3) 更改多线"比例＝200，对正＝无"，捕捉轴线的交点，绘制内部1、2墙体，再将比例改为150绘制3、4墙体。如图8-8、图8-9所示。

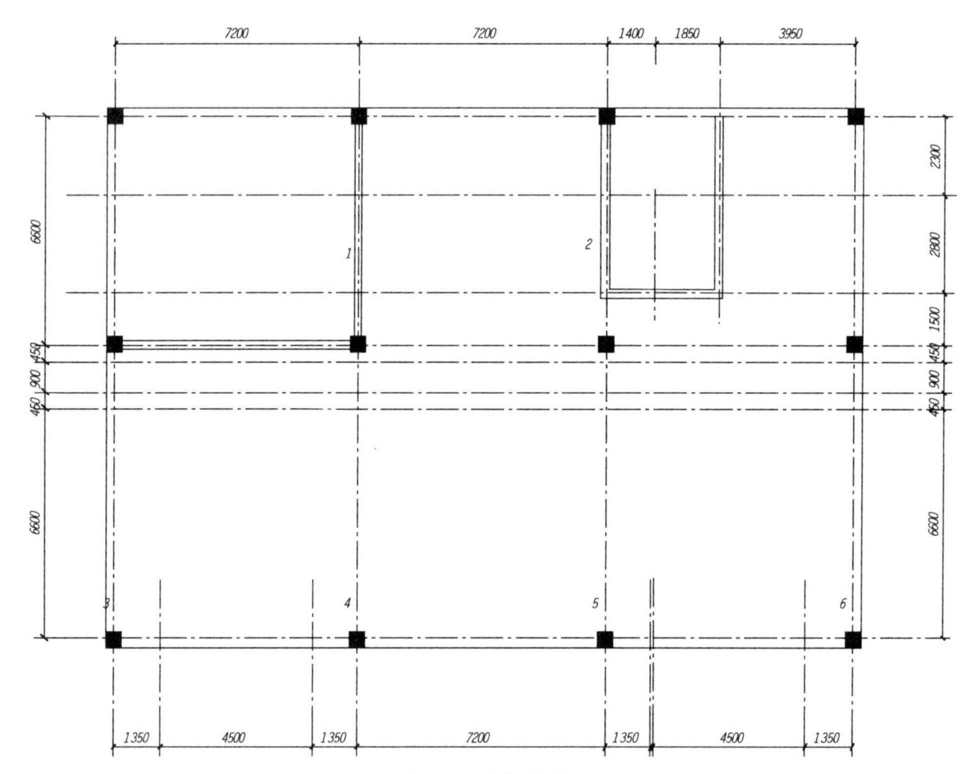

图8-8 绘制墙体

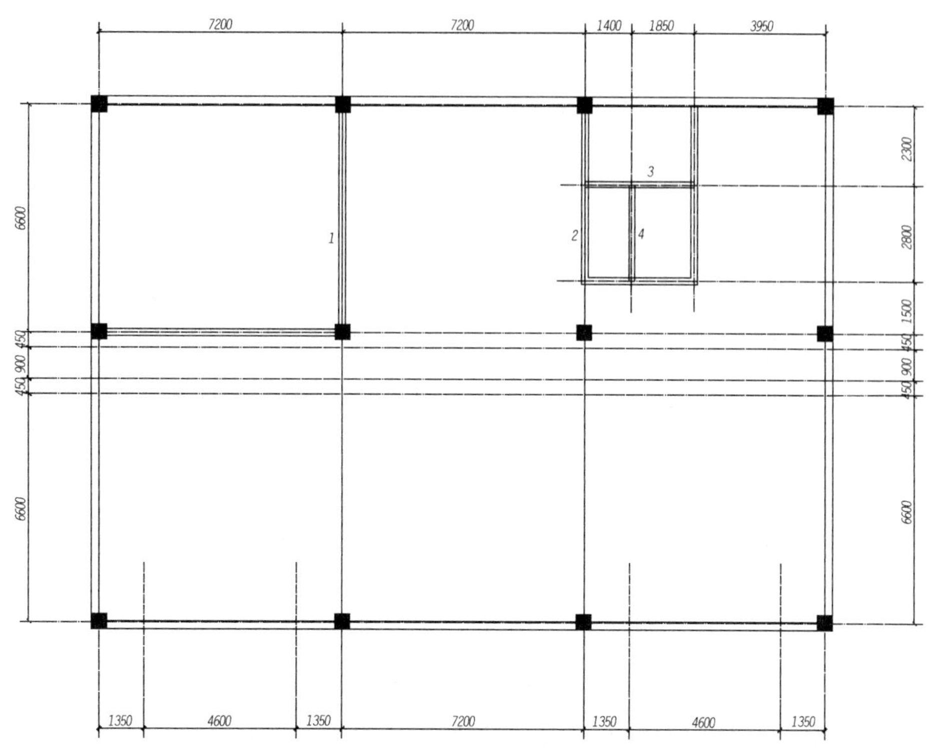

图 8-9　绘制内部辅助线

（4）窗户部位的外墙窗套装饰，多线比例为 120，对正为上或下（根据绘制方向的不同而改变），绘制时捕捉辅助线与内墙线的交点，如图 8-10 所示。所有墙体绘制完成后效果如图 8-11 所示。

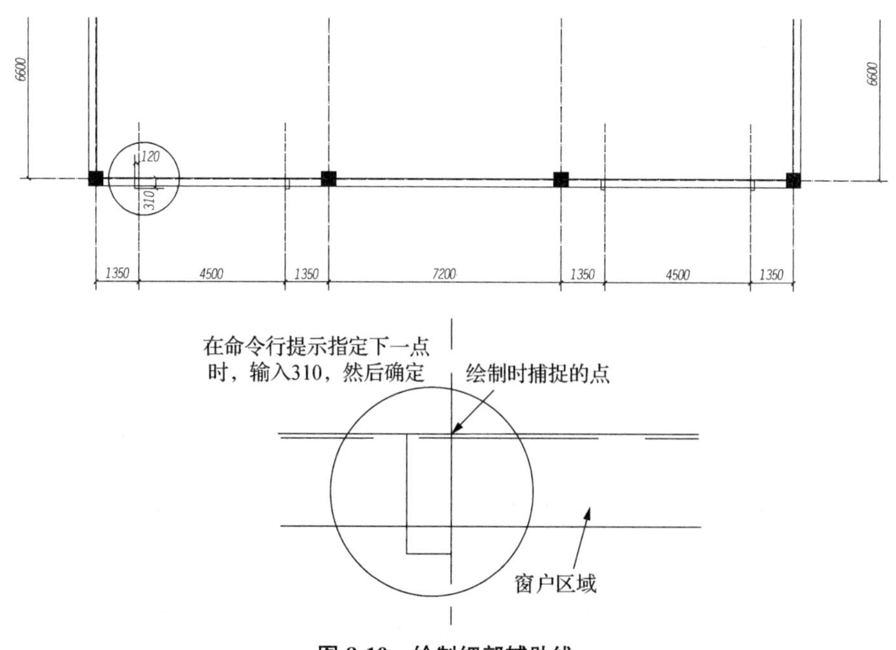

图 8-10　绘制细部辅助线

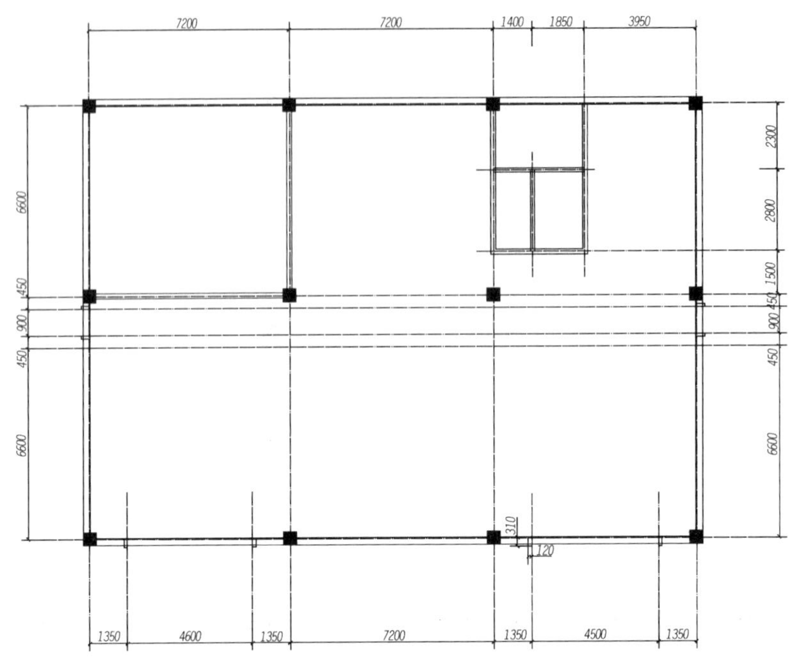

图 8-11　墙体完整图

(5) 最后将绘制完的墙体进行修改，在多线上任意位置双击鼠标左键，打开“多线编辑工具”对话框，选择“T 形打开”对墙体 T 形相交的地方进行修改，或选择“角点结合”对墙体角点相交处进行修改。对于左右两侧和下侧的外墙窗套装饰处的墙体的修改，需要先执行“TR”修剪命令，将中间窗户的部位开洞；然后再进行角点结合。如图 8-12 所示。

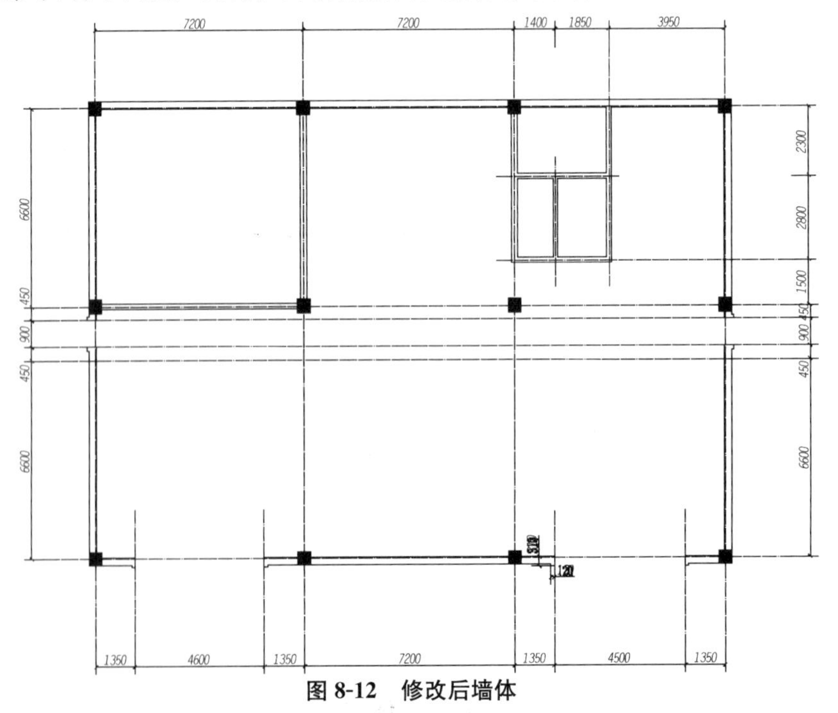

图 8-12　修改后墙体

在进行"T 形打开"时，当提示选择第一条多线时，即"T"形的竖向部分，第二条为横向部分。

8.2.6　绘制门窗辅助线、开门窗洞口

（1）设置辅助线图层为当前图层。

（2）执行"O"偏移命令将最左边的轴线向右偏移 900，再执行"BR"命令将线打断至合适的长度，再依次向右偏移如图 8-13 所示的距离，绘制出上侧墙体的辅助线。同样绘制左侧、右侧、下侧及内部的辅助线。

（3）执行"TR"命令，在门窗位置处打开门窗的洞口，如图 8-13 所示。

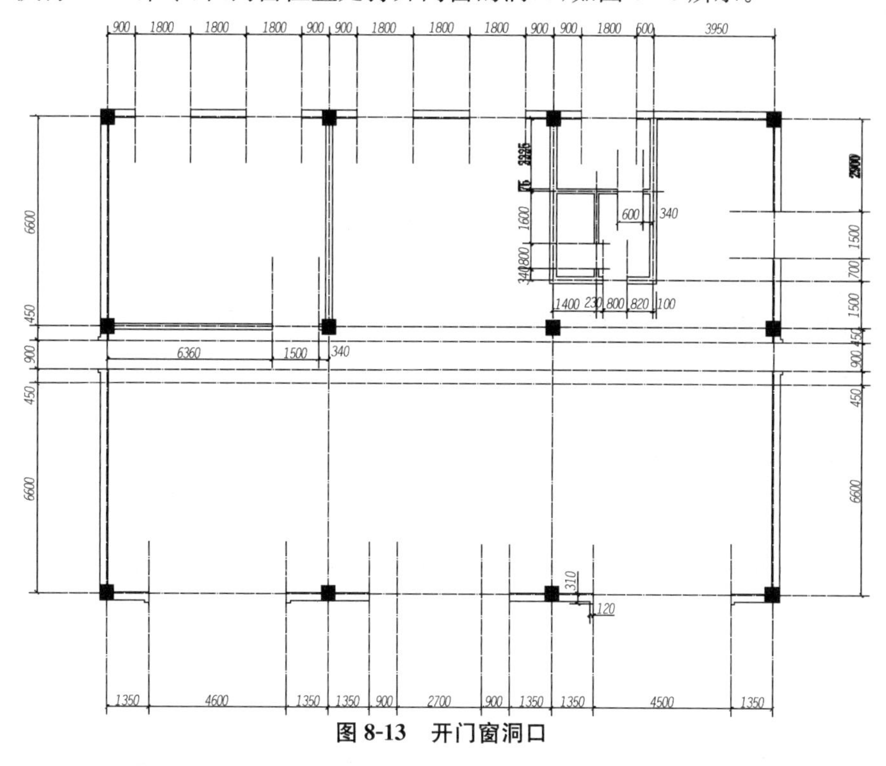

图 8-13　开门窗洞口

8.2.7　绘制门窗

窗户的绘制：

（1）设置窗户图层为当前图层。

（2）执行"ML"多线命令，设置"样式＝C；对正＝上；比例＝240"，捕捉墙外边缘线与辅助线的交点从左往右（上侧与下侧的窗户）或从下往上（左右两侧的窗户）来绘制窗户。如图 8-14所示。

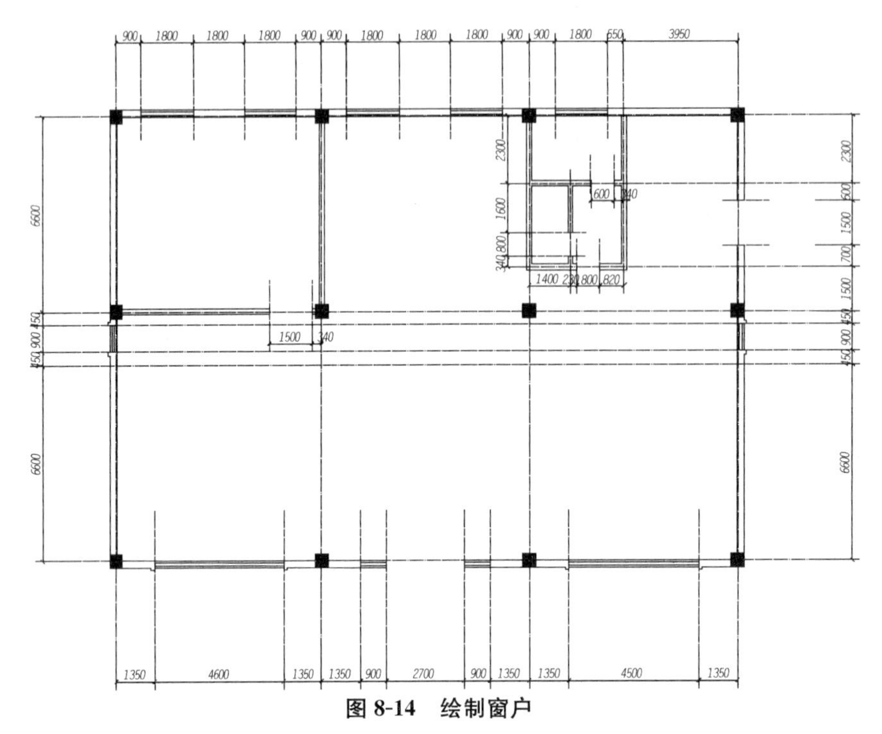

图 8-14　绘制窗户

门的绘制：

利用样板中带有的门动态块，将门插入，尺寸与方向需要自行调整。

(1) 设置门图层为当前图层。

(2) 执行“I”插入命令，从“浏览”中选择样板中提供的动态块门，插入到图中任意位置，再执行“C”复制命令，在各个门的位置处放置门，如图 8-15 所示。

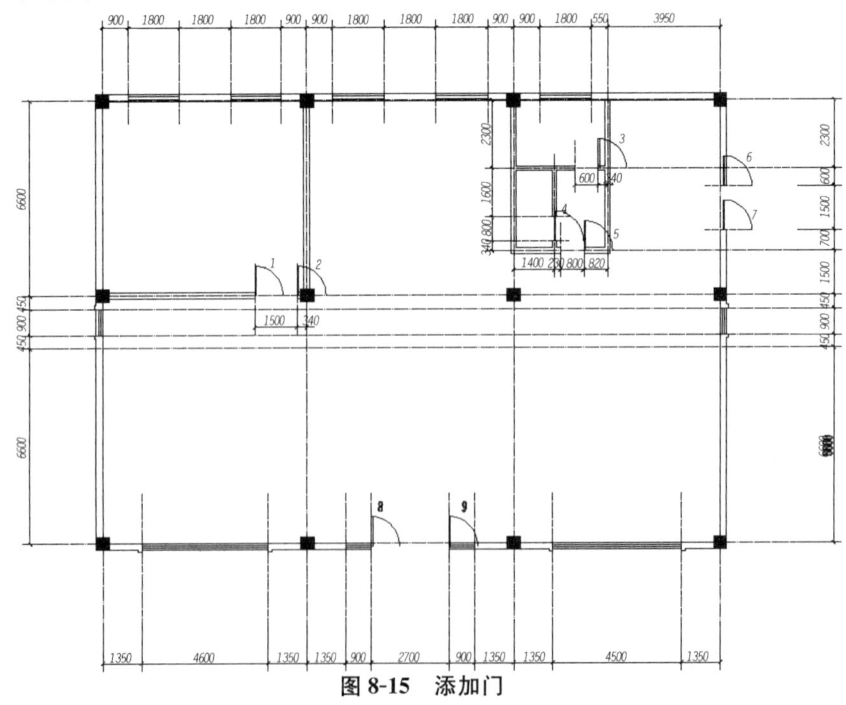

图 8-15　添加门

(3) 将 2、3、5、9 位置处的门执行“MI”镜像(命令行提示要删除源对象);将 4 位置处的门执行“RO”旋转命令,旋转 90 度,6 处的门旋转－90 度;7 位置处的门,先执行镜像再将镜像后的门旋转 90 度,得到如图 8-16 所示的门。

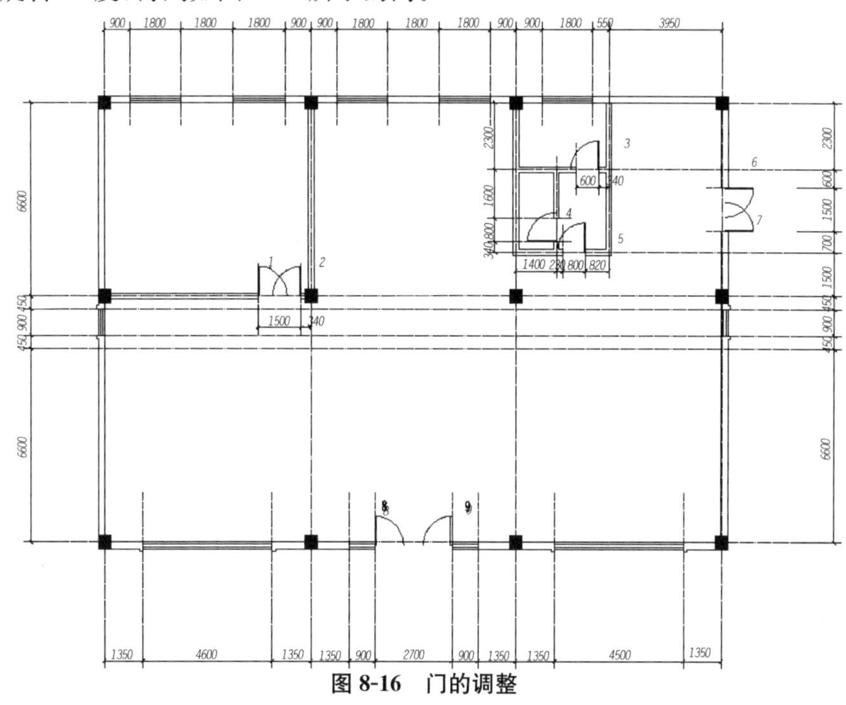

图 8-16　门的调整

(4) 调整门的尺寸,点击门,会出现夹点,利用夹点调节至合适的尺寸。最终效果如图 8-17 所示。

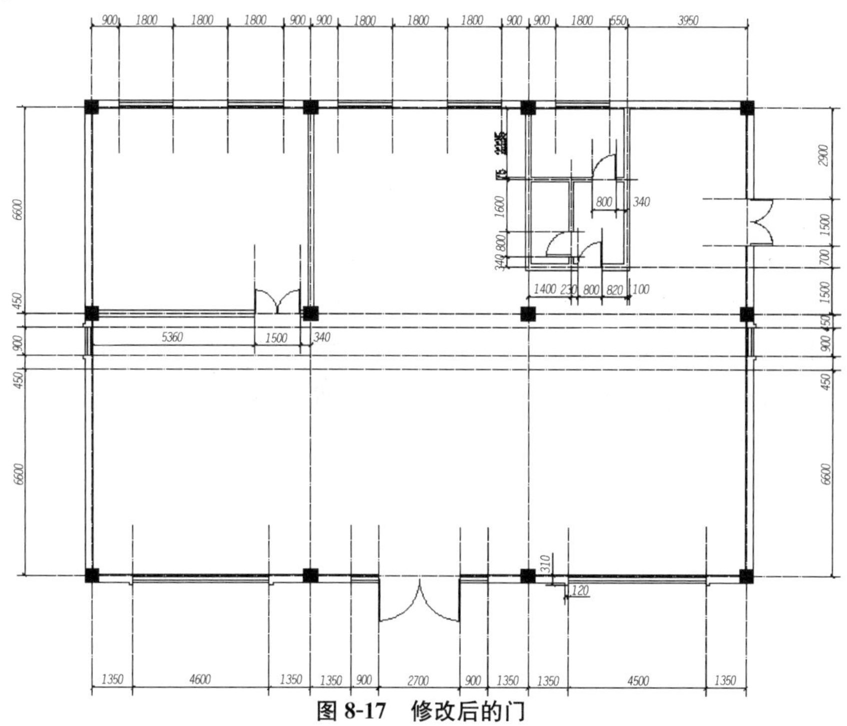

图 8-17　修改后的门

8.2.8 绘制楼梯

此楼梯为一个三跑楼梯，踏面的宽度为280，扶手宽度为40，设置楼梯图层为当前图层绘制。

(1) 绘制楼梯踏面的辅助线：将最右侧的轴线向左依次偏移1225、1440，将最上侧辅助线向下偏移1215，将辅助线打断至合适的长度，如图8-18所示。

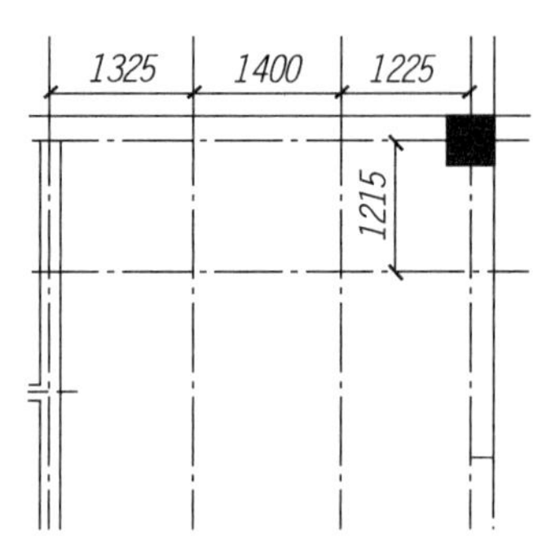

图8-18 绘制楼梯辅助线

(2) 绘制踏步：执行"PL"多段线命令或者"L"线命令，绘制踏步，踏面宽度为280，然后执行偏移命令，如图8-19所示。

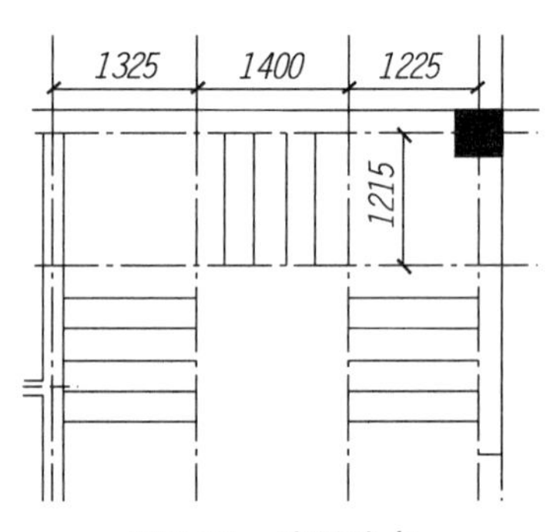

图8-19 绘制踏步

(3) 绘制扶手：沿楼梯内边缘执行"PL"多段线命令，绘制扶手线，然后再执行"O"偏移命令，向外偏移40，再将右侧底端的扶手线执行"S"拉伸命令向下拉伸100，如图8-20所示，框选A处，此时发现有两条多余的线也被选中，按住"Shift"键点选两条多余的线1、2，然后点击扶手线的端点然向下拉伸，在命令提示行输入拉伸的长度为100，最后用线"L"绘制下边的横线，最终效果如图8-21所示。

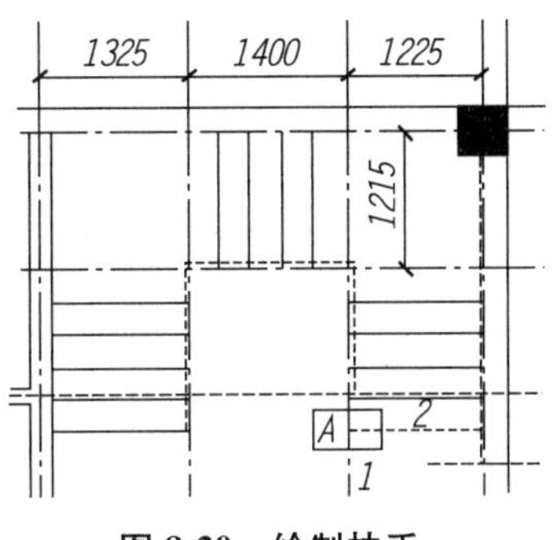

图 8-20 绘制扶手

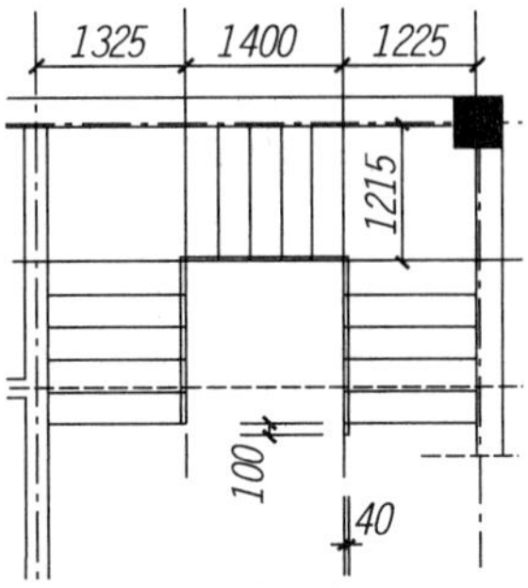

图 8-21 扶手的最终效果图

(4) 绘制折断线：执行“I”插入命令，选择样板中的折断线，更改比例为 2，旋转角度为 30 度，插入到图中，调整至合适的位置。

(5) 绘制指示线、修剪：执行“PL”多段线命令，绘制如图 8-21 所示的指示线，箭头部分将线宽 *W* 改为 60，末端线宽改为 0 进行绘制，最后执行“TR”修剪命令，将多余的线去除，有些需直接删除，由于折断线是一个块，需要先对其进行“X”分解，再进行修剪，最终效果如图 8-22 所示。

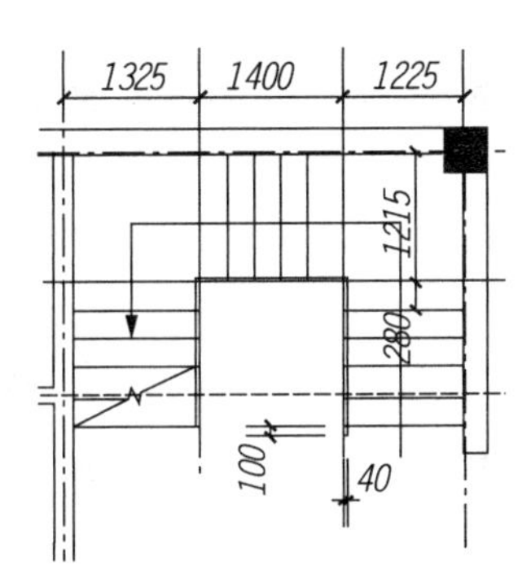

图 8-22 完整楼梯平面图

8.2.9 绘制台阶散水

台阶的绘制：

(1) 将辅助线图层设置为当前图层，按照图示尺寸绘制台阶的辅助线。

(2) 将台阶图层设置为当前图层，执行“PL”多段线命令绘制外围台阶，再执行“O”偏移命令向内偏移 300。或者执行“ML”多线命令，这里需要设置比例为 300，样式为 Q。如图8-23 所示。

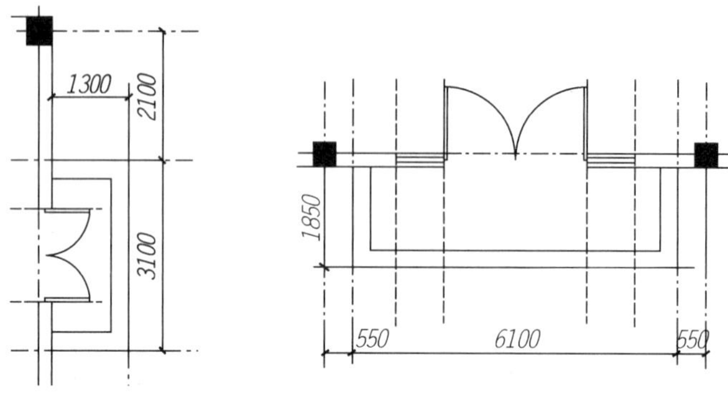

图 8-23　绘制台阶

散水的绘制：

(1) 将散水图层设置为当前图层，执行“ML”多线命令，设置“样式＝SS；比例＝900；对正＝上”，捕捉左上角柱子的角点逆时针绘制。

(2) 执行“X”分解命令，选中散水，确定，再将窗套装饰处和台阶处的线执行“TR”修剪命令删掉，有的需要直接用“E”删除命令，如图 8-24 所示。

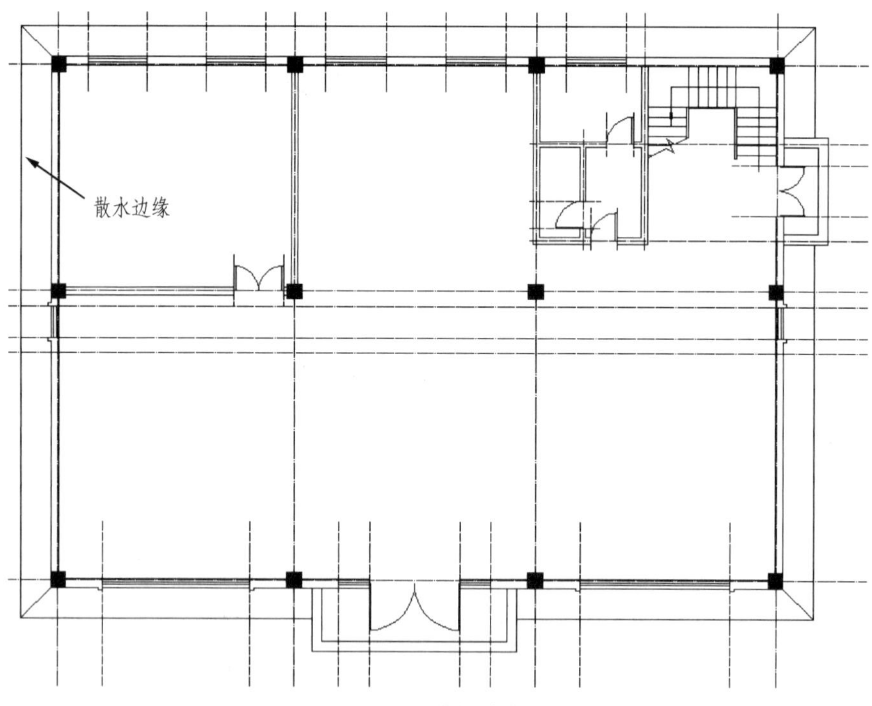

图 8-24　绘制散水

8.2.10 标注尺寸线

为了让标注出来的尺寸线比较美观，在这里绘制多条辅助线使其间距都一致。

(1) 设置标注图层为当前图层。

(2) 执行“O”偏移命令，将各轴线向外偏移 225，得到外墙的辅助线，再将左、上边的轴线分别向外偏移 1500、600、600、600，将下边的轴线向外偏移 3100、600、600、600，右边的轴线向外偏移 2700、600、600、600，如图 8-25 所示。

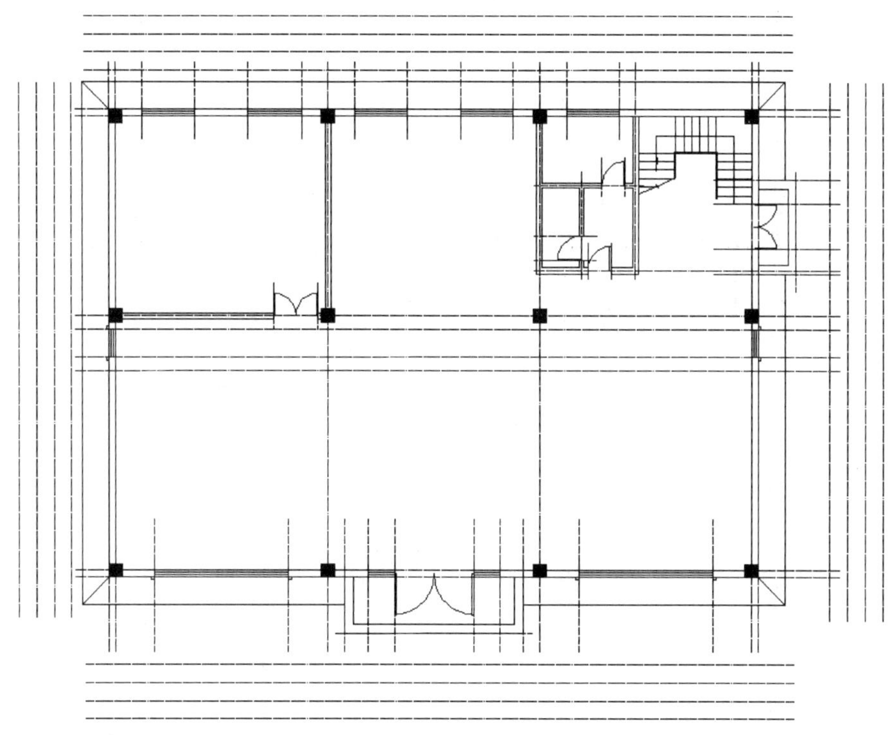

图 8-25 绘制标注尺寸线的辅助线

(3) 对辅助线进行修改：执行“TR”命令，对右侧及上侧的辅助线进行修剪；执行“S”拉伸命令，对左侧及下侧的辅助线向外拉伸与第 1 条辅助线线相交，拉伸时，框选辅助线可能会选中多余的线(比如左侧的线距离第 1 条辅助线比较近，框选时可能会选中第 1 条辅助线)，此时按住“Shift”键减选多余的线之后再拉伸(做法同楼梯扶手处的拉伸操作)，同样方法对其余辅助线进行调整，如图 8-26 所示，最终效果如图 8-27 所示。

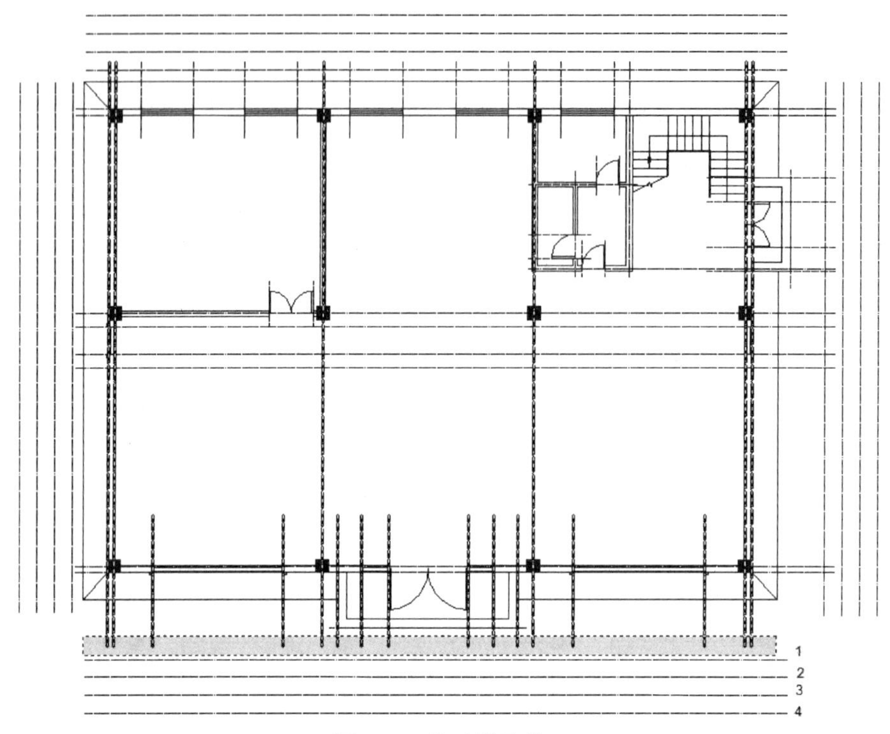

图 8-26　修改辅助线

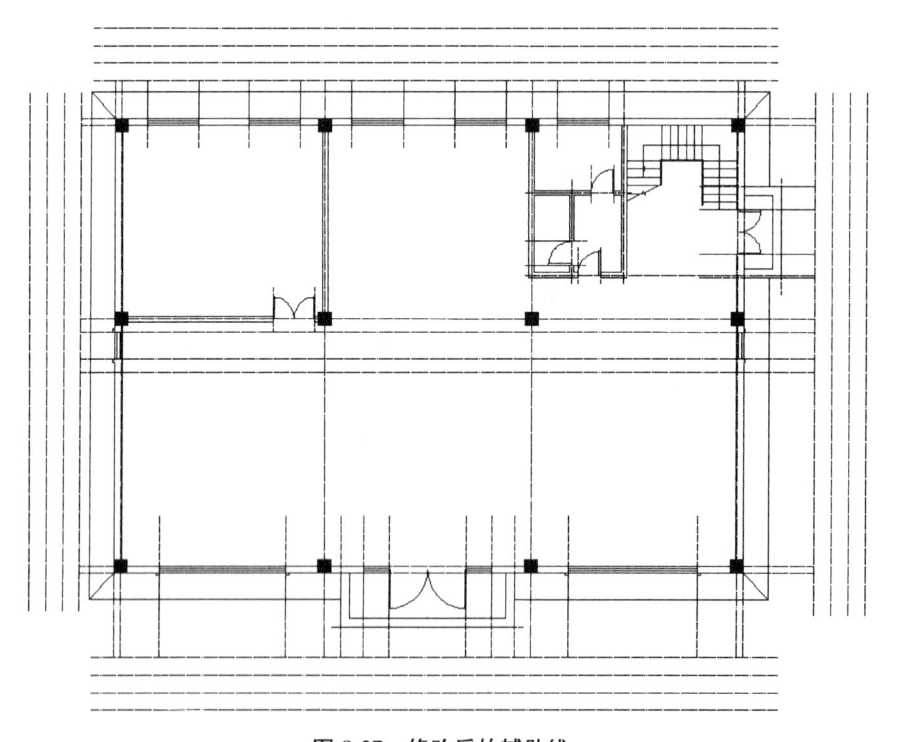
图 8-27　修改后的辅助线

(4) 执行"D"标注样式命令,设置当前标注样式为"线性标注"。

(5) 将状态栏的注释比列改为 1∶100,在图层面板中选择隔离(作用是将选中的线隔离出来,方便操作,以免选错线),隔离出辅助线,如图 8-28 所示,然后点击要标注的辅助线,确定,这时只有选到的辅助线在图中,标注完成后点击隔离右侧的按钮取消隔离。

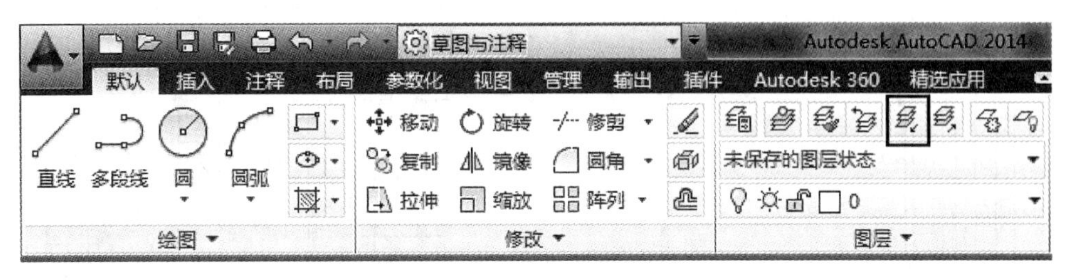

图 8-28 隔离

(6) 执行"QDIM"快速标注命令,标注外包尺寸线;再执行"DCO"连续标注命令,标注第一道、第二道尺寸线,捕捉点为如图 8-29 所示 a、b、c、d 框内部各个的交点,依次将第一道尺寸线、第二道尺寸线、第三道尺寸线,拉到 2、3、4 辅助线上;内部尺寸线的标注可执行"DAL"命令进行标注,最终效果如图 8-29 和图 8-30 所示。

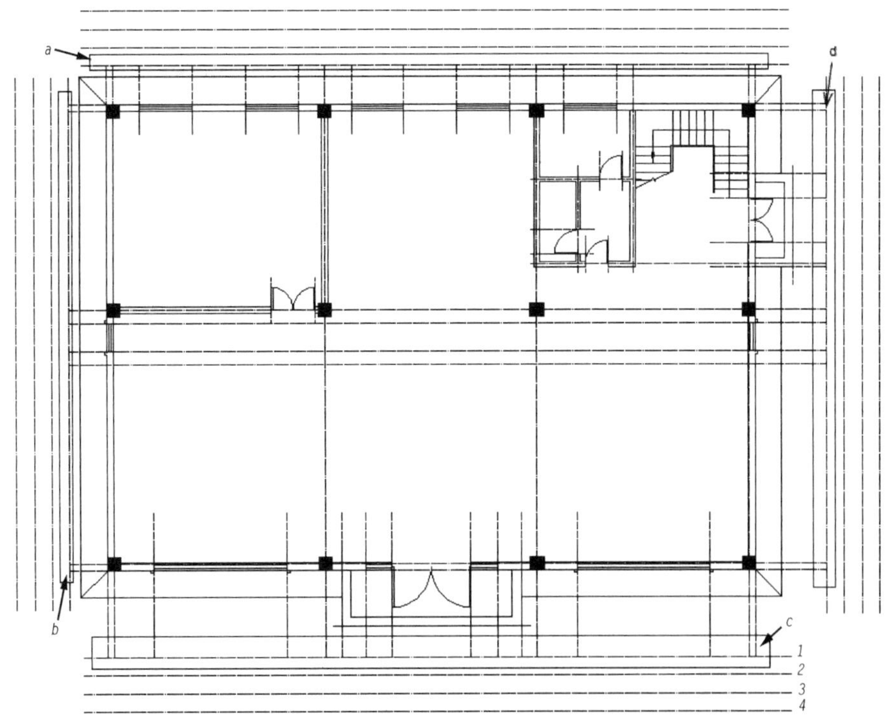

图 8-29 捕捉点

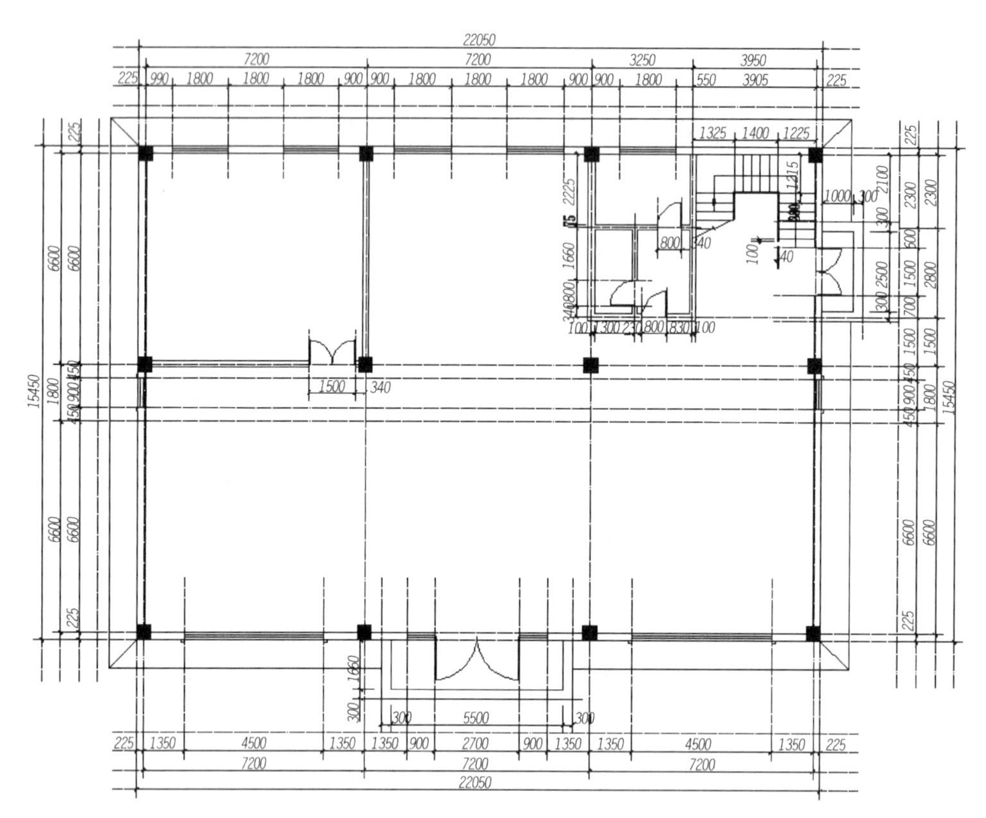
22050
7200 7200 3250 3950
225 990 1800 1800 1800 900 900 1800 1800 1800 900 900 1800 550 3905 225
1325 1400 1225
15450
300 5500 300
225 1350 4500 1350 1350 900 2700 900 1350 1350 4500 1350 225
7200 7200 7200
22050

图 8-30　标注尺寸线

8.2.11　标注定位轴号及室内标高

(1) 设置轴号图层为当前图层，确定状态栏的注释比例为 1∶100。

(2) 执行“I”插入命令，找到样板中轴号，插入到图中，轴号内部的数字或者字母要进行相应的改正，轴号的短线自行添加。依照同样方法标注室内标高。如图 8-31 所示。

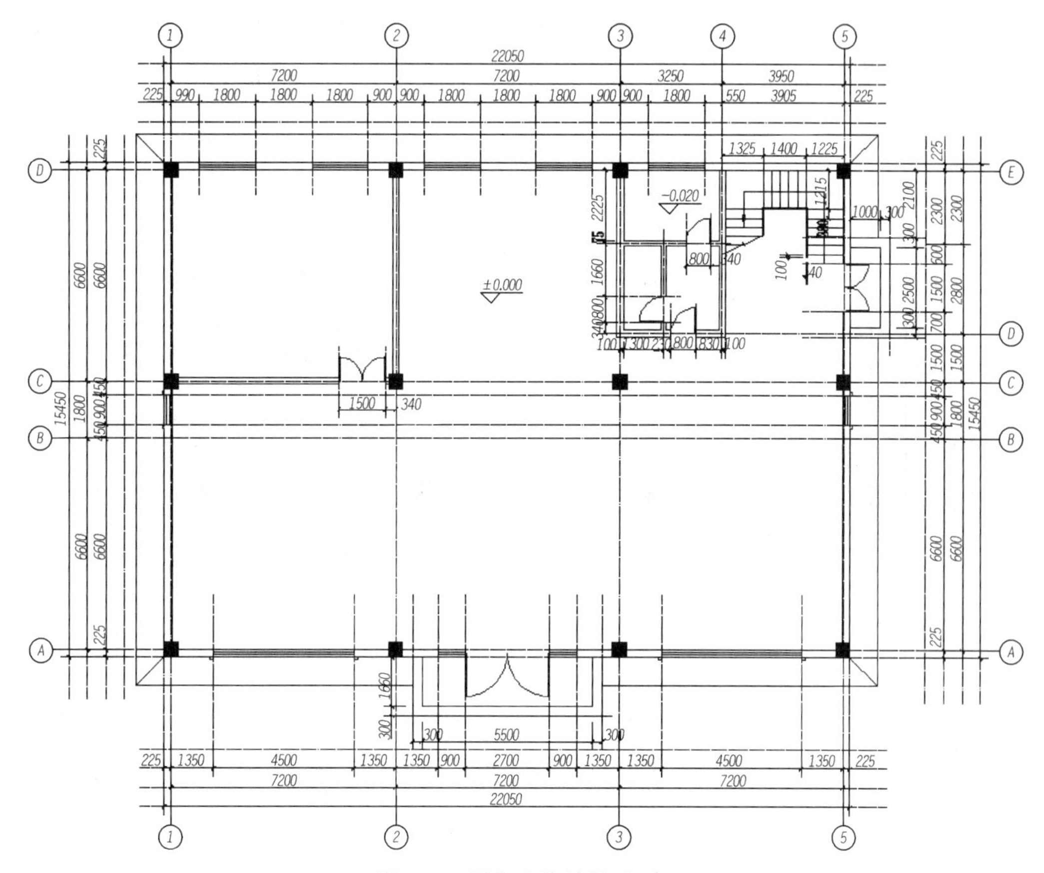

图 8-31　添加定位轴号、标高

8.2.12 绘制剖切符号

在建筑的首层平面图中应画出剖面图的剖切位置与剖切符号，此处剖切位置在楼梯处。

(1) 设置标注图层为当前图层，再绘制一条辅助线方便确定剖切的位置。

(2) 执行“PL”多段线命令，设置线宽为60，竖向线长为600，横向线长为400。

(3) 执行“ST”文字样式命令，将文字样式改为5号字，确定注释比例为1∶100，执行“DT”单行文字命令，标注数字，数字的方向为投影方向。如图8-32所示。

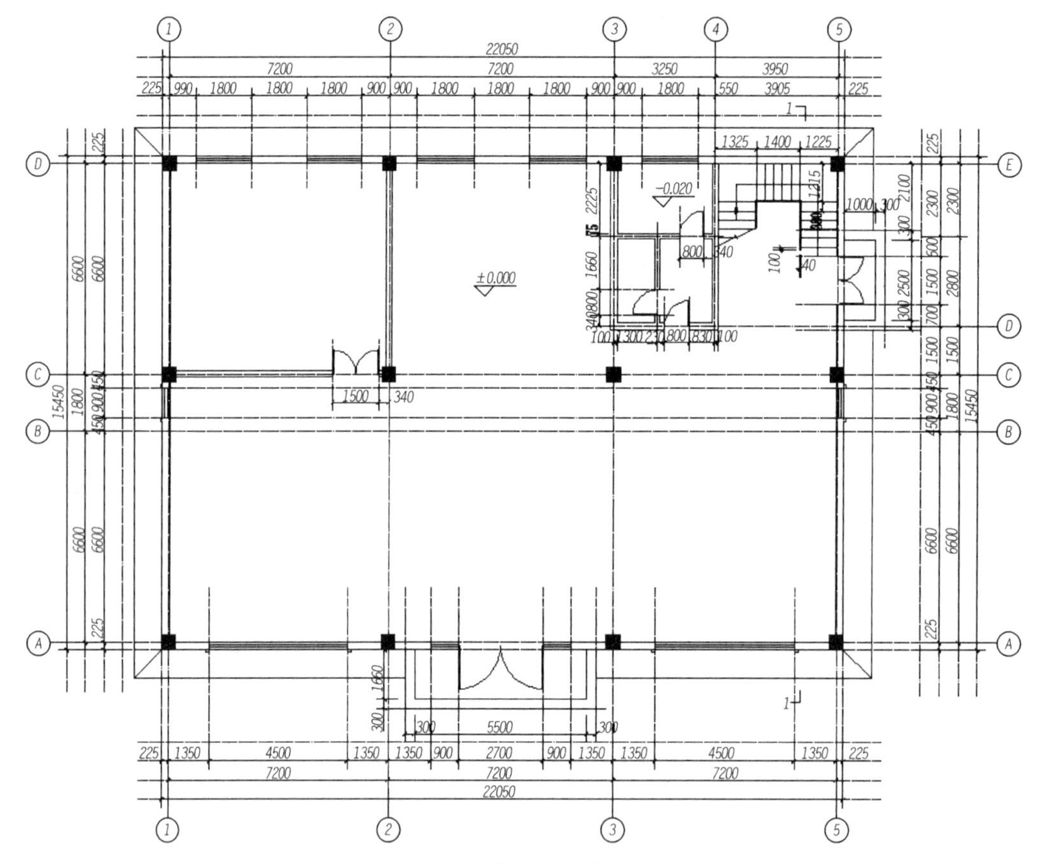

图 8-32 绘制剖切符号

8.2.13　内部填充及文字标注

(1) 将室内布置图层设置为当前图层，在平面图内部填充家具。执行“DC”命令(或“Ctrl＋2”)打开设计中心找到合适的家具进行填充。

(2) 将文字图层设置为当前图层，确定状态栏注释比例为 1∶100，将文字样式改为 5 号字，执行“DT”单行文字命令，书写房间名称，再将文字样式改为“3.5 号字”，书写门窗型号，如图 8-33 所示。

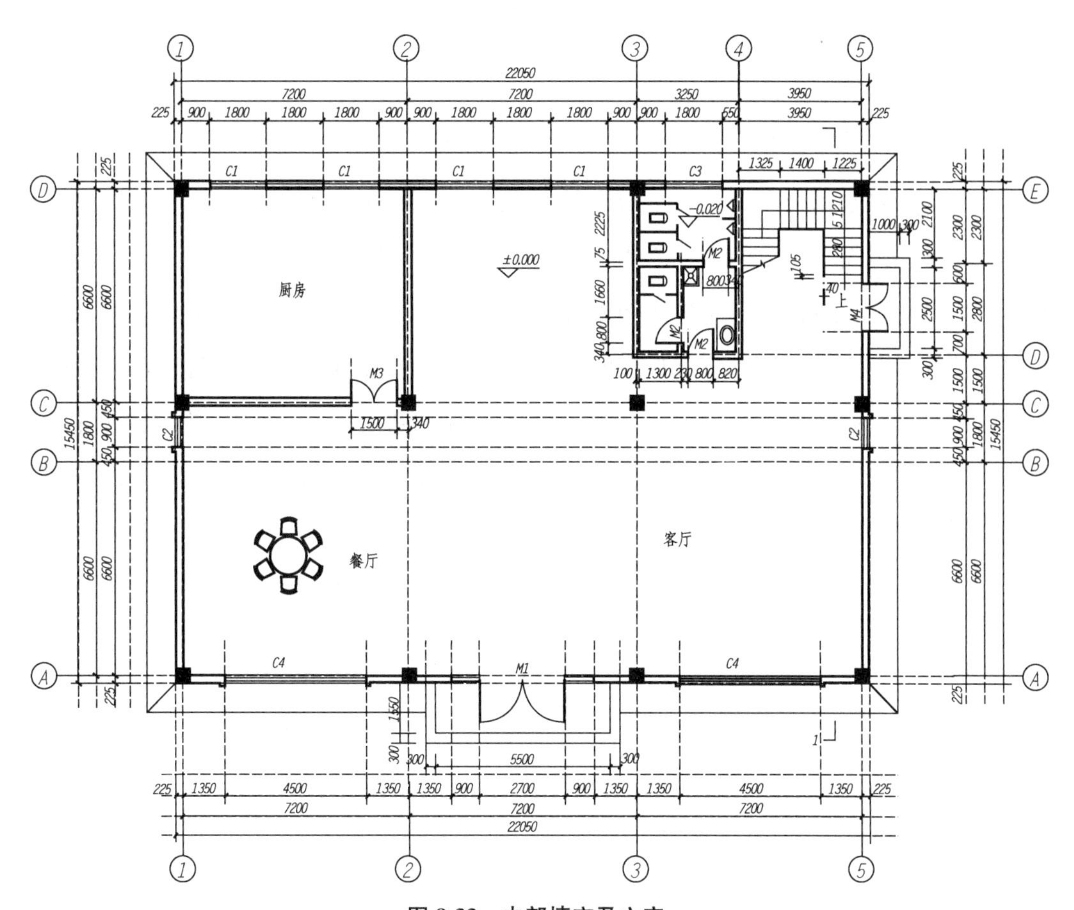

图 8-33　内部填充及文字

8.2.14 标注图名

(1) 确定状态栏注释比例为 1∶100，将文字样式改为“7 号字”，执行“DT”单行文字命令，书写文字内容“住宅首层平面图”，再将文字样式改为“5 号字”书写“1∶100”。

(2) 在文字的下方执行“PL”多段线命令，改直线的宽度为 60，绘制一条粗实线，再将线宽改为 0，绘制一条细实线，调整至合适的位置。如图 8-34 所示。

住宅闻层平面图　1:100

图 8-34　写图名

8.2.15 插入图框

(1) 执行“R”矩形命令，绘制尺寸为“59400，42000”的矩形，执行偏移命令将矩形向内偏移 1000，然后选中矩形，点击图 8-35 中 1 处的点待点变红时向右拉伸，在命令提示行输入 1500，确定；再双击矩形，选择线宽 W 在命令提示行输入 100，更改内部框的线宽度。

(2) 执行“I”插入命令，选择样板中的标题栏，插入至内部矩形的右下角(由于标题栏为一个属性块，点击确定插入时，提示行会显示标题栏中每项你要输入的内容，读者可根据实际情况进行输入，在这里采用默认的形式，另外也可双击标题栏的文字，对里面的内容进行修改)，最终效果如图 8-36 所示。

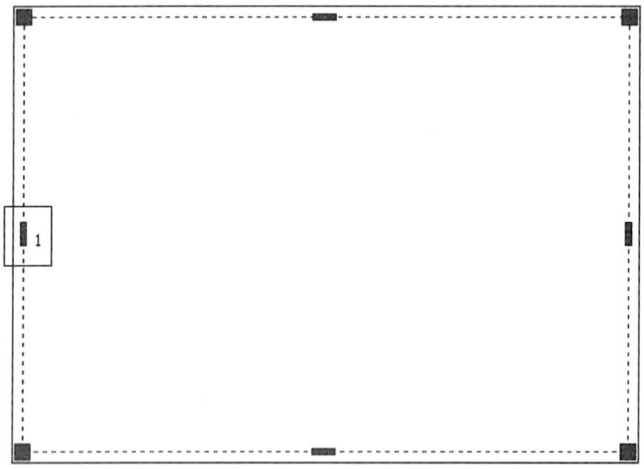

图 8-35　绘制矩形

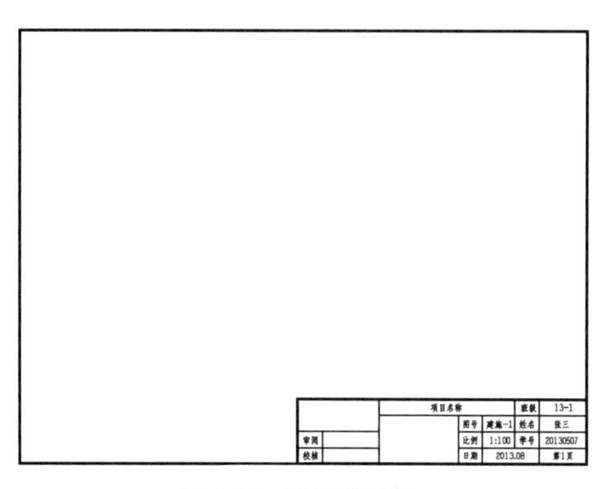

图 8-36　得到的框图

8.2.16　图形清理

执行“PU”图形清理命令，在弹出的“清理”对话框中勾选“确认要清理的每个项目”和“清理嵌套项目”，如图 8-37 所示，完成后保存文件，效果如图 8-38 所示。

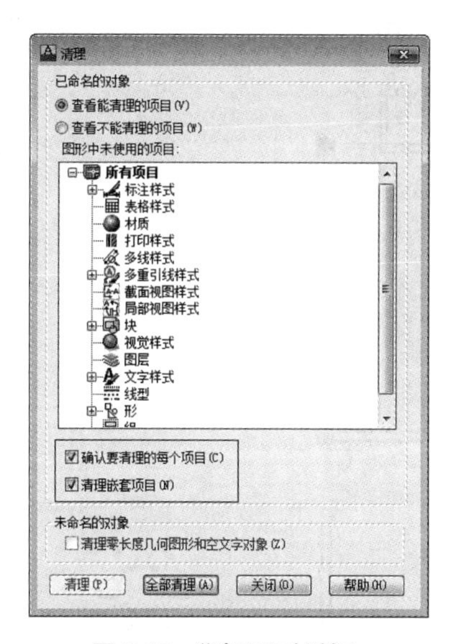

图 8-37　“清理”对话框

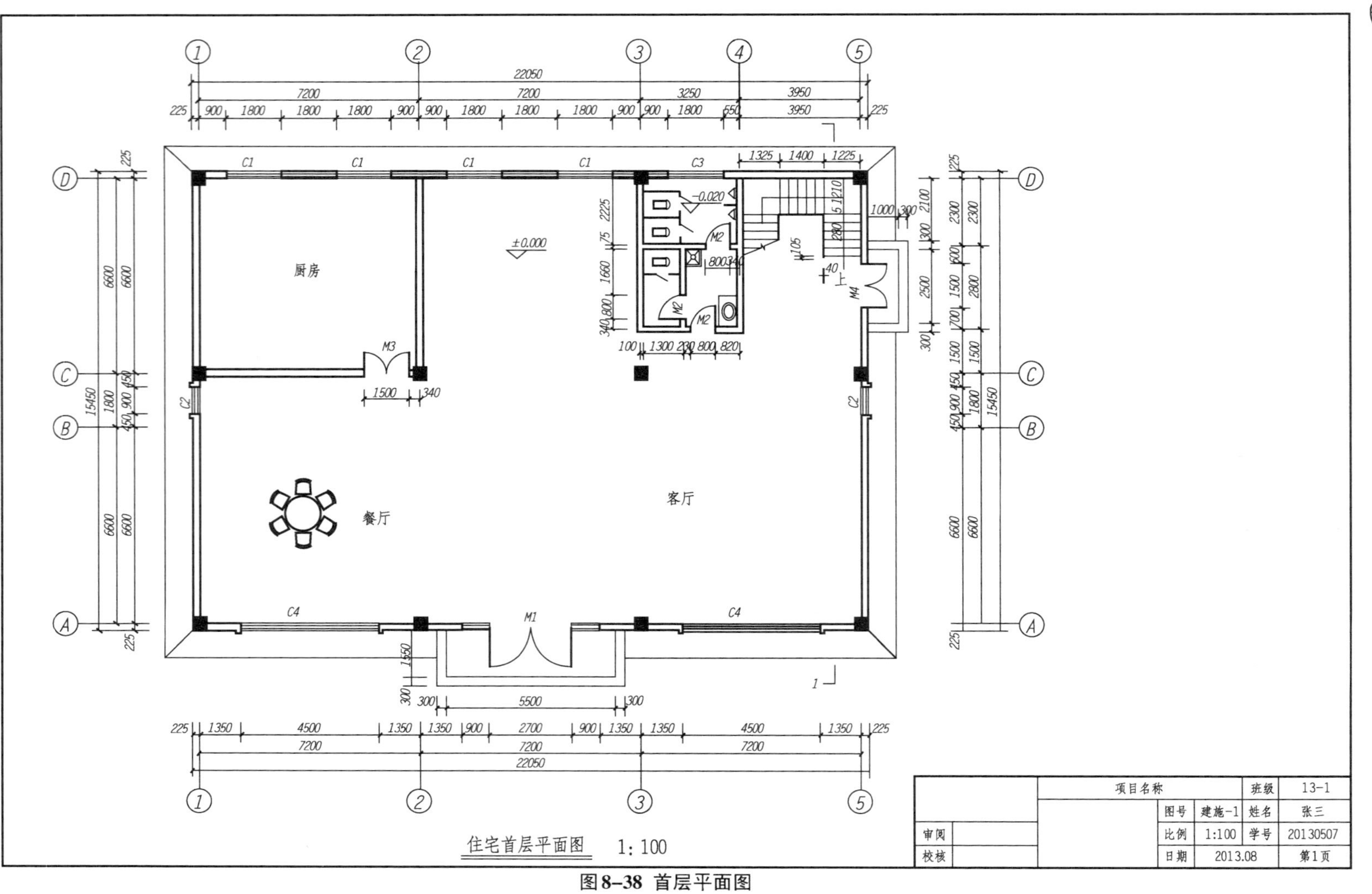
厨房
餐厅
客厅
±0.000
-0.020
M1
M2
M3
M4
C1
C2
C3
C4
住宅首层平面图 1:100
项目名称
班级 13-1
图号 建施-1
姓名 张三
比例 1:100
学号 20130507
审阅
校核
日期 2013.08
第1页

图 8-38 首层平面图

第九章　AutoCAD 2014 建筑立面图的绘制

【学习提示】本章主要介绍建筑立面图的绘制过程，在上一章平面图的基础上绘制相应的立面图，通过一个实例，主要学习立面图绘制的基本思路和常用方法。

9.1　建筑立面图的绘制步骤

建筑立面图的绘制步骤如下：

(1) 创建新图形；

(2) 引入原有平面图作为参考；

(3) 绘制辅助线；

(4) 绘制建筑物细部、入口、门窗等；

(5) 绘制轮廓线和室外地坪线；

(6) 墙面装饰；

(7) 尺寸标注、轴号标注；

(8) 文字注释；

(9) 插入图框；

(10) 图形清理。

下面通过绘制住宅的南立面图，如图 9-1 所示，详细介绍利用 AutoCAD 2014 绘制建筑立面图的具体步骤。

14.000
9.900
8.100
6.300
4.500
2.700
0.900
14.00
10.800
7.320
4.080
3.150
0.500
-0.300
南立面图 1:100
项目名称
班级 13-1
图号 建施-1
姓名 张三
比例 1:100
学号 20130507
日期 2013.08
第1页
审阅
校核

图9-1 南立面图

9.2 建筑立面图的绘制

9.2.1 新建文件

(1) 执行“Ctrl+N”新建，使用之前做好的样板文件“建筑样板.dwt”，新建空白文件。

(2) 保存文件，命名为“住宅立面图”。

9.2.2 插入标准层平面图

将原有的平面图引入图形中，便于绘制辅助线和作为立面的参考。

(1) 执行“I”插入命令，单击“浏览”，找到保存的“住宅首层平面图”，插入到当前的图形中。

(2) 执行“X”分解命令，选择插入的图形，分解。

9.2.3 绘制辅助线

(1) 设置辅助线图层为当前图层。

(2) 执行“S”拉伸命令，交叉窗口选择如图 9-2 所示的内容，将图名等向下方拉伸，拉伸适当距离。

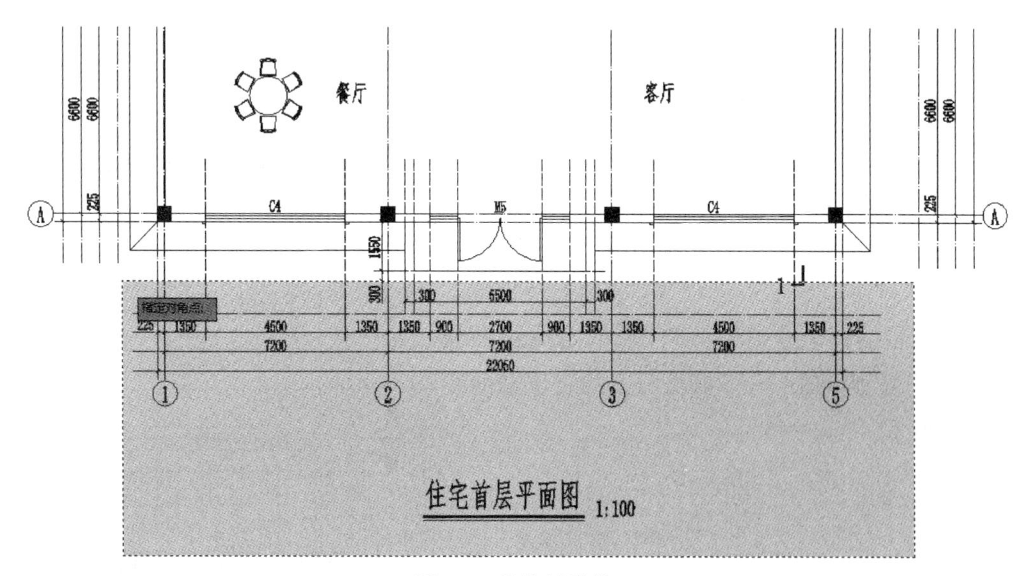

图 9-2 拉伸辅助线

(3) 执行“L”直线命令，在平面图下侧的竖直辅助线适当位置绘制第一条水平辅助线。再将水平辅助线向上偏移，距离分别为 800、3580、3240、3480、3200、150、400，部分辅助线由于过长需要打断、删除或者剪切，如图 9-3 所示。

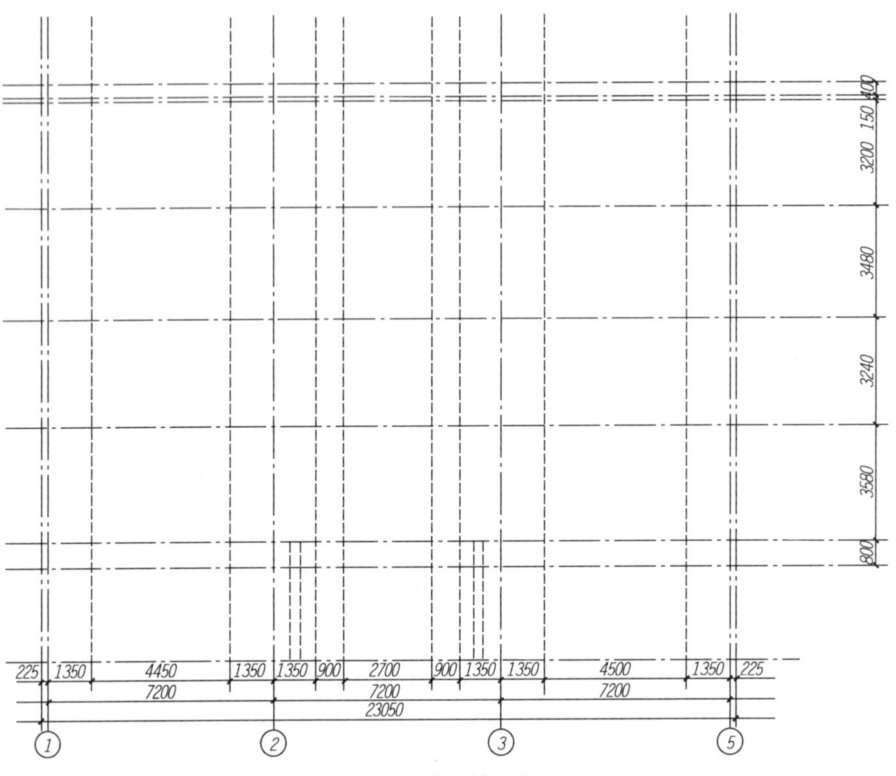

图 9-3　绘制辅助线

绘制出门窗辅助线，需要绘制的图形主要包括四个区域，首层立面、二层立面、三层立面、屋顶立面，并且此建筑南立面为对称结构，在这里只需要绘制一半结构再执行镜像即可，下面所讲内容为立面图左半部分。

执行“O”偏移命令，偏移出门窗的定位辅助线，然后执行“TR”修剪命令，修剪出门窗的定位辅助线，如图 9-4 所示。

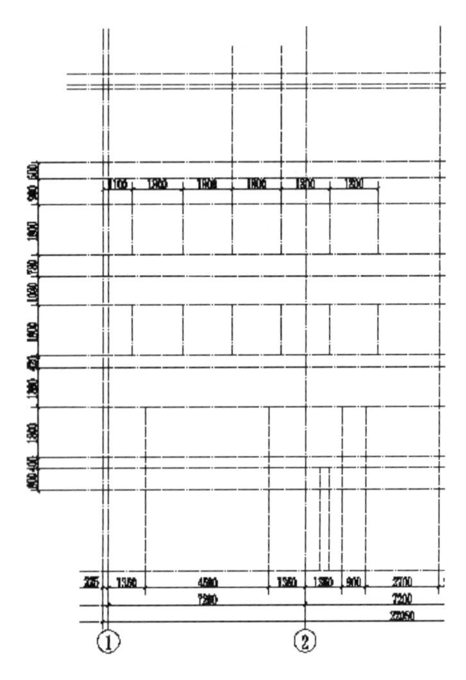

图 9-4　绘制门窗辅助线

9.2.4　绘制窗户

在建筑立面图中，门窗均为重要图形对象，窗户反映了建筑物的采光状况。在绘制窗户之前，应观察该立面图上共有多少种类的窗户。在绘制一些常用的图形时，可以先绘制一个，将其制作成块，在需要的时候和位置插入即可。在本例中，有 3 种窗户，窗户的尺寸分别为 1800×1800、1800×4500，以及屋顶立面上的天窗，读者可根据具体尺寸自行绘制如图 9-5所示的三种立面窗户，然后将三种窗户分别写块，以方便使用。

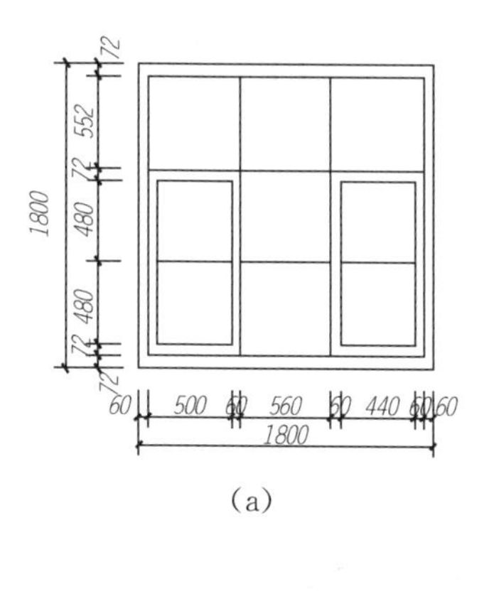

(a)

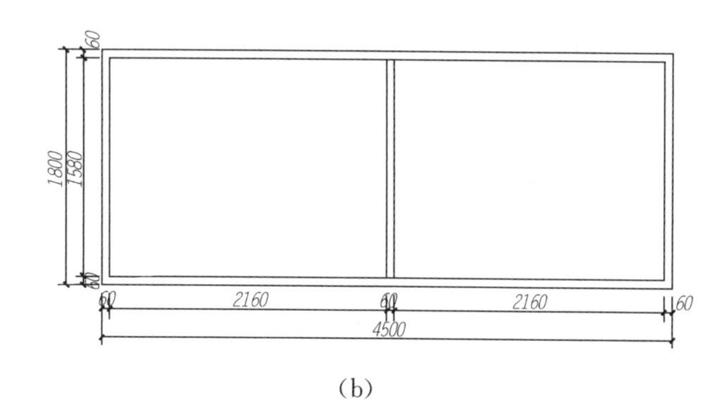

(b)

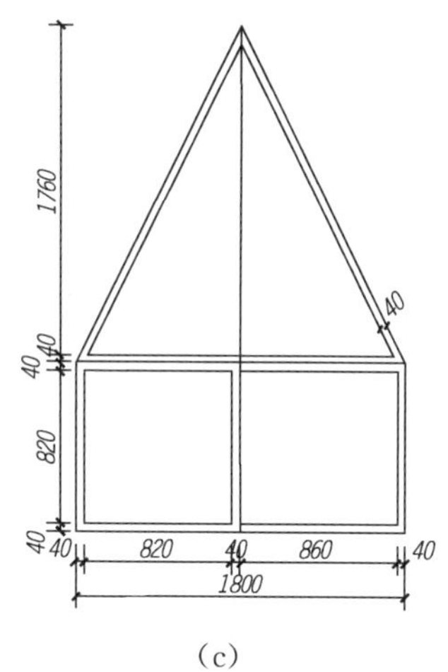

(c)

图 9-5　绘制窗户

(3) 执行“CO”复制命令，选择上述步骤插入的窗图形为复制对象，以窗图形的左下角点为基点，插入点为辅助线的交点，复制完成后效果图如图 9-6 所示。

一层及屋顶窗户的绘制，与二、三层相同，只需要将该层窗户做好，采用阵列或复制方法就可以得到其他位置的窗户，效果如图 9-7 所示。

执行“AR”阵列也可以得到其他各层窗。这里复制的方法可以采用阵列或者多个复制，根据用户习惯而定。

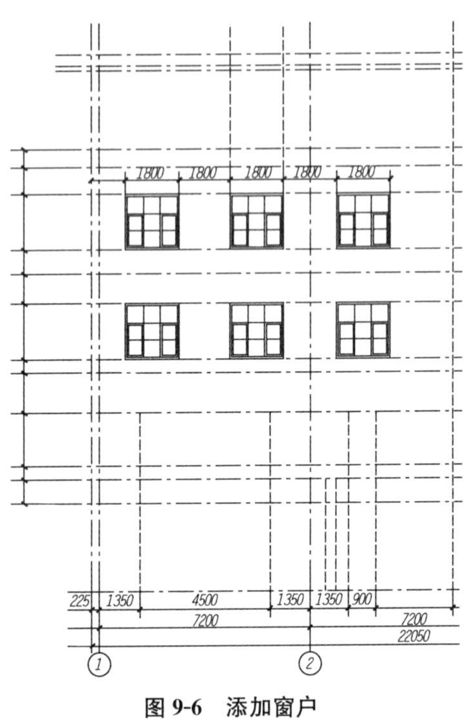

图 9-6　添加窗户

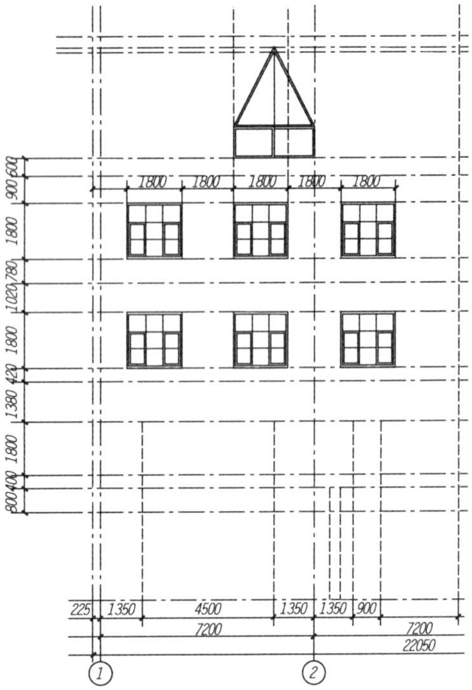

图 9-7　添加窗户

9.2.5　绘制窗套

由于本立面图中有三种窗，那么需要绘制三种样式。本立面图中门窗套宽度均为 120，下面三层的可以在沿着一个窗户的边缘绘制一个矩形然后向外偏移 120，再利用点选将原矩形删除。而天窗可以利用多段线在边缘处绘制然后再偏移。

(1) 切换到“门窗套”图层。

(2) 绘制一、二、三层窗套，捕捉窗户的边缘绘制矩形，然后再将其偏移 120 且删除原矩形，最后进行复制或者阵列出其他的窗套。

(3) 绘制天窗窗套，执行多段线命令，捕捉窗户的交点，然后向外偏移 120 且删除原多段线。所有门窗套绘制完成后关闭辅助线显示的效果如图 9-8 所示。

图 9-8　绘制窗套

9.2.6　绘制对侧立面图

执行“MI”镜像命令，实线窗口选择前面绘制的窗及窗套，以 2、3 轴的正中间辅助线为镜像线，绘制出另一半的窗及窗套。关闭辅助线图层后的效果如图 9-9 所示。

图 9-9　镜像

9.2.7　绘制入口

(1) 将入口图层设置为当前图层。

(2) 绘制辅助线，将最左侧辅助线向右偏移 7225，此辅助线与最下端辅助线的交点即为左侧柱子的左下侧角点。

本立面图中的柱子为多立克柱式，利用已绘制的定位辅助线，与前面绘制立面窗方法一样根据具体尺寸绘制立面柱子，然后将柱子写块，如图 9-10 所示。将绘制好的立面柱子移动到合适位置，然后镜像得到另外一根柱子。

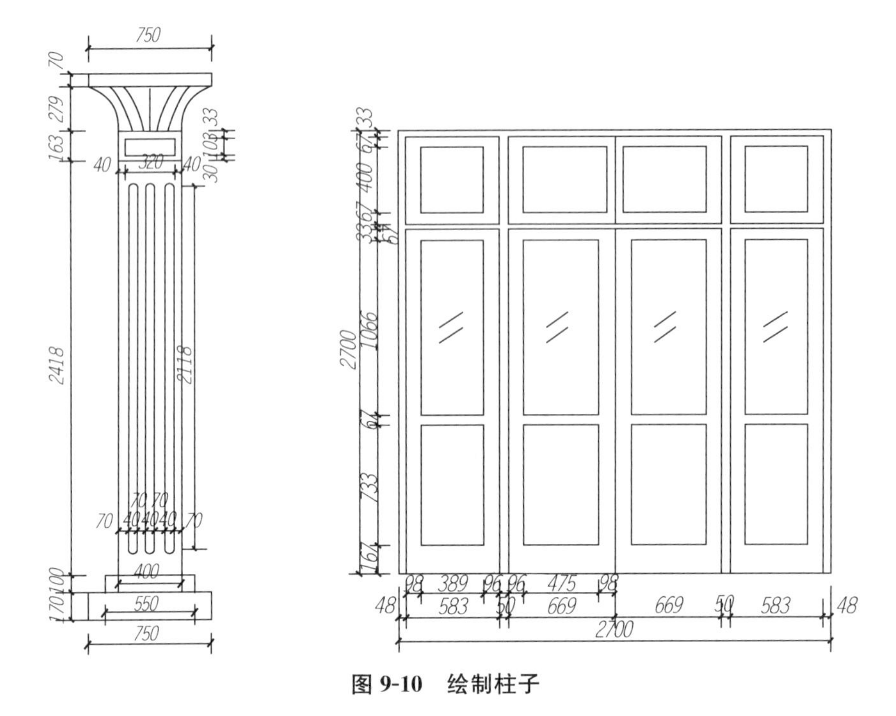

图 9-10　绘制柱子

(3) 绘制台阶和入口平台，根据辅助线和尺寸绘制出台阶，台阶高度为 150。

(4) 绘制入口雨棚，形状较为复杂，执行多段线命令，捕捉柱子左上端的角点，绘制一个如图 9-11 所示的雨棚。

图 9-11　绘制雨棚

(5) 绘制门，在本立面图中，只有一个 2700×2700 的双扇门，利用图 9-10 中立面门所示的具体尺寸绘制立面门的图形，绘制完成后同样写块。然后将绘制好的立面门图块移动到合适位置，效果如图 9-12 所示。

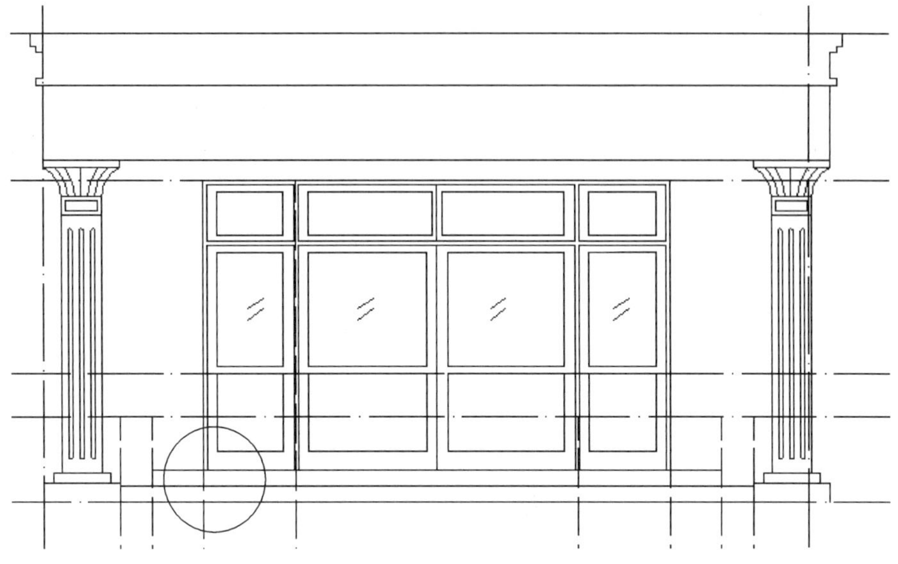

图 9-12　添加门

(6) 绘制门套

①将门窗套图层设置为当前图层。

②执行矩形命令,捕捉门的边缘绘制一个大小与门外框相同的矩形,然后向外偏移 120 且删除掉原矩形。

③选中上一步绘制的矩形,进行夹点编辑,将最下端线段拖动到门的最下端位置,关闭辅助线如图 9-13 所示。

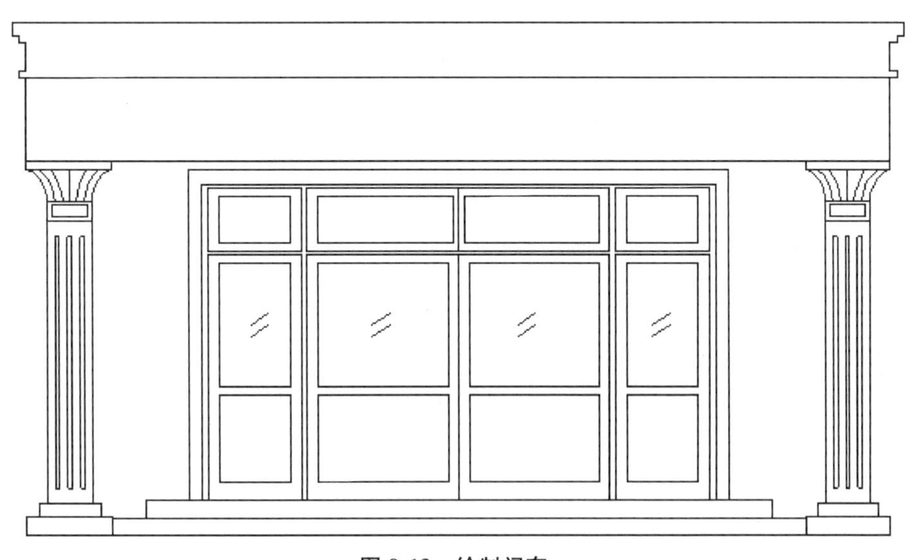

图 9-13　绘制门套

9.2.8　绘制坡屋顶

(1) 将图层切换到“屋顶”图层，执行偏移命令，将最外侧墙体辅助线向左侧偏移距离依次为 380、120，再将三层层高辅助线线向上依次偏移 100、320、80、3200、150，得到如图 9-14 所示的辅助线位置。

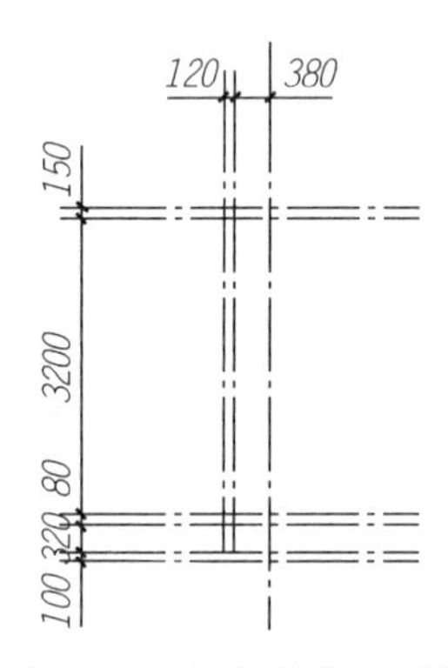

图 9-14　绘制屋顶辅助线

(2) 执行“REC”矩形命令和“L”直线命令，绘制出屋顶细部轮廓线，效果如图 9-15 所示。

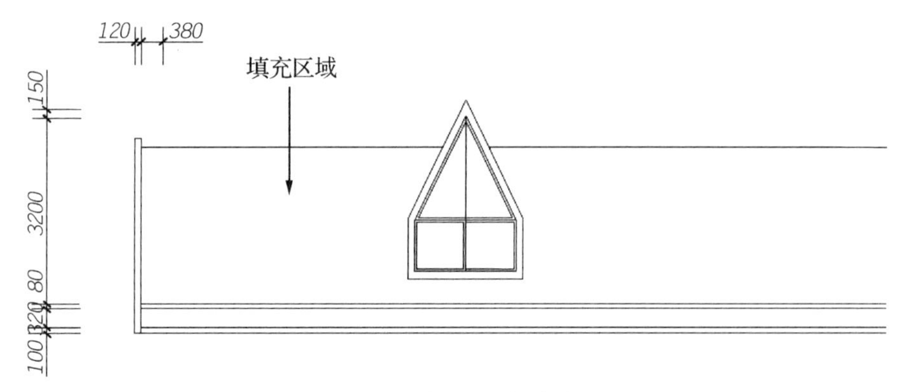

图 9-15　绘制屋顶轮廓线

(3) 执行“MI”镜像命令，选择刚刚制作好的屋顶线最左侧的矩形，镜像到右侧屋顶处。

(4) 执行“S”延伸命令，将屋顶水平线延伸到右侧，连接起来。

(5) 执行“H”填充命令，选择“SACACR”图案样式，设置角度为 45，比例为 100，在图 9-13所示的区域内进行填充，填充后的局部效果如图 9-16 所示。

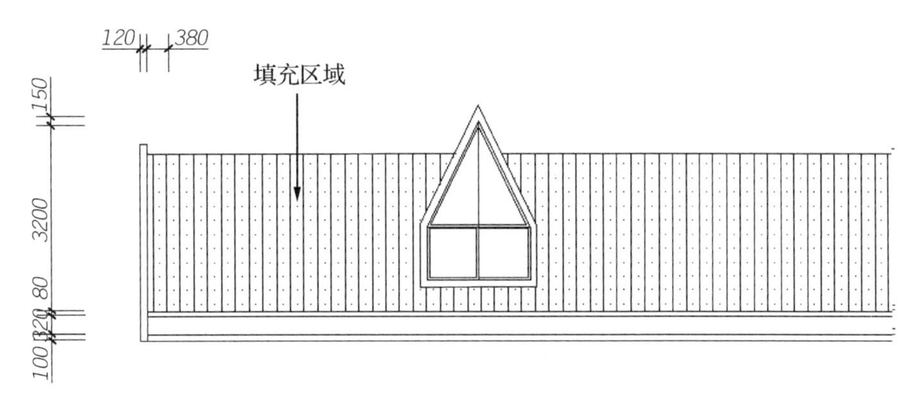

图 9-16　屋顶最终图形

9.2.9　绘制轮廓线和室外地坪

轮廓线和室外地坪是用来加强建筑立面图效果的。利用 AutoCAD 绘制轮廓线通常有两种方法：一种是用直线方法绘制；另一种是用多段线方法绘制。广大读者们可以灵活运用这两种方法。在绘制之前，需要绘制部分辅助线。

在立面图中，室外地坪通常采用线宽较粗的实线，因而这里执行"PL"多段线命令绘制，设置线宽为 100。而轮廓线的线宽比室外地坪稍窄，设置宽度为 60。

(1) 切换到"轮廓线"图层。

(2) 绘制外轮廓线：执行多段线命令，设置线宽为 50，捕捉相应的交点。

(3) 绘制室外地坪：执行多段线命令，设置线宽为 100，绘制室外地坪。绘制时，可将最下端的室外地面辅助线向下移动 50，并将其端点作为多段线的起点，绘制出室外地坪。

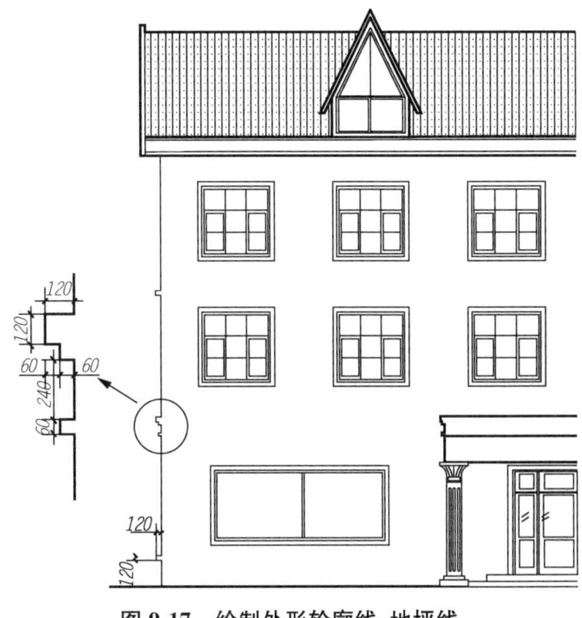

图 9-17　绘制外形轮廓线、地坪线

(4) 绘制其他轮廓线：执行多段线命令，设置线宽为 30，绘制其他轮廓线，绘制完成后效果如图 9-17 所示。

9.2.10 绘制墙面装饰

在本立面图中，墙面上有较多的装饰，但都较为简单，确定好位置即能快速地绘制，只有勒脚部分有相对复杂的造型。

(1) 将当前图层设置为"墙面"图层。

(2) 用直线就能勾勒出墙面的造型，利用相关的命令组合绘制。

(3) 勒脚部分的绘制，执行图案填充命令，设置填充图案样式为"AR－BRELM"，比例为 5。拾取区域内的点，完成图案填充。

(4) 勒脚上面的部分墙面填充图案样式为"ANSI31"，角度为 135，比例为 200。拾取区域内部的点。墙面装饰绘制完成后的效果如图 9-18 所示。

图 9-18 墙面装饰

9.2.11 绘制侧面雨棚

一个完整精细的图形需要反复检查并补充，才能达到相应的要求。在前面绘制过程结束后会发现本立面图遗漏掉了右侧的雨棚和台阶。打开入口图层，根据辅助线和尺寸补充绘制，效果如图 9-19 所示。

图 9-19　绘制侧面雨棚

9.2.12　标注柱子定位轴号

(1) 将轴号图层设置为当前图层。

(2) 执行插入命令，选择样板中的"轴号"，分别插入轴号 1 和 5，添加轴号图块所需的线段，轴号位置在建筑物的左右两侧。

9.2.13　标注尺寸线

在立面图中，通常只标注左右两侧的尺寸线，包括门窗的细部尺寸、层高尺寸和总高度尺寸。

在标注尺寸之前，需要绘制和调整辅助线，这样标注才能准确和美观。以左侧为例，首先绘制一条垂直参考线，将对应的门窗、楼层等辅助线延伸到同一位置线。再执行"O"偏移命令，将最外侧轴线，向左偏移 2000、600、600、600，作为尺寸线所在位置。

(1) 将标注图层设置为当前图层。

(2) 执行"D"尺寸标注样式，设置当前标注样式为线性标注，将状态栏的注释比例改为 1∶100，隔离出辅助线进行标注，做法同第八章，标注完成后取消隔离。

在本立面图中还有一个圆弧直径标注，参考本书第六章的圆弧标注。最终效果如图 9-20所示。

图 9-20　标注尺寸线

9.2.14　标高标注

立面图标注主要是为了标注建筑物的竖向标高，需要显示出各主要构件的位置和标高；例如室外地面标高、外墙标高、门窗洞标高以及一些局部尺寸等。

标高分为两部分，层高标高和门窗标高。为了清楚美观，左侧标注层高标高，右侧标注门窗标高。

(1) 将标高图层设置为当前图层。

(2) 执行“I”插入命令，选择“标高”图块，捕捉层高标高，分别标注各层层高标高，数值要进行调整。

(3) 利用“MI”镜像命令，得到“右侧标高”，捕捉门窗位置。若数值不对，可双击进行更改，完成标高标注后如图 9-21 所示。

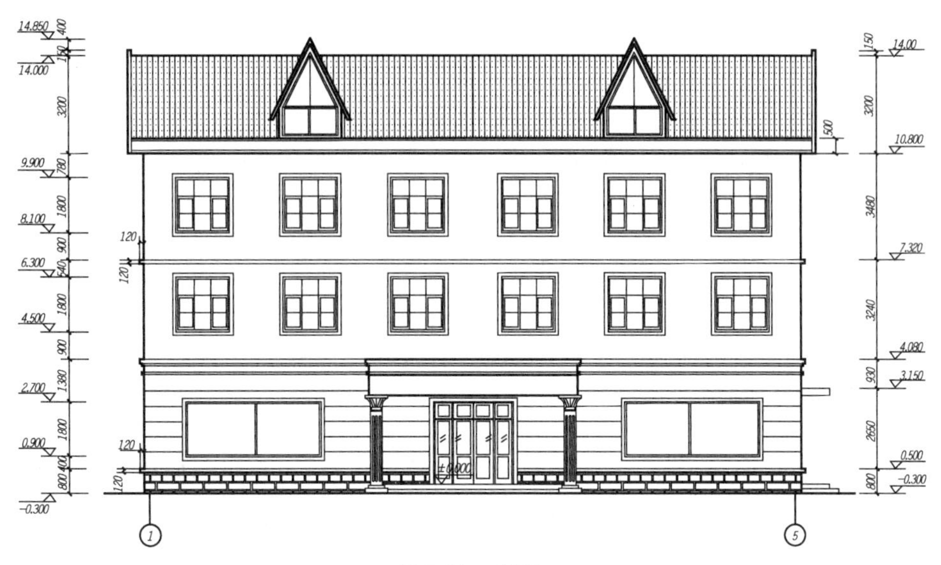

图 9-21　标高

9. 2. 15　文字标注

建筑立面图应该标注出材质做法、详图索引等其他必要文字注释。例如在本例中，墙面做法是：1∶2.5 水泥砂浆抹面，25 厚刷浅灰色外墙涂料，就应该在立面图中标出。

(1) 将当前图层设置为“标注”层。

(2) 执行“PL”命令，绘制一条折线，调整好位置。

(3) 确定注释比例为 1∶100，执行“DT”单行文字命令，文字样式为“3.5 号字”，输入如图 9-22 所示的文字内容，调整好位置，如图 9-22 所示。

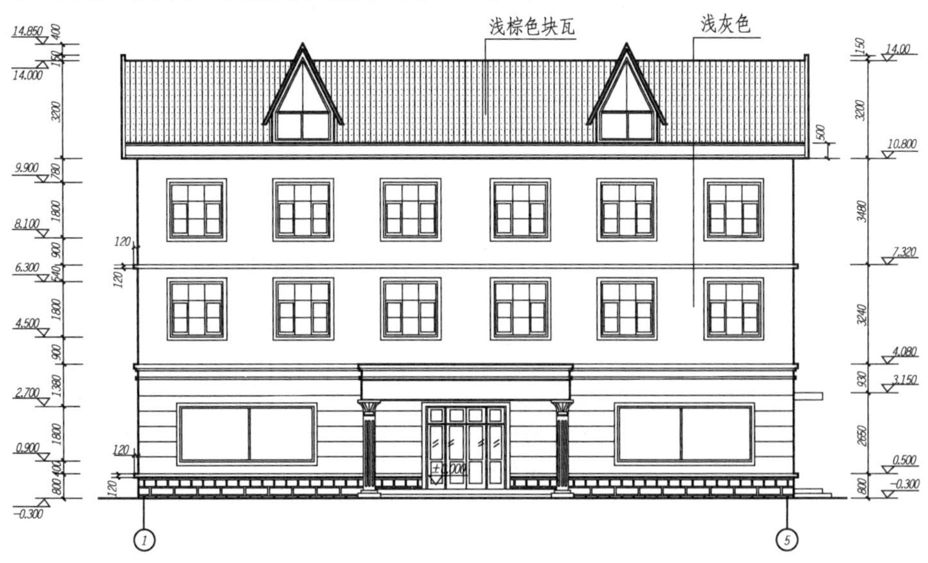

图 9-22　添加文字

9.2.16 图名标注

(1) 将图层设置为文字图层。

(2) 将“住宅首层平面图”文字内容，移动到立面图的中间位置，确保注释比例为1∶100，双击执行文字编辑命令，修改为“南立面图”，如图9-23所示。

南立面图 1:100

图9-23 写图名

9.2.17 插入图框

执行“R”矩形命令，绘制尺寸为“42000，29700”的矩形，再将矩形向内偏移500，更改内部矩形线的宽度等，做法同第八章；执行“I”插入命令，选择样板中的标题栏，进行插入，标题栏的内容根据实际情况自行更改，此时关闭一些不需要显示的图层，辅助线图层等。

9.2.18 图形清理并保存

执行“PU”图形清理命令，做法同第八章，完成后保存文件。最终效果如图9-24所示。

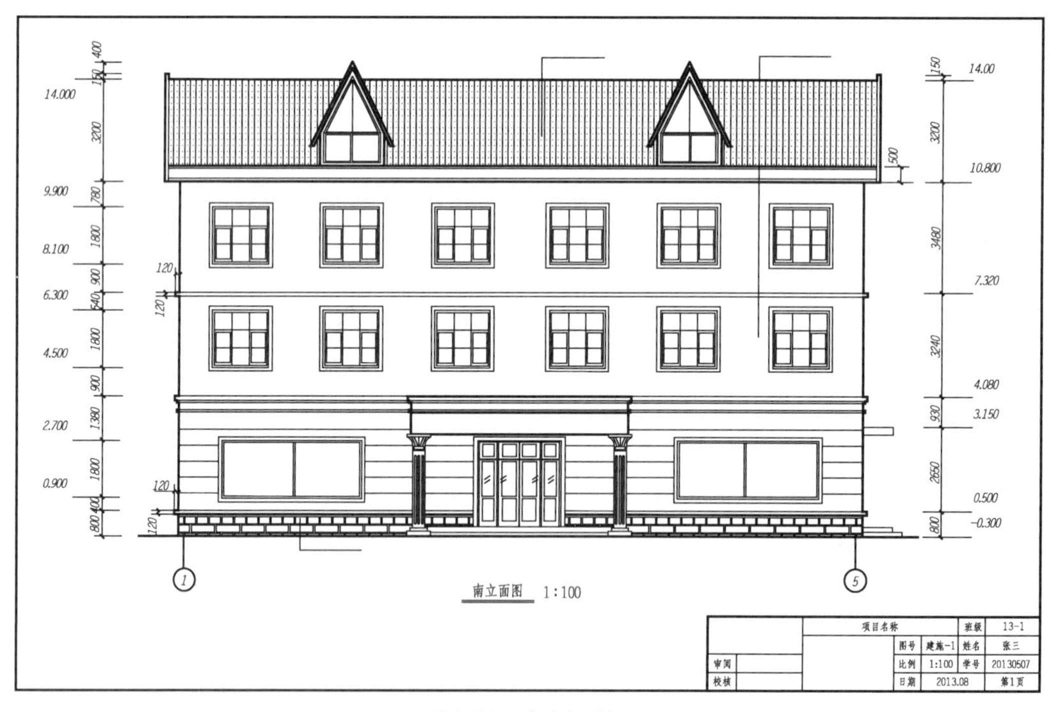

图9-24 南立面图

第十章　AutoCAD 2014 建筑剖面图的绘制

【学习提示】本章重点讲解根据住宅平面图绘制对应的剖面图，掌握绘制住宅剖面图的思路和方法。

10.1　建筑剖面图的绘图步骤

建筑剖面图的绘制一般步骤如下：

(1) 新建文件并进行初始设置；

(2) 引入原有平面图作为参考；

(3) 辅助线绘制；

(4) 绘制楼板、休息平台及梁；

(5) 绘制散水、室内外地坪；

(6) 墙体屋顶；

(7) 绘制楼梯；

(8) 绘制墙体及柱子；

(9) 绘制窗户；

(10) 绘制台阶及入口；

(11) 进行尺寸、轴号的标注；

(12) 标注标高；

(13) 文字注释；

(14) 图形清理。

下面通过住宅剖面图的绘制，如图 10-1 所示，详细介绍利用 AutoCAD 2014 绘制建筑剖面图的具体步骤。

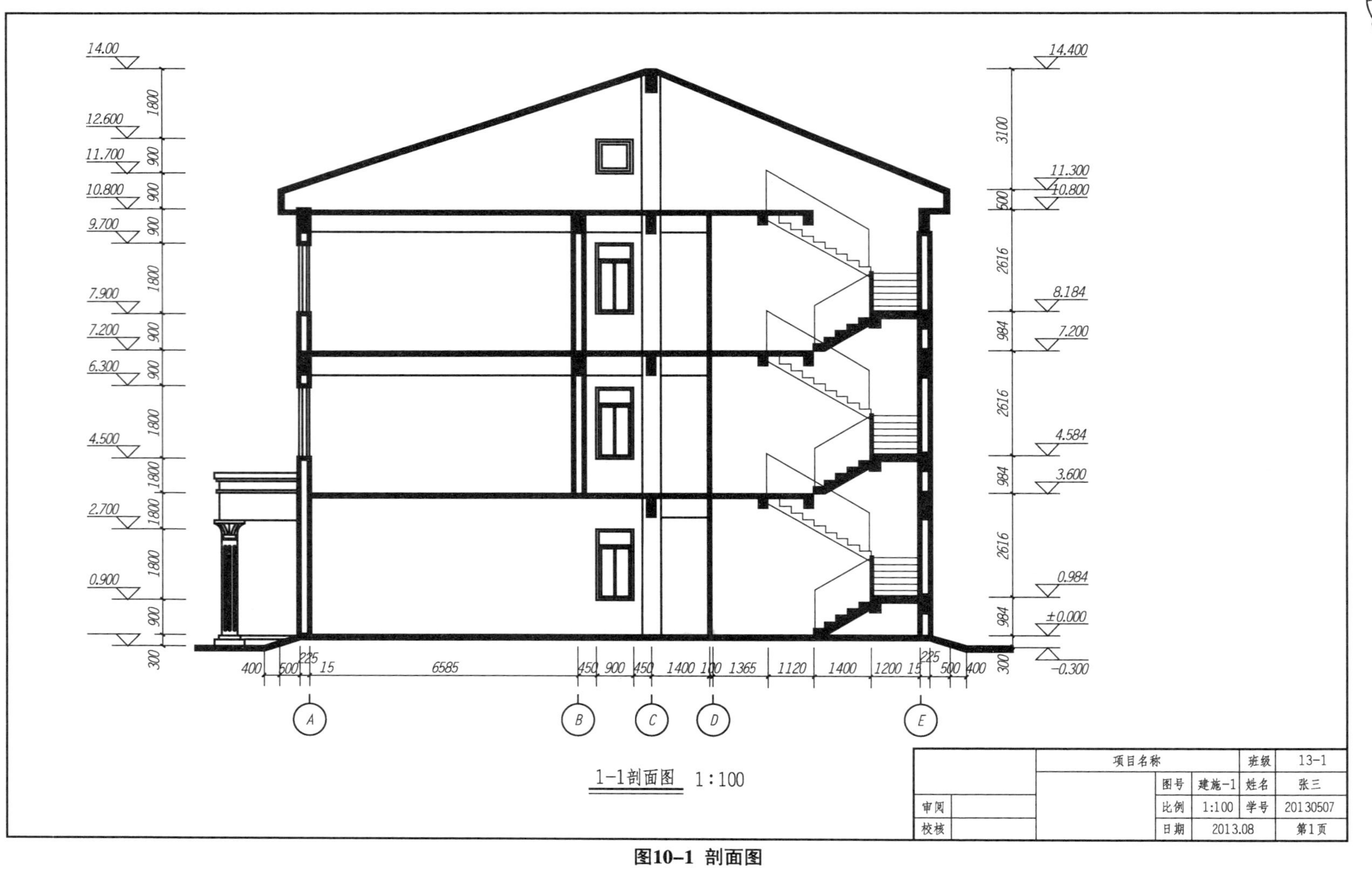
14.00
12.600
11.700
10.800
9.700
7.900
7.200
6.300
4.500
2.700
0.900
14.400
11.300
10.800
8.184
7.200
4.584
3.600
0.984
±0.000
-0.300
A
B
C
D
E
1-1剖面图 1:100
项目名称
班级 13-1
图号 建施-1
姓名 张三
比例 1:100
学号 20130507
日期 2013.08
第1页
审阅
校核

图10-1 剖面图

10.2　建筑剖面图的绘制

10.2.1　建立绘图环境

(1) 执行"Ctrl+N"新建,使用之前做好的样板文件"建筑样板.dwt",新建空白文件。

(2) 保存文件,命名为"住宅剖面图"。

10.2.2　插入标准层平面图

将原有的平面图引入图形中,以便于绘制辅助线和作为剖面的参考。

执行"I"插入命令,打开"插入"对话框,单击 游览(B)... 图标,找到保存的"住宅首层平面图",注意修改设置旋转角度为－90,并勾选左下角处的分解选项,如图 10-2 所示,单击确定,插入到当前的图形中,如图 10-3 所示。

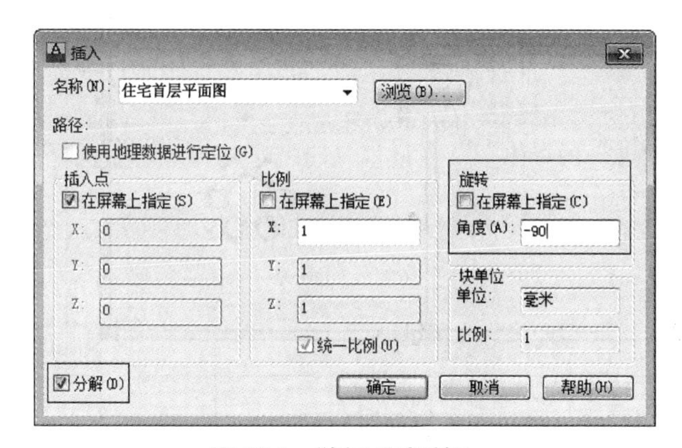

图 10-2　"插入"对话框

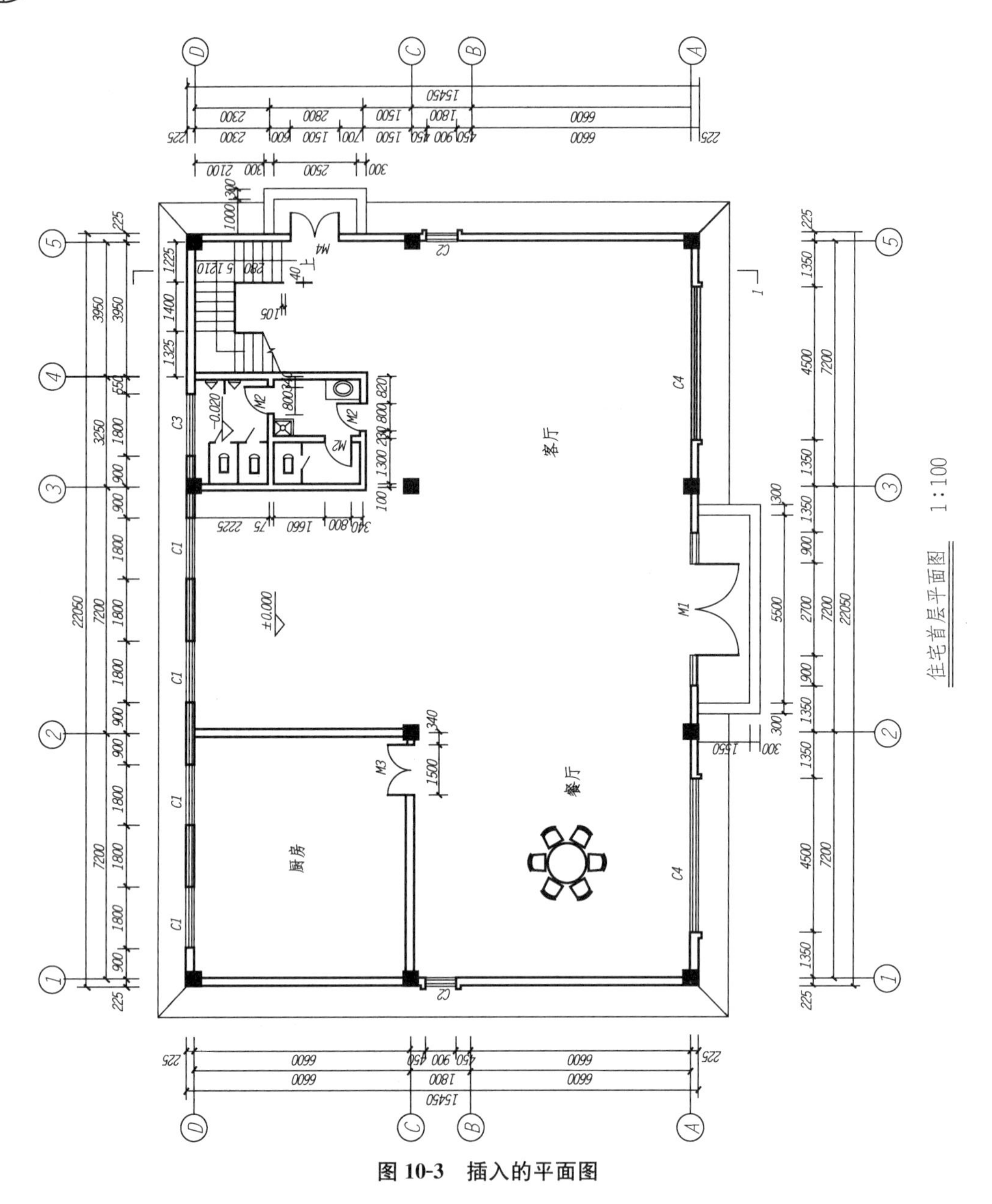

图 10-3 插入的平面图

10.2.3 绘制辅助线

(1) 绘制垂直构件的辅助线

将下侧的标注和台阶、门的辅助线删除，执行“S”拉伸命令，框选竖向需要的辅助线向下拉伸足够的长度，如图 10-4 所示。

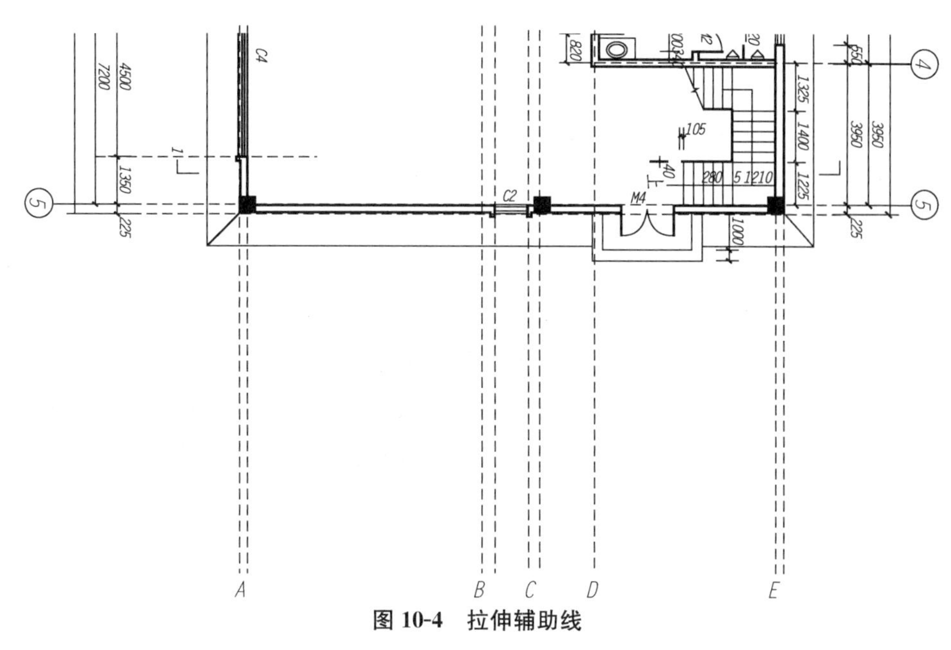

图 10-4　拉伸辅助线

(2) 绘制水平楼地板层高辅助线

在轴线底部的合适位置处绘制一条水平辅助线，再执行“O”偏移命令，分别将水平辅助线向上依次偏移距离 300、984、2616、984、2616、984、2616、500、3100，得到楼地板层高辅助线，如图 10-5 所示。

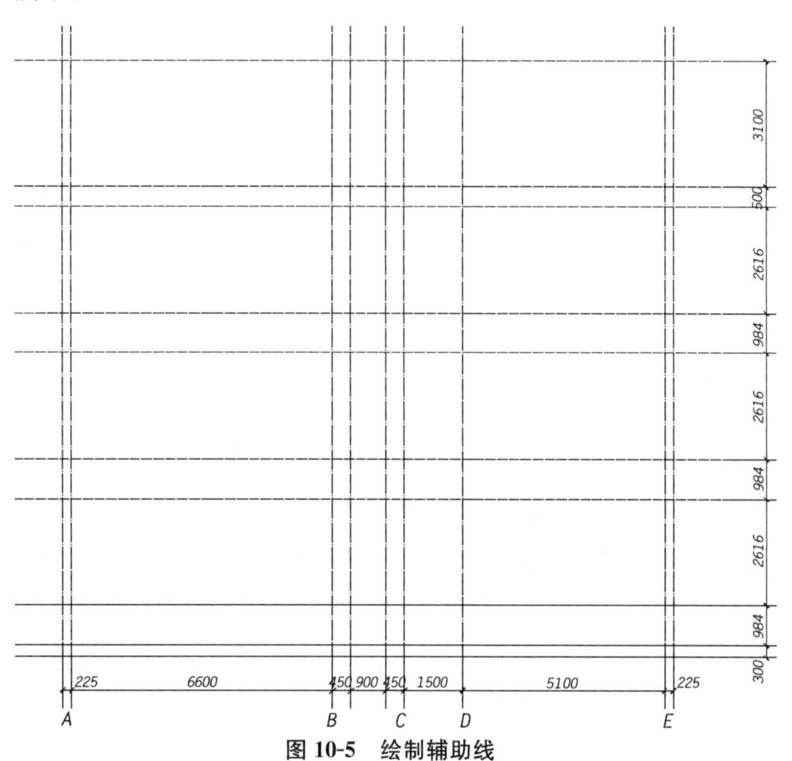

图 10-5　绘制辅助线

10.2.4 绘制楼板、休息平台及梁

楼板就是各层的地板，具有一定的宽度，因此剖面图中楼板层需要填充，虽然可以使用“PL”多段线，但是多段线与辅助线中心线对齐，用来绘制楼板不太合适。因此，在AutoCAD中，楼板同样可以使用“ML”多线命令绘制，具体步骤如下：

(1) 将楼板图层设为当前图层。

(2) 绘制辅助线：执行“C”复制命令，选取轴线复制到各个需要的部位，依据插入的平面图里面的内含物进行复制点的捕捉；也可以执行偏移命令，将 *A* 轴辅助线向左依次偏移 225、500，向右偏移 15，将 *D* 轴辅助线向右依次偏移 1365、1120、1400，将 *E* 轴辅助线向右依次偏移 225、500，再向左偏移 15、1200，得到墙体辅助线，便于捕捉楼板的端点，如图 10-6 所示。

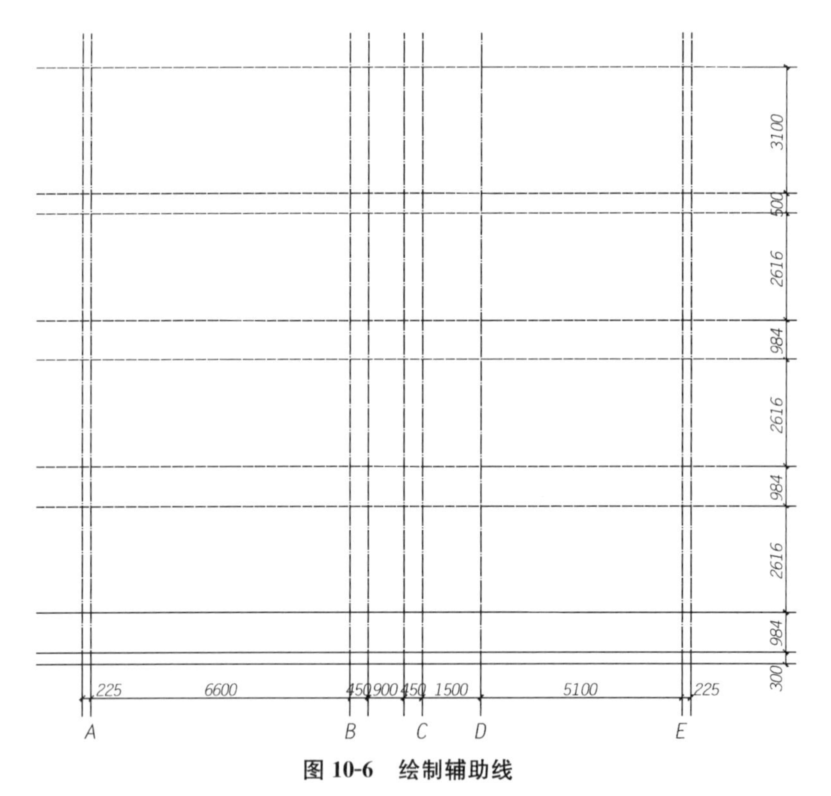

图 10-6 绘制辅助线

(3) 绘制板：执行“ML”多线命令，设置多线为“对正 = 上；比例 = 120；样式 = LB”，依次捕捉层高辅助线与墙体辅助线的交点，绘制楼板及楼梯处的休息平台，如图 10-7 所示。

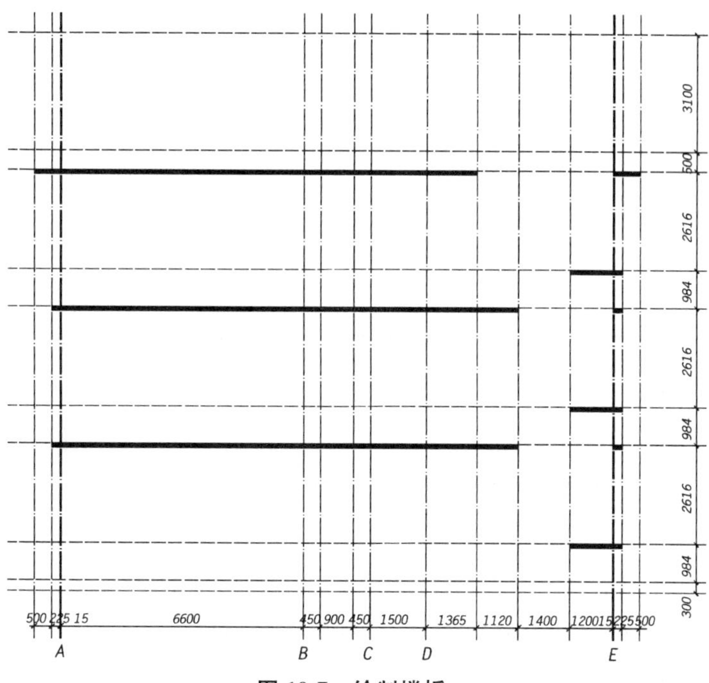

图 10-7　绘制楼板

(4) 绘制梁:继续执行“ML”多线命令,修改当前设置“对正＝无;比例＝240;样式＝LB”,捕捉轴线与层高辅助线的交点作为多线的起点,多线长度为梁的高度。这里需要用到两种梁:一种梁为宽 240、高 600,楼梯休息平台下的梁为宽 240,高 360,可以绘制好一个然后进行复制得到其他的梁,如图 10-8 所示。

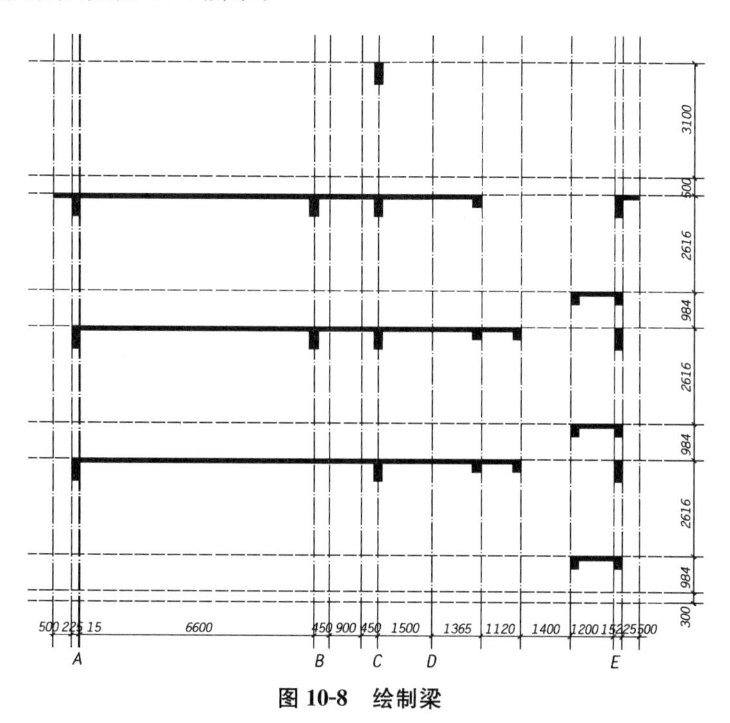

图 10-8　绘制梁

(5) 绘制主梁：先将 D 轴向左偏移 100，得到主梁的辅助线，将图层切换至剖面看线图层，再执行“L”直线命令，捕捉相应的点，绘制主梁，但是部分梁被墙面挡住，所以不用绘制，如图 10-9 所示。

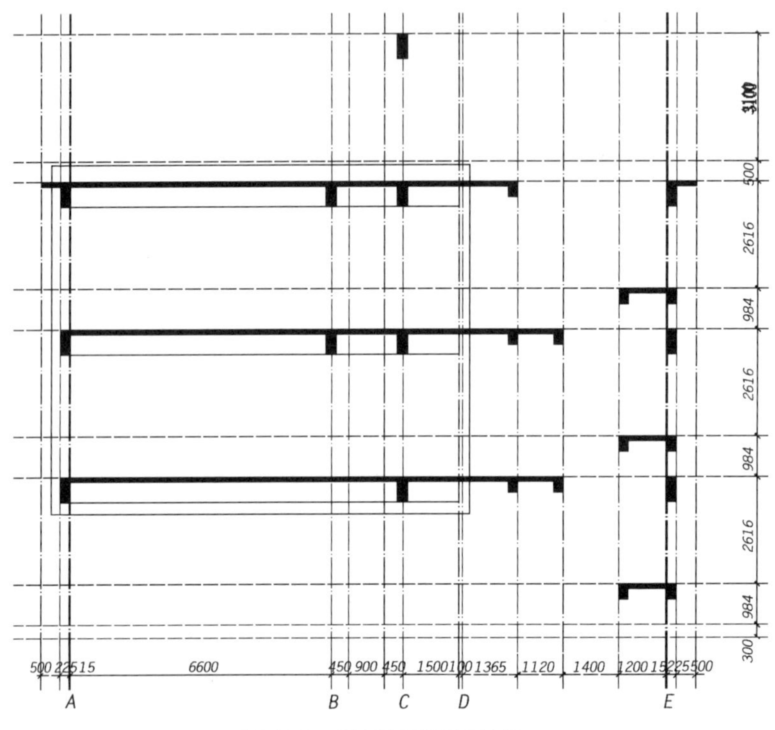

图 10-9　绘制剖面看到的梁

10.2.5　绘制室内外地坪、散水

(1) 将地坪线图层设置为当前图层，将左右两侧外墙线向外偏移 900。

(2) 执行“ML”多线命令，修改当前设置为“对正＝上；比例＝100；样式＝LB”，沿着绘制的辅助线从左向右绘制散水和室内外地坪线，其中地坪线的起点和终点具体位置不做严格要求，效果如图 10-10 所示。

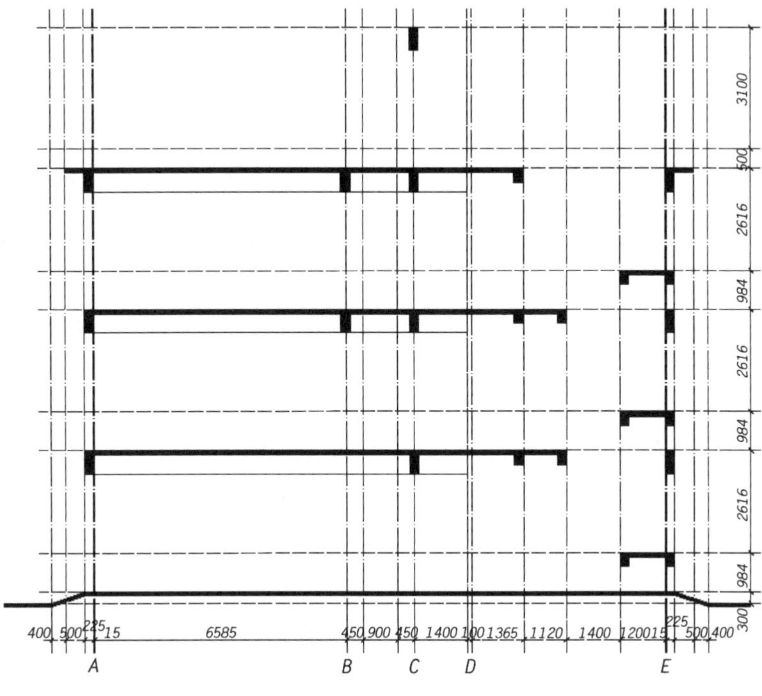

图 10-10　绘制地坪、散水

10.2.6　绘制屋顶

此建筑物的屋顶是斜坡面，屋顶的厚度为 120。

(1) 将屋顶图层设置为当前图层，执行“ML”多线命令绘制屋顶，设置“样式＝LB；比例＝120；对正＝上或下”(根据绘制方向自行调节)。

(2) 先将顶层楼板的辅助线向上偏移 500，然后在顶层的楼板上绘制高度为 500，宽度为 120 的梁，然后再在梁上绘制屋顶板。如图 10-11 所示。

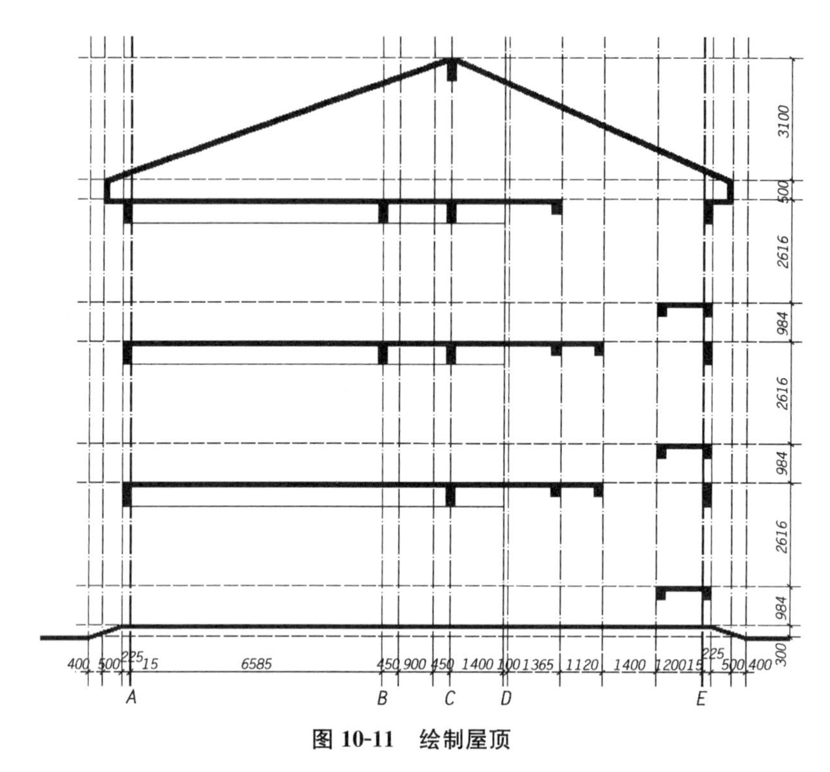

图 10-11　绘制屋顶

10.2.7　绘制楼梯

(1) 将楼梯图层设置为当前图层。

(2) 执行"PL"多段线命令，先在一层上绘制，然后再进行复制即可。绘制第一跑楼梯，在 D 轴右侧第二条竖直辅助线处向上绘制高度 164，宽度 280，重复操作，绘制 5 个踏面，6 个踢面，如图 10-12 所示。

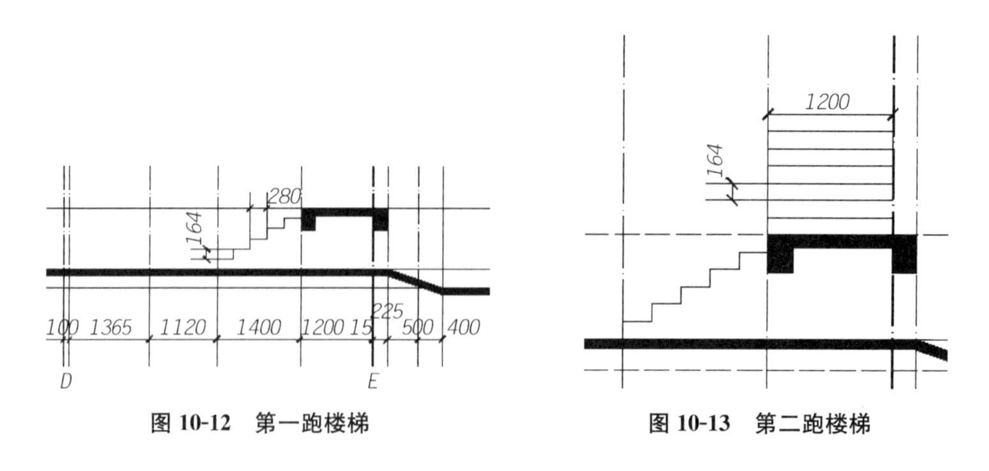

图 10-12　第一跑楼梯　　图 10-13　第二跑楼梯

(3) 绘制第二跑楼梯，执行"PL"多段线命令，从楼梯休息平台左端点向右绘制一条

1200 的直线，然后执行“O”偏移命令，向上偏移 164，得到 6 条直线，然后在左侧绘制一条竖向直线连接 6 个踢面，如图 10-13 所示。

(4) 绘制第三跑楼梯，执行“PL”多段线命令，捕捉第二跑楼梯最上端的端点，向上偏移 164，再向左偏移 280，重复操作，绘制 9 个踏面，10 个踢面，最后一个踢面高度为 156，如图 10-14所示。

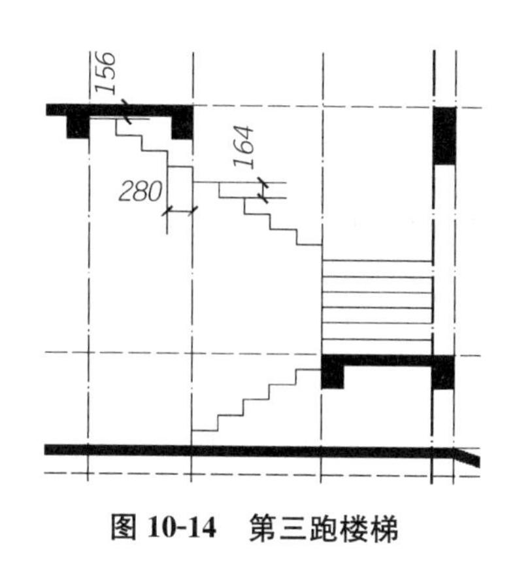

图 10-14　第三跑楼梯

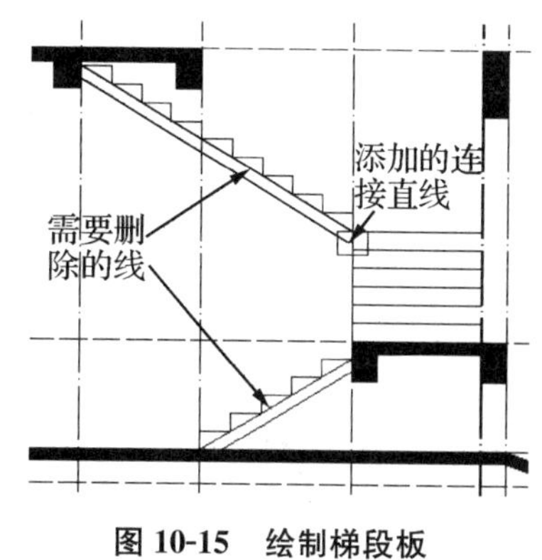

图 10-15　绘制梯段板

(5) 在第一跑楼梯上用“L”直线命令，绘制一条直线连接第一个踏步的起点与最后一个踏步的起点，再执行“O”偏移命令，偏移 100 得到梯段板的厚度，最后将第一条线删除，有断开的地方用直线进行连接。依照同样方法绘制第三跑楼梯的梯段板。如图 10-15 所示。

(6) 第一跑楼梯是被剖切到的，所以要执行“H”填充命令，对其进行填充，如图 10-16 所示。

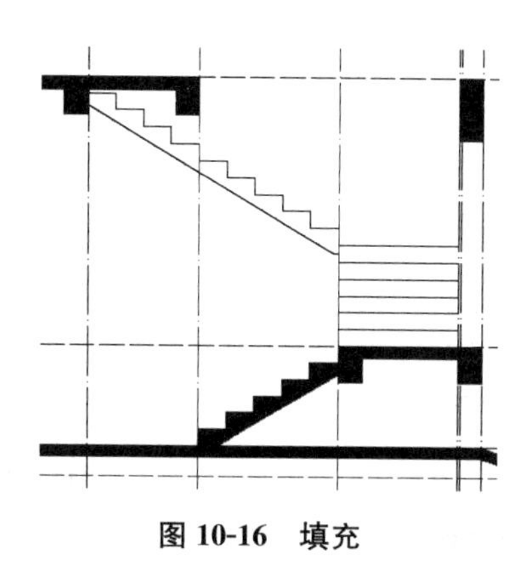
图 10-16　填充

(7) 复制产生其他楼层梯段，可以执行“C”复制命令，选择楼梯、梯段板然后进行复制，也可以执行“AR”阵列命令，同样得到其他楼层的效果，复制后会发现如图 10-17 所示的空缺，此时需要将线进行延伸把空白部分再进行填充，总的效果如图 10-18 所示。

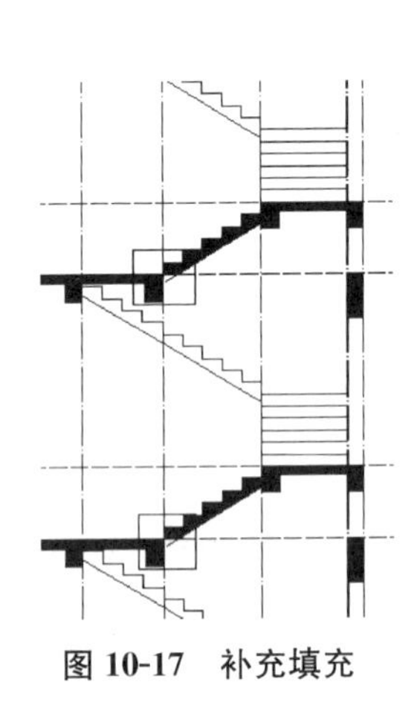
图 10-17 补充填充

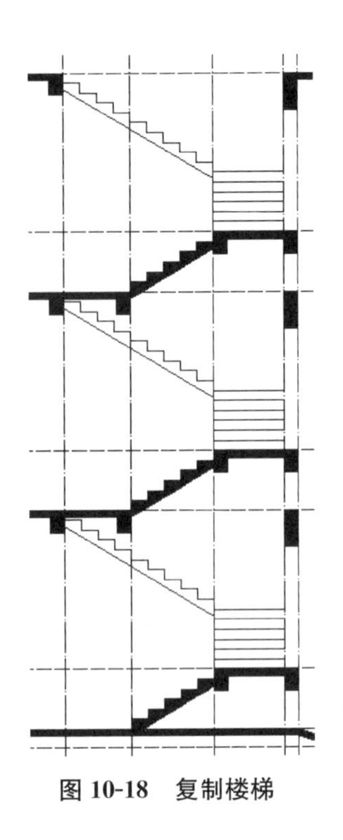
图 10-18 复制楼梯

（8）制作楼梯栏杆扶手，执行“L”直线命令，绘制高度为 1000 的直线，直线距踏面边缘为 40，执行“L”直线命令，连接始端栏杆的与末端栏杆的上端，如图 10-19 所示，依照同样的方法绘制其他所有栏杆，如图 10-20 所示。

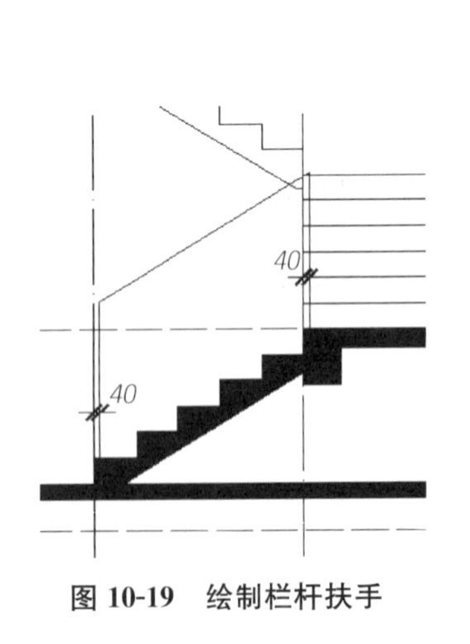

图 10-19 绘制栏杆扶手

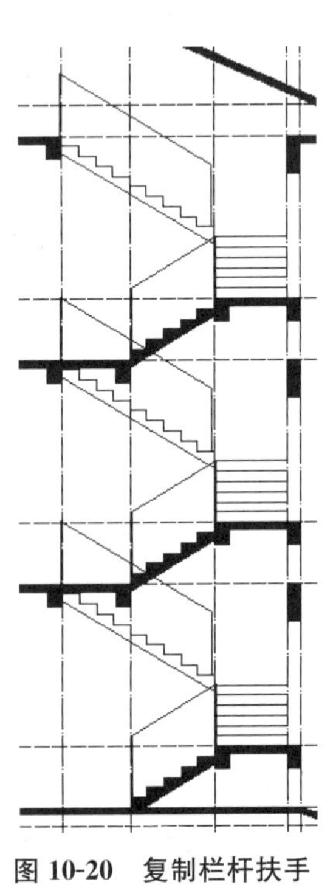
图 10-20 复制栏杆扶手

10.2.8　绘制墙体、柱子

此处采用“ML”多线命令绘制墙线，此住宅的墙厚为 240。

(1) 将墙线图层设置为当前图层。

(2) 执行“ML”多线命令，设置“对正＝下或上(根据绘制的方向自行调节)；比例＝240；样式＝Q”。捕捉梁的交点，绘制两侧的墙体。再将比例改为 200、对正改为无，捕捉辅助线绘制内部剖切到的墙体，

(3) 将图层切换至剖面看线图层，用“L”直线命令绘制内部未剖切到的可见墙体，如图 10-21所示。

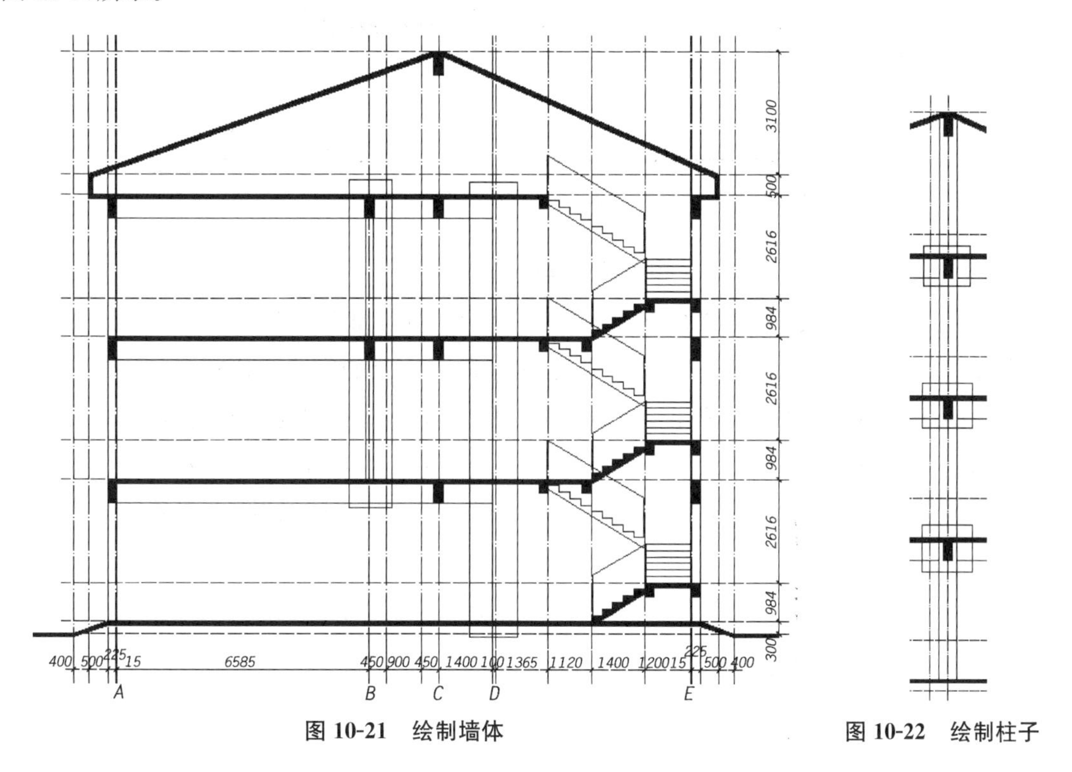

图 10-21　绘制墙体

图 10-22　绘制柱子

柱子的绘制：

将图层切换至柱子图层，执行“R”命令，绘制尺寸为“3180，450”的矩形，再将矩形复制到各个位置处，再执行“TR”命令，修剪柱子与梁的相交处，如图 10-22 所示。

10.2.9　绘制窗户

在本剖面图中，窗户有两种，是一些常用的窗户图形，插入使用即可。

(1) 绘制窗户的辅助线，执行“O”偏移命令，将一层、二层、三层、楼地板处的辅助线依次向上偏移 900、1800，四层楼板处的辅助线依次向上偏移 900、900，如图 10-23 所示。

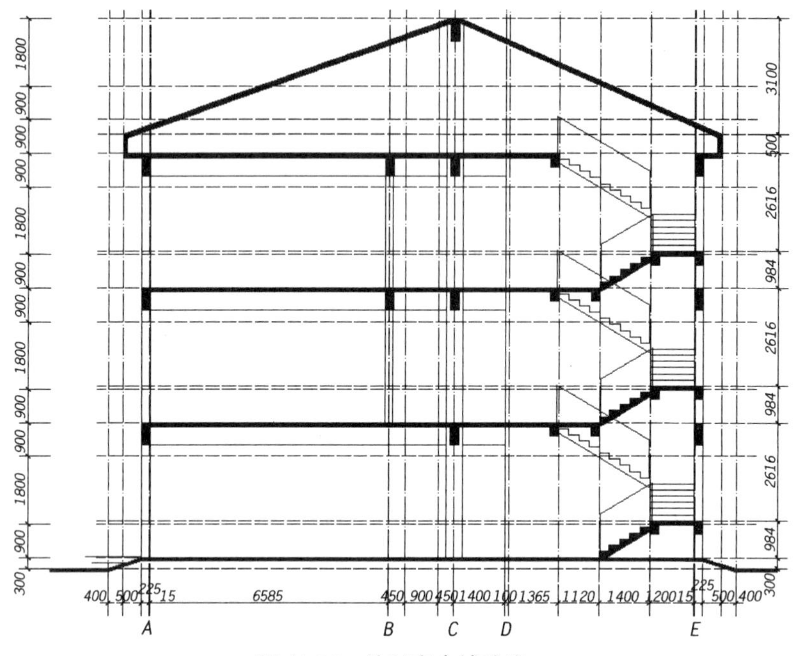

图 10-23 绘制窗户辅助线

(2) 执行"TR"命令,双击空格键,在左侧墙体窗户处将墙体开洞,再执行"ML"多线命令,设置"对正=无;比例=240;样式=C",绘制左侧墙体上的窗户。执行"I"插入命令,从"浏览"中选择样板中带有的两种窗户(不要在分解处勾选,那样会把块进行分解,就无法调整尺寸了),进行插入,插入后窗户的尺寸大小应进行调整,点击窗户的块,然后会出现如图 10-24 所示夹点,调整夹点可调整窗的大小,其余相同的窗户可执行"C"复制可得。最终效果如图 10-25 所示。

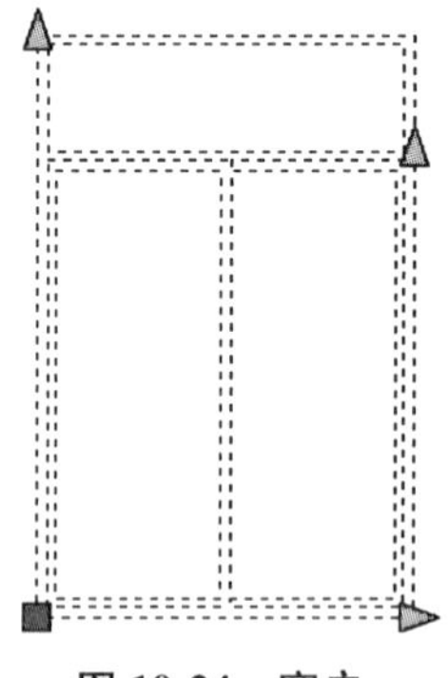

图 10-24 窗户

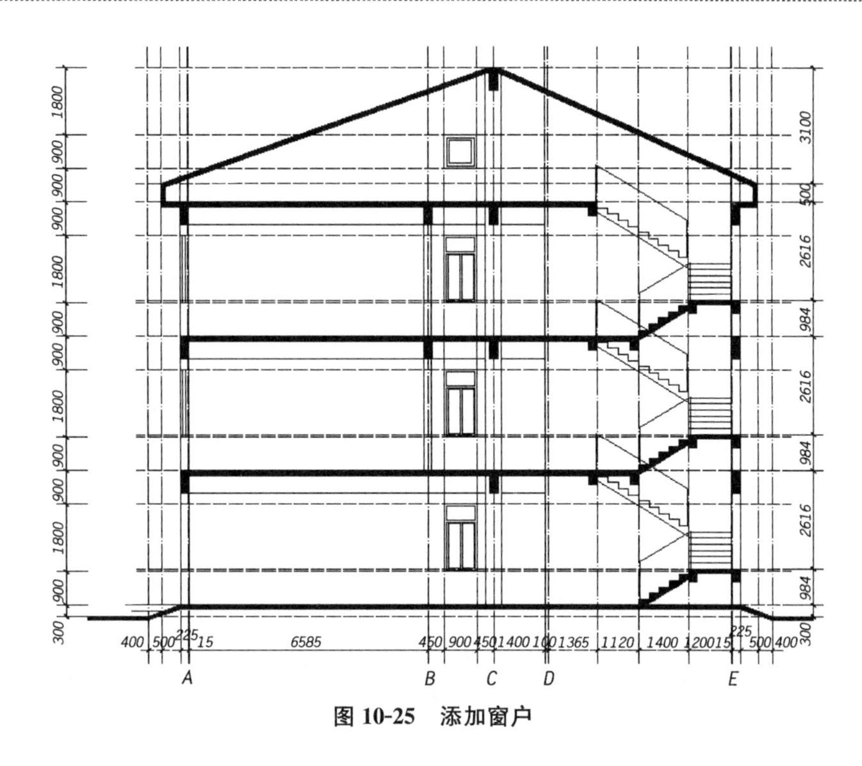

图 10-25　添加窗户

10.2.10　绘制台阶及入口

(1) 将台阶图层设置为当前图层，执行“L”直线命令，绘制台阶。台阶有两层，其中踏步宽为 300，踢面高为 150，平台宽度为 1550。

(2) 将图层切换至入口图层，绘制如图 10-26 所示的图形。柱子选用立面图的柱子，柱子上面的雨棚，采用“L”直线绘制，然后执行“O”偏移命令，如图 10-26 所示。

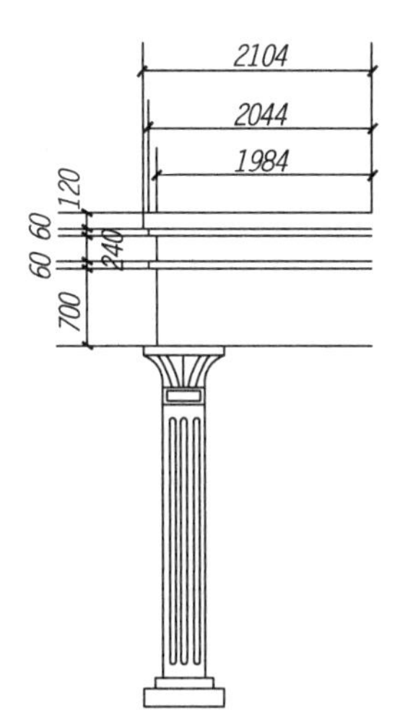

图 10-26　绘制雨棚

(3) 执行“TR”修剪命令，修剪台阶与柱子相交处的线。

10.2.11 进行尺寸、轴号、标高的标注

(1) 执行“D”标注样式命令，设置当前标注样式为“线性标注”，在状态栏上将注释比例改为 1∶100，为了标注的美观，可以像平面图一样作辅助线，将最左侧辅助线向外偏移 1650、600、600，将右侧辅助线向外偏移 600、600，在这里不一一显示了。

(2) 将图层切换到标注图层，将辅助线隔离，执行“QDIM”快速标注或者“DAL”对齐标注，对剖面图进行标注，标注完成后，取消隔离。

(3) 将图层切换至轴号图层，选择样板中带有的轴号，插入到图中，数字要进行改正。

(4) 将图层切换至标高图层，同样选择样板中带有的标高，插入图中，数值做相应的变化，如图 10-27 所示。

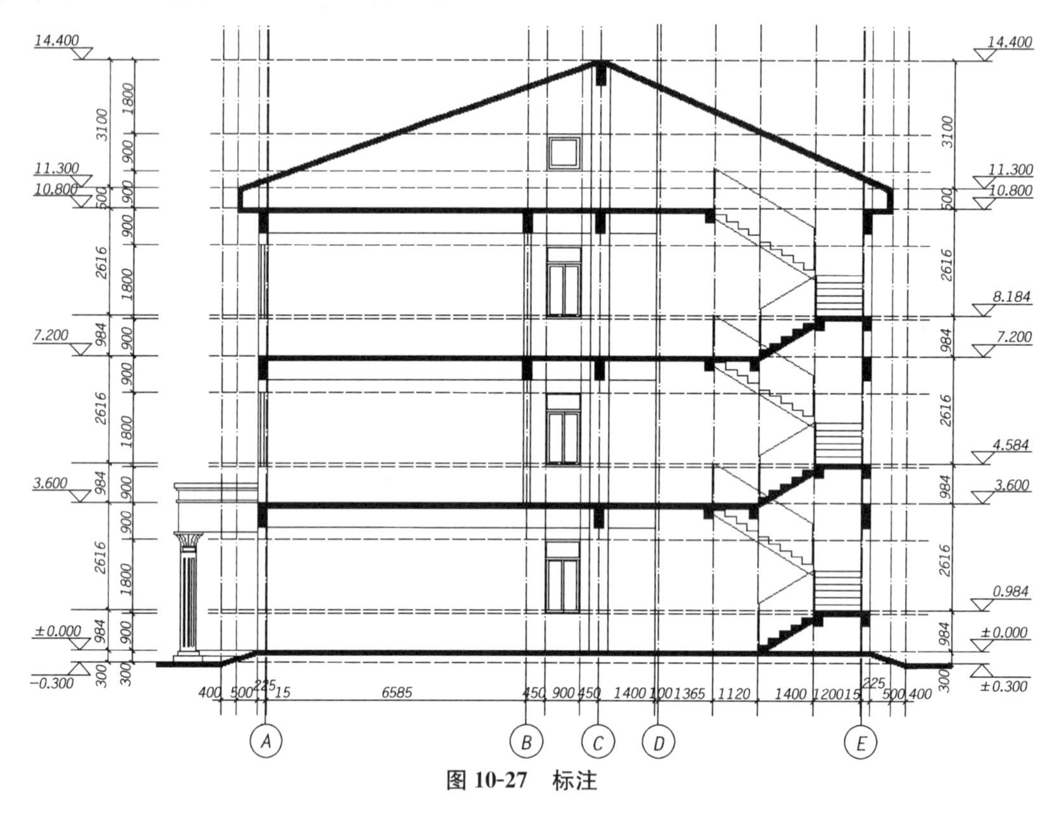

图 10-27 标注

10.2.12 标注图名

(1) 将图层设置为文字图层。

(2) 将“住宅首层平面图”中的文字内容移动到剖面图下方的中间位置，确保状态栏调整注释比例为 1∶100，双击执行文字编辑命令，将图名改成“1-1 剖面图”，如图 10-28 所示。

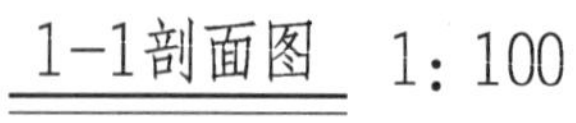

1-1剖面图 1∶100

图 10-28 写图名

10.2.13　插入图框

执行"R"矩形命令，绘制尺寸为"42000，29700"的矩形，再将矩形向内偏移 500，更改内部矩形线的宽度等，做法同第八章；执行"I"插入命令，选择样板中的标题栏，进行插入，标题栏的内容根据实际情况自行更改，此时关闭一些不需要显示的图层，辅助线图层等。

10.2.14　图形清理

执行"PU"图形清理命令，做法同第八章，完成后保存文件，如图 10-29 所示。

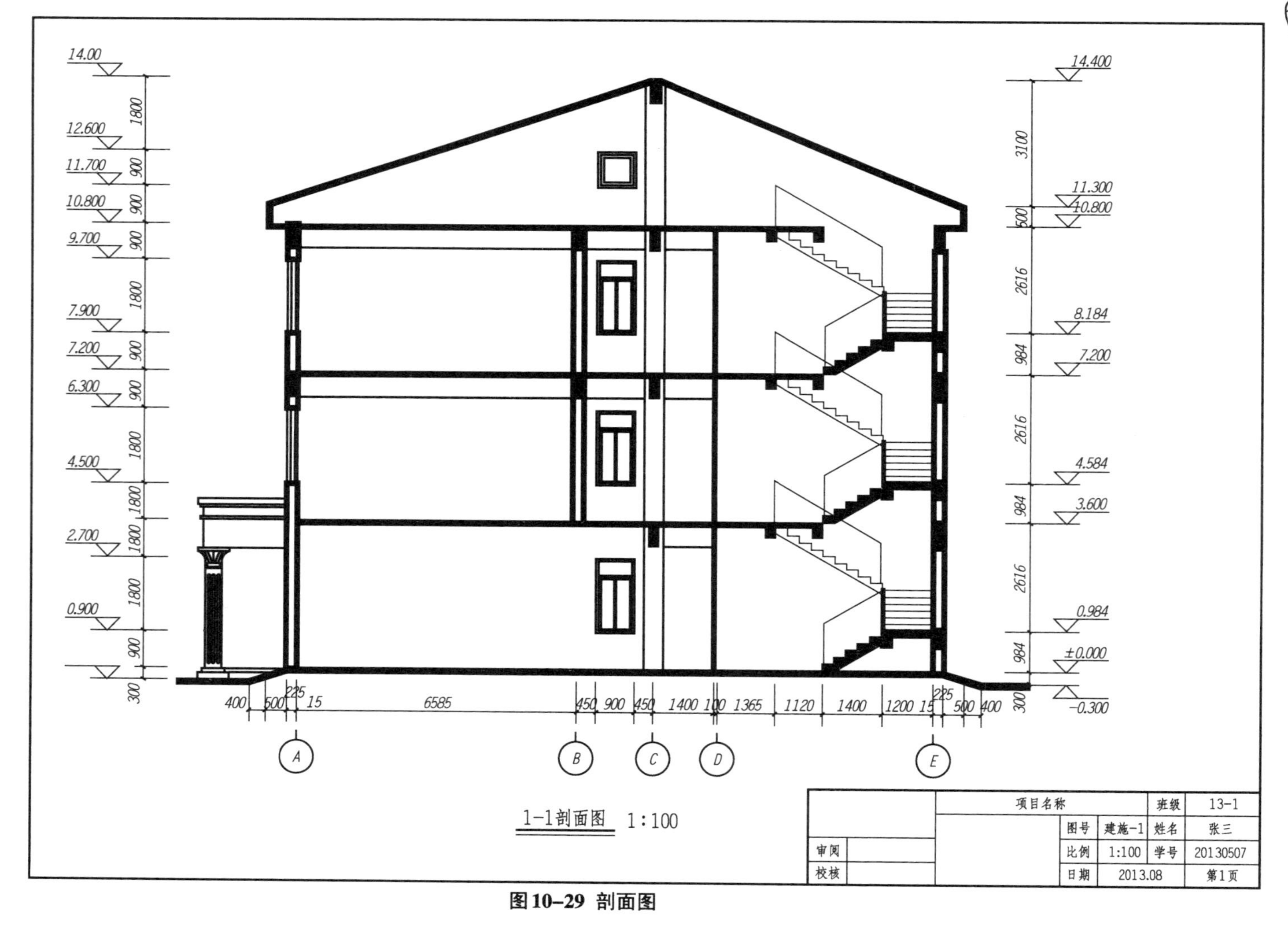
14.00
12.600
11.700
10.800
9.700
7.900
7.200
6.300
4.500
2.700
0.900
1800
900
900
900
1800
900
900
1800
1800
1800
1800
900
300
14.400
11.300
10.800
8.184
7.200
4.584
3.600
0.984
±0.000
-0.300
3100
500
2616
984
2616
984
2616
984
300
400
500
225
15
6585
450
900
450
1400
100
1365
1120
1400
1200
15
225
500
400
A
B
C
D
E
1-1剖面图 1:100
项目名称
班级 13-1
图号 建施-1
姓名 张三
比例 1:100
学号 20130507
日期 2013.08
第1页
审阅
校核

图 10-29 剖面图

参考文献

[1] 张玫玫. AutoCAD 2013 建筑制图入门与提高. 北京:化学工业出版社,2014.

[2] 卢春洁. AutoCAD 2004 中文版建筑制图入门与提高. 北京:清华大学出版社,2004.

[3] 杨旭明. AutoCAD 2005 室内设计实训教程. 上海:上海科学普及出版社,2005.

[4] 赵武. AutoCAD 2010 建筑绘图精解. 北京:机械工业出版社,2009.